西南区优良饲草
基因资源发掘与聚合育种

主　编：张新全　唐祈林
副主编：黄琳凯　周树峰　彭　燕

科学出版社

北　京

内 容 简 介

本书是四川农业大学饲草遗传育种课题组在科技部"973"项目、国家自然科学基金等项目资助下,以多年理论研究成果为核心素材合编而成,采用概述与专题研究相结合的方式,全面系统地介绍饲草玉米、鸭茅、黑麦草、薏苡等种质资源发掘及聚合育种研究的理论方法和最新成果。第一部分内容为饲草基因资源发掘创新,包括玉米及其野生近缘物种基因资源发掘、鸭茅基因资源发掘创新;第二部分为多基因聚合育种,包括饲草玉米染色体工程与聚合育种、鸭茅重要农艺性状聚合育种基础研究;第三部分为饲草新品种选育与应用,包括饲草玉米、鸭茅、黑麦草及薏苡等品种的选育。

本书可供草业、畜牧、生态等行政部门、大专院校师生、科研单位和广大工作者参考阅读。

图书在版编目(CIP)数据

西南区优良饲草基因资源发掘与聚合育种 / 张新全,唐祈林主编. —北京:科学出版社,2020.5
ISBN 978-7-03-064758-0

Ⅰ.①西⋯ Ⅱ.①张⋯ ②唐⋯ Ⅲ.牧草–遗传育种–研究–西南地区 Ⅳ.①S540.41

中国版本图书馆 CIP 数据核字(2020)第 054469 号

责任编辑:孟 锐 / 责任校对:彭 映
责任印制:罗 科 / 封面设计:墨创文化

科学出版社 出版
北京东黄城根北街16号
邮政编码:100717
http://www.sciencep.com

成都锦瑞印刷有限责任公司 印刷
科学出版社发行 各地新华书店经销

*

2020 年 5 月第 一 版　　开本:787×1092 1/16
2020 年 5 月第一次印刷　　印张:15.5
字数:317 000
定价:118.00 元
(如有印装质量问题,我社负责调换)

编 委 会

序

呈现在读者面前的，是四川农业大学张新全教授和唐祈林教授主编完成的《西南区优良饲草基因资源发掘与聚合育种》。

通常所说的西南地区，包括重庆、四川、贵州、云南和西藏等 5 省（区、市），其与西北地区及内蒙古自治区共同构成我国的西部地区。西北和西南 10 省（区、市），以全国 54.5%的国土面积，21.8%的人口，贡献着全国 16.2%的GDP，展现出巨大的发展潜力。西部地区是浪漫与诗情画意之乡，这里的盆地、高原、雪山、大漠、河流、湖泊、蓝天、白云、森林、草地及丰富多彩的民族文化风情构筑了一道道亮丽的风景线。改革开放、西部大开发以来，尤其是十八大以来，西部地区的人民奋起直追，跨越式发展，创造了一个又一个"生态与生产兼顾""绿水青山就是金山银山"的典型范例。西南地区的成就尤其显著。

如果用一个词描述西南地区，可能首推"多样"。这里地形地貌多样，包括了盆地、丘陵、高原和大山，海拔从 500m 到 3500m 以上。这里的水系多样，既有长江、珠江、元江、怒江、澜沧江等大江大河，又有纳木错、滇池、洱海等高原湖泊。这里的气候多样，年降雨量从不足 800mm 到将近2000mm，既有湿润温暖的北亚热带季风气候，又有四季如春的高原季风气候，更有无日不冬的青藏高原气候。这里的民族与文化多样，聚居着包括汉族、白族、傣族、苗族、彝族等 30 多个民族，是全国少数民族最多的地区，形成了风格迥异、丰富多彩的民族文化。这里的农业系统多样，依海拔高度，依次有种植业为主的粮-猪系统，草地-绵羊、肉牛系统和草地-藏羊、牦牛系统。这里是茶树的故乡、烟草的主产区，更是水稻、玉米等作物的重要产地，粮-猪系统据主导地位。

西南地区更以喀斯特地貌的广泛分布而闻名，也是我国脱贫攻坚的主战场之一。经多年的努力，广大科技工作者选育出多个牧草新品种；研究提出了以改良草山草坡、建立高产栽培草地、草-畜结合为特征的"灼圃模式"和"晴隆模式"，广泛用于生产。逐步实现了改善生态环境，发展农牧业生产，提高人民生活水平的奋斗目标。我本人自1983年以来，跟随时任农业部南方草地改良专家组组长的任继周先生，多次奔波于南方相关省（区、市）。近年来，我先后在贵州、云南、四川等省设立了院士工作站，与当地的科技人员建立了深厚的感情，也对西南地区有了更深入的了解。大量的研究与实践表明，利用当地丰富的生物资源，选育饲草新品种，建立现代草地农业系统，是改善环境、发展生产、脱贫致富的重要途径之一。2014年荣廷昭先生主持完成的中国工程院重点咨询项目"发展饲用作物，调整种植业结构，促进西南农区草食畜牧业发展战略研究"，进一步指出，发展饲用作物是西南农区的必由之路。

草地是西南地区主要的生态系统，其面积占全国草地总面积的7.7%，除重庆和贵州草地面积占本省（市）国土面积的四分之一左右，其余三省（区）草地面积达本省国土面积的40%以上。西南地区的草地植物达3000余种，饲用价值较高的至少有200种。丰富的植物资源为创制饲草新种质、培育新品种提供了得天独厚的条件。收集、鉴定、评价种质资源，充分发掘遗传资源的巨大潜力，最大限度地利用与聚合多个物种的优良基因，创制突破性新材料，定向培育优质、高产、抗逆的饲草新品种，是国际饲草育种学的热点研究领域之一。

当前，随着基因组学、生物信息学、分子生物学和数量遗传学等学科的发展，多学科深度的交叉融合，使植物育种理论和技术发生着重大变革。饲草学基础研究的不断深入，在生物学、生理学、生态学等领域取得的一系列成果，为进一步通过多基因聚合育种手段培育高产、优质、多抗、高效植物新品种提供了可能。常规育种技术与染色体工程及分子生物技术相结合，聚合重组多物种的基因组或优良基因，显著加快了培育新型优良饲草品种的进展，提高了育种效率。

鸭茅和玉米是世界范围广为栽培的重要作物，也是西南地区主要的牧草与饲料作物。鸭茅草质柔软、叶量丰富、营养价值高、适口性好，并且耐阴，耐瘠薄，是建立栽培草地、改良天然草原的重要草种。选育多年生玉米是国际育种工作的热点领域之一，但由于多年生性状复杂、遗传机制研究欠缺，育种效果不理想，阻碍了这一工作的进程。荣廷昭院士独辟蹊径，率领团队将多年生玉米选育的重点转到营养体生产，开辟了新的研究领域。

本书主编张新全教授和唐祈林教授都是四川农业大学植物育种学领域的佼佼者，他们的研究领域分别是牧草育种和多年生饲草玉米育种。我与新全已相识多年，我们曾经同为中国草原学会副理事长。现在又同为国家现代牧草产业技术体系的岗位科学家。我与祈林教授的相识，则始于 10 余年前。真正使我们三人密切交流，从同行成为朋友，还要感谢国家 973 计划项目。记得 2007 年，我牵头申请我国第一个牧草学 973 计划项目"中国西部牧草、乡土草遗传及选育的基础研究"，便首先邀请颇具实力的张新全教授参加，他慨然允诺，给予支持。为了加强研究队伍的力量，经任继周先生介绍，我邀请荣廷昭院士屈就项目的课题主持人，张新全教授与荣先生的团队共同承担"南方优良饲草选育与分子聚合育种体系的基础研究"课题，他们的研究成果为项目增添了浓墨重彩的一笔。在共同的工作中，我和新全、祈林也建立了友谊。新全的敏捷，祈林的朴实，给我留下了十分深刻的印象。随之，我们乘胜前进，又成功申请第二个 973 计划项目"重要牧草、乡土草抗逆优质高产的生物学基础"。新全和祈林承担了"多基因聚合创制多年生饲草种质的生物学基础研究"课题。毫无疑问，我们向国家又提交了优异的答卷。新全在鸭茅种质资源的挖掘与利用方面，勤奋攻关多年，取得了一系列成果，有品种、专著及大量的论文。祈林教授是传统的作物育种学家，以玉米种质的创制与新品种选育为主要研究领域。近十余年来，他不遗余力地投入到饲草玉米育种的研究，玉米近缘种属大刍草、摩擦禾、薏苡等是高光效 C4 植物，具有根系发达、生长茂盛、抗逆性强等特点。他创造性地将这些近缘种属植物与传统的玉米进行杂交，创建了一批营养体杂种优势十分突出的新种质，选育了一系列的多年生和一年生新型饲草作物品种，达到了国际领先水平。

本书即是张新全教授和唐祈林教授率领他们的团队，在两个 973 计划项目的持续支持下，在鸭茅和多年生饲草玉米新品种选育等方面，取得系列创新成果的总结，包括了种质资源的收集、鉴定、整理、创制、新品种选育及应用，代表了我国在这一领域的研究水平。全书共分为三篇、七章，采用概述与专论的形式，分别介绍了饲草基因资源发掘与创新、多基因聚合育种和饲草新品种选育与应用。具有理论与实践并重的特点，对从事相关领域的科技人员、推广工作者及学生将具有重要的参考价值。

相信《西南区优良饲草基因资源发掘与聚合育种》的出版，将丰富我国牧草育种学的理论体系，促进牧草育种的发展，也将为发展草地农业提供重要的理论基础和技术支撑。

谨以此文祝贺该书的出版，并期待着更多的优秀学术成果问世。

中国工程院院士

兰州大学草地农业科技学院教授　南志标

2018 年 9 月

前　言

　　饲草是现代畜牧业和生态建设的重要物质基础，我国饲草缺口逐年增加，据统计，2008～2018 年我国干草进口量增长了一百倍。西南地区多阴雨寡日照、气候湿润，适合生产以收获营养体为主的优良饲草。因此，选育适应不同生态环境的优良饲草品种，对西南草牧业脱贫致富意义重大。但因牧草育种周期长、难度大，加之育种起步晚，导致我国西南区饲草品种依然匮乏，每年 40%的饲草种子依赖进口。同时，西南区草地植物有近 3000 种，具饲用价值的约有 800 种，饲用价值高的约 200 种。因此，有必要对这些基因资源进行发掘，聚合优良性状，获得育种新材料，培育新品种。

　　21 世纪以来，随着基因组学、生物信息学、分子生物学和数量遗传学等学科的迅猛发展，植物育种理论和技术正在发生重大的变革，多学科深度的交叉融合促进育种技术进入了分子水平，育种效率大大提高。通过多基因聚合育种手段培育高产、优质、多抗、高效植物新品种，已成为国内外研究的热点。植物育种实践表明，突破性饲草品种的选育往往取决于重要基因资源的发掘利用和正确育种理论体系的实施，多基因聚合育种将是今后饲草选育开拓性研究的领域。构建分子聚合育种体系需要前期针对该植物开发大量的高通量标记，构建遗传连锁及物理图谱，对重要性状进行 QTL 定位，在此基础上进行重要基因的挖掘和多基因分子聚合育种。

　　本书是四川农业大学饲草育种课题组以饲草玉米、鸭茅等基因资源挖掘和聚合育种研究成果为素材撰写的一部学术专著，采用概述与专题研究相结合的方式，系统地介绍饲草玉米、鸭茅等优良饲草基因资源发掘与聚合育种利用最新的研究成果。饲草玉米部分主要由唐祈林等编写，鸭茅部分主要由张新全、黄琳凯和彭燕编写。其中，第一章由唐祈林和周树峰等编写；第二章由张新全、聂刚、谢文刚、彭燕和李州等编写；第三章由唐祈林、周树峰等编写；第四章由张新全、黄琳凯、冯光燕和赵欣欣等编写；第五章由唐祈林等编写；第六章由张新全、黄琳凯、马啸和聂刚等编写；第七章由周树峰等编写。

本书主要理论成果获得了两个科技部"973"项目连续 10 年的资助，分别是"南方优良饲草选育与分子聚合育种体系的基础研究"（2007CB108907）和"多基因聚合创制多年生饲草种质的生物学基础研究"（2014CB138705）。

鉴于编者水平有限，书中难免有一些疏漏之处，敬请读者予以指正。

编　者

2018 年 9 月于成都

目　录

第三篇　饲草新品种选育与应用

第一篇

饲草基因资源发掘与创新

第一章　玉米及其野生近缘物种起源、分类和染色体演化

玉米的起源与进化、玉米与近缘材料的亲缘关系、染色体组分析和系统进化等一直是玉米及其野生近缘物种遗传育种基础研究的热点。本章对玉米及其近缘属(种)材料的分类、系统进化和染色体组成等进行了较为系统地综述，以期为挖掘玉米新种质提供依据，同时也为利用回交、杂交等手段将多个有利基因聚合到一起，或将分散在不同种属中的优异基因聚合到同一基因组提供借鉴。

1.1　玉米及其野生近缘物种起源与分类概况

玉蜀黍族(Tribe Maydeae)共有 7 个属(刘纪麟，2002)：薏苡属(*Coix* L.)、硬颖草属(*Selerachne* R. Br.)、多裔黍属(*Polytoca* R. Br.)、葫芦草属(*Chionachne* R. Br.)、三裂草属(*Trilobachne* Henr.)、玉蜀黍属(*Zea* L.)和摩擦禾属(*Tripsacum* L.)。在这 7 个属中，前 5 个属起源于亚洲等地，属于旧大陆群；后 2 个属起源于墨西哥或中美洲(Matsuoka et al.，2002)，属于新大陆群。其中，与玉米亲缘关系最近的是玉蜀黍属(*Zea* L.)，其次是摩擦禾属(*Tripsacum* L.)。在恐龙时代，经过蕨类植物和裸子植物的全盛时期，被子植物开始繁盛，最初玉米、大刍草和摩擦禾等近缘物种可能来自同一祖先，但随着时间的推移和植物的进化，它们的原始祖先大约在七千万年前开始渐次分化出摩擦禾、大刍草和玉米，其地理分布如图 1-1 所示。

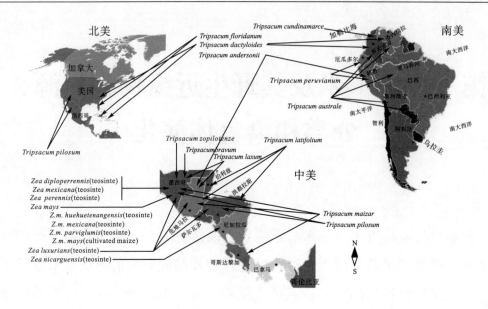

图 1-1　玉米及其近缘种属分布(改编自 Mammadov et al.，2018)

1.1.1　玉蜀黍属

1. 演化与分类

除玉米以外，玉蜀黍属中其他种或亚种统称为大刍草(为了更好地描述大刍草和玉米的分类，把除玉米外的玉蜀黍属各种和亚种定义为类玉米种和类玉米亚种)。生长在墨西哥和中美洲不同地区的大刍草与玉米可以自由杂交，与玉米花粉杂交的大刍草籽粒自发地生长繁衍，混杂生长在栽培玉米中，常常被误认为是一种变异的玉米(Collins，1921)。大刍草和玉米植株形态相似，雌、雄异花，抽穗的雄花长在植株顶部，而雌花果穗长在植株横侧位置。花序在分类学上是重要的鉴定性状，大刍草与玉米果穗的花丝特征相似，但是大刍草与玉米的果穗结构完全不同。大刍草雄花序的中心并不粗厚，雄花二列；雌花腋生，每个雌穗可产生 6~12 颗种子，穗行数为二列式；种子外包被坚硬的果壳，成熟籽粒能自行脱落，雌花序外包围着单个变形叶鞘，成熟时节片断离，果穗易碎裂、脱落(图 1-2)。玉米的雄花序顶生，主轴中心花序上雄小穗多列；雌花序腋生，发育成为果穗，多列雌小穗构成粗大的果穗，在穗轴上着生成对的雌小穗，雌花序外包围着数层变形叶鞘，又称苞叶；玉米雌穗可产生几百粒种子，穗行数为多列式，可达到 20 行或更多，籽粒外包被苞片或颖片，不能自行脱落。玉米是高级驯化的植物，在人类选择、培育的干预下，栽培玉米雌花(即果穗)的形态、结构完全区别于大刍草乃至其他近缘植物的雌穗(Doebley and Stec，1991；Benz et al.，1992)。玉米的种子失去了一般植物最基本的特性，即种子不能自行脱落、自行繁衍，必须靠人工帮助才能保存。正是因为玉米果穗与大刍草雌花的巨大差异，直至 19 世纪早中期植物学家还没有认清玉米与大刍草之间的分类及其亲缘关系，甚至把大刍草作为单独的一个属，定义为玉蜀黍族的类蜀黍属(*Euchlaena*)(Doebley，1990)，只是近期又把大刍草和玉米合并分类为玉蜀黍属。

图 1-2　玉米与大刍草果穗形态学比较(Doebley，2004)

Ascherson(1875)首次发现并报道了墨西哥大刍草，第一个提出大刍草作为"野生玉米"或玉米祖先的理论。Collins(1921)发表了有关起源于墨西哥的一年生和多年生大刍草的文章，较早指出大刍草是与玉米亲缘关系最近的一种禾本科植物。Beadle(1939，1980)正式提出了玉米起源于大刍草的假设，对大刍草与玉米杂交、起源与演化研究起到了极大地推进作用。Wilkes(1967)首次对玉米和大刍草各个种进行了分类，把大刍草分类为玉蜀黍属的类蜀黍亚属，玉米归于玉米亚属。类蜀黍亚属包括两个种——墨西哥类玉米种和四倍体多年生类玉米种。墨西哥类玉米种又包括繁茂类玉米、墨西哥类玉米、小颖类玉米、韦韦特南戈类玉米；四倍体多年生类玉米种仅一个种；玉米亚属仅一个种。后来，Wilkes（2004）把新发现的二倍体多年生类玉米种与四倍体多年生类玉米种归类命名为类蜀黍亚属的繁茂玉米种。Wilkes（1967，2004）的分类重要依据是形态学和地理分布，他突破了常规纯粹物理结构比较分类的局限，提出了分类命名应考虑不同的地理分布对群落产生的作用，地理上隔离的种群会产生较大形态特征变化等新的分类思想，为玉蜀黍属玉米与大刍草分类奠定了重要基础。

　　Doebley 等基于玉米和大刍草雄穗分枝和雄小穗外颖的 10 个数量性状、7 个质量性状和雌小穗壳斗形态学、细胞学，综合同工酶和叶绿体 DNA 限制性内切酶电泳图谱等分子遗传学的研究（Doebley，1990，1995，2004；Dorweiler et al.，1993；Doebley et al.，1997；Wang et al.，1999；Lukens et al.，2001；Hubbard et al.，2002），结合考古学的证据（Piperno et al.，2001）以及玉米野生近缘种属材料的自然地理分布特征（Eyrewalker et al.，1998）和可杂交性与杂种可育性（Doebley，1983）等，对玉米和大刍草重新进行了综合分类，具体分类如下：

Genus *Zea*（玉蜀黍属）

　　Section *Zea*（玉蜀黍亚属）

　　　　Z. mays（玉米种）

　　　　　　ssp. *huehuetenangensis*（韦韦特南戈类玉米亚种，$2n=20$）

　　　　　　ssp. *mexicana*（墨西哥类玉米亚种，$2n=20$）

　　　　　　ssp. *parviglumis*（小颖类玉米亚种，$2n=20$）

　　　　　　ssp. *mays*（栽培玉米亚种，$2n=20$）

　　Section *Luxuriantes*（繁茂亚属）

　　　　Z. luxurians（繁茂类玉米种，$2n=20$）

　　　　Z. perennis（四倍体多年生类玉米种，$2n=40$）

　　　　Z. diploperennis（二倍体多年生类玉米种，$2n=20$）

　　Wang 等（2011）运用 RAPD（random amplified polymorphic DNA，随机扩

增多态性 DNA)分子标记和 ITS(internal transcribed spacer，内转录间隔区)序列分析对玉蜀黍属中的大刍草和玉米的遗传关系进行了聚类分析，聚类分析表明，大刍草和玉米分为繁茂亚属和玉蜀黍亚属两大类，该结果与 Doebley 和 Iltis(1980) 的分类观点一致。该研究亚属中各亚类的聚类分析结果与 Wilkes(1967) 的分类理论相似，繁茂亚属包括四倍体多年生类玉米种、二倍体多年生类玉米种、繁茂类玉米种，玉蜀黍亚属包括小颖类玉米亚种、墨西哥类玉米亚种、韦韦特南戈类玉米亚种和玉米。运用分子技术把新发现的尼加拉瓜类玉米种(*Z. nicaraguensis*)进行了归类，尼加拉瓜类玉米种与繁茂类玉米种的亲缘关系最近，归属于繁茂亚属。

因此，整合上述三种分类结果，玉蜀黍属分类如下(图 1-3)：

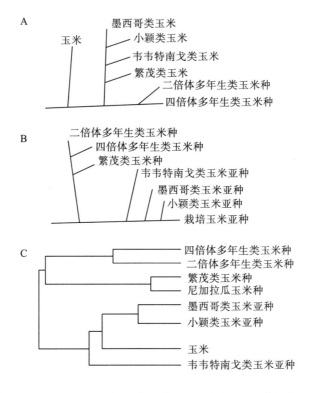

图 1-3　玉蜀黍属内玉米及其近缘种遗传关系聚类图
A. 引自 Wilkes(1967)；B. 引自 Doebley 和 Iltis(1980)；C. 引自 Wang 等(2011)

Genus *Zea*(玉蜀黍属)

Section *Zea*(玉蜀黍亚属)

Z. mays（玉米种）

　　ssp. *huehuetenangensis*（韦韦特南戈类玉米亚种，$2n=20$）

　　ssp. *mexicana*（墨西哥类玉米亚种，$2n=20$）

　　ssp. *parviglumis*（小颖类玉米亚种，$2n=20$）

　　ssp. *mays*（栽培玉米亚种，$2n=20$）

Section *Luxuriantes*（繁茂亚属）

　　Z. luxurians（繁茂类玉米种，$2n=20$）

　　Z. nicaraguensis（尼加拉瓜类玉米种，$2n=20$）

　　Z. perennis（四倍体多年生类玉米种，$2n=40$）

　　Z. diploperennis（二倍体多年生类玉米种，$2n=20$）

2. 玉米和大刍草种的特征特性

1）墨西哥类玉米亚种

墨西哥类玉米亚种（*Z. mays* L. ssp. *mexicana*（Schrader）Iltis，$2n=20$）又称墨西哥一年生大刍草，主要分布在墨西哥中部和北部海平面 1700～2600m 处（图 1-1）。墨西哥大刍草为一年生，自然环境下从种子发芽到成熟需要 4～6 个月，株高 1.5～4m，雄花分枝 10～20 个，其雄花序和种子比玉米种中的其他大刍草大，种子呈三角形。

2）小颖类玉米亚种

小颖类玉米亚种（*Z. mays* L. ssp. *parviglumis* Iltis & Doebley，$2n=20$）也称为小颖玉米，主要分布在墨西哥西部海平面 400～1800m 处（图 1-1）。自然环境下从种子发芽到成熟需要 6～7 个月，植株具有典型的微红渐绿色特征，叶鞘无毛，株高 2～5m。"小颖"顾名思义其雄花颖苞较小，但雄花分枝数多，通常超过 20 个。种子相对较小，呈三角形。

3）韦韦特南戈类玉米亚种

韦韦特南戈类玉米亚种（*Z. mays* L. ssp. *huehuetenangensis*（Iltis & Doebley）

Doebley，2*n*=20）又称韦韦特南戈大刍草，主要分布在危地马拉西部海拔900～1650m 处（图 1-1）。它为一年生，与玉米种中的其他大刍草相比，具有较长的生长周期，自然环境下从种子发芽到成熟需要 7～8 个月。它比其他大刍草植株要高，植株一般高 5m。其雄花形态与小颖类玉米亚种极其相似，二者的种子和雄花序相对较小，种子均呈三角形。

4）栽培玉米亚种

栽培玉米亚种（*Z. mays* L. ssp. *mays*，2*n*=20）即玉米，又称印第安玉米。栽培玉米起源于墨西哥（图 1-1），现已成为世界第一大粮食作物。栽培玉米的雄花与同一亚属的其他三个大刍草的雄花极其相似，相互之间可杂交且杂种可育，因此把它与小颖类玉米亚种、墨西哥类玉米亚种和韦韦特南戈类玉米亚种归为同一亚属，但玉米与大刍草在植株和果穗形态上存在显著区别。

根据其籽粒形状、胚乳性质和稃壳有无等特征，栽培玉米亚种（*Z. mays* L.）又分为 9 种类型：①粉质型（Flour corn-*Z. mays* var. *amylacea*），玉米籽粒无角质胚乳，全为软质淀粉。②爆裂型（Popcorn-*Z. mays* var. *everta*），籽粒较小，呈米粒形或珍珠形，胚乳几乎全是角质，质地坚硬透明，种皮多为白色或红色，果皮坚厚，籽粒加热时爆裂。③马齿型（Dent corn-*Z. mays* var. *indentata*），角质淀粉分布在籽粒四周，中间至籽粒顶为粉质，胚乳干时籽粒顶凹陷，呈马齿状。④硬粒型（Flint corn-*Z. mays* var. *indurata*），角质胚乳分布在籽粒的四侧及顶部，整个包围着内部的粉质胚乳，干时顶部不凹陷。⑤甜玉米型（Sweetcorn-*Z. mays* var. *saccharata* 和 *Z. mays* var. *rugosa*），籽粒几乎全部为角质透明胚乳-甜质型；籽粒上部为角质胚乳，下部为粉质胚乳-甜粉型。⑥糯质型（Waxy corn-*Z. mays* var. *ceratina* 和 *Z. mays sinensis*），胚乳全部为支链淀粉组成，角质与粉质胚乳层次不分，籽粒呈不透明状。⑦直链淀粉玉米（Amylomaize-*Z. mays*），玉米籽粒直链淀粉含量高于 50%的类型。⑧有稃型（Pod corn-*Z. mays* var. *tunicata* Larrañaga ex A. St. Hil），玉米籽粒被较长的稃壳包裹，子粒坚硬，难脱粒，是一种原始类型。⑨五彩玉米（Striped maize-

$Z.$ $mays$ var. $japonica$），是一个稀有的庭院装饰硬粒玉米类型，植株叶片具有桃红色、黄色、绿色和白色等颜色。

5）繁茂类玉米种

繁茂类玉米种（$Z.$ $luxurians$（Durieu & Ascherson）Bird，$2n$=20）又称危地马拉或佛罗里达大刍草，主要分布在危地马拉东南、洪都拉斯和尼加拉瓜海平面至海拔 1100m 之间（图 1-1）。该种为一年生，无根状茎，株高 3～4m，雄花分枝相对较少（4～20）。雄小穗外颖具有许多区别于其他玉蜀黍属种的细纹，其种子外部呈梯形。它与四倍体和二倍体多年生类玉米种具有许多相似的特性。

6）尼加拉瓜类玉米种

尼加拉瓜类玉米种（$Z.$ $nicaraguensis$，$2n$=20）是 21 世纪初发现的一个大刍草种质（Iltis et al.，2000），它生长在地理相对隔离的尼加拉瓜 Fonseca 海湾、海岸线或出海口（图 1-1）。它为一年生，株高 2.5～4m，叶鞘表面无毛，雄花分枝相对较长而多，并且每个分枝有较多数量的小穗，小穗的外颖具明显的长横细纹，其种子外部呈梯形。有研究表明，尼加拉瓜类玉米为二倍体，染色体数目 $2n$=20，其与繁茂玉米种、四倍体和二倍体多年生类玉米种具有许多相似的特性（Pernilla et al.，2007），有研究把它归于繁茂类玉米种（Fukunaga et al.，2005），但它的分类归属仍存在争论。然而它又与分布在危地马拉东南、洪都拉斯和尼加拉瓜海平面的繁茂类玉米种特性及分布存在一定的差异。尼加拉瓜类玉米种主要生长在沿海低海拔 6～15m 地带，具有较强的耐涝性能（Subbaiah et al.，2003），根具有良好的通气组织，在水里能长出不定根。

7）二倍体多年生类玉米种

二倍体多年生类玉米种（$Z.$ $diploperennis$ Iltis，Doebley & Guzman，$2n$=20）又称为二倍体多年生大刍草，是 Rafeal Guzman 于 1978 年在墨西哥南部哈利斯科州山谷中发现的一个新种，它分布在距海平面 1400～2400m 处

(Iltis et al.，1979)(图 1-1)。二倍体多年生类玉米种是该属中唯一一个二倍体多年生植物，具有发达的根系，根似竹鞭，根茎多节，株高 2~2.5m。其植物学特征与四倍体多年生类玉米种十分相近，易与玉米杂交并产生可育后代。

8) 四倍体多年生类玉米种

四倍体多年生类玉米种(Z. perennis (Hitchcock) Reeves & Mangelsdorf，$2n=40$)又称为四倍体多年生大刍草，于 1910 年在墨西哥的哈利斯科洲发现，主要分布在海拔 1500~2000m 处的狭窄地带(图 1-1)，是玉蜀黍属唯一的一个四倍体种($2n=4x=40$)，具有多年生特性，可忍耐重霜冻，在寒冷、潮湿等不利条件下生存多年，具有发达的形似竹鞭的根状茎，株高 1.5~2m。四倍体多年生大刍草与同属的二倍体多年生类玉米种的植物学特征极其相似。

9) 其他种类

最近又新发现了三个大刍草种群(Sánchez et al.，2011)，其一是从墨西哥西岸的纳亚里特州收集的多年生二倍体大刍草，其特点是植株成熟较早，雄穗分枝少但小穗枝长；其二是从墨西哥米却肯州收集的四倍体多年生大刍草，其特点是植株高大，成熟较晚，雄穗分枝多；其三是从墨西哥瓦哈卡收集的一年生二倍体大刍草，其特点是雄穗分枝较少，小穗比繁茂类玉米种和尼加拉瓜类玉米种长，植株生长需要较高的积温，种子具有长休眠特性。多个独立来源的证据表明，这三个新种群的大刍草特征特性与玉蜀黍繁茂玉米亚属的各个种是不同的。然而，这三个大刍草群是否属于玉蜀黍的植物分类还需要更广泛的 DNA 标记或序列数据分析。

3. 玉蜀黍属物种间的亲缘关系

玉米是"高级"驯化作物，至今未发现其野生材料。经过近一个世纪的研究，已经弄清楚大刍草和摩擦禾是与玉米亲缘关系较近的物种，称为玉米的野生近缘材料。

大刍草是与玉米亲缘关系最近的玉米野生近缘材料，系统生物学研究表明，与其他大刍草相比，墨西哥类玉米亚种和小颖类玉米亚种与玉米的亲缘关系最近，小颖类玉米亚种很可能是玉米的直接祖先(Beadle，1939)。Magoja 等(1994)认为小颖类玉米亚种、韦韦特南戈类玉米亚种和墨西哥类玉米亚种是进化程度较高的大刍草群，小颖类玉米亚种与韦韦特南戈类玉米亚种关系很近，墨西哥类玉米亚种是进化程度最高的大刍草，其形态特征与栽培玉米极为相似，支持墨西哥类玉米亚种与玉米的遗传关系更近的观点。同工酶和 DNA 分子标记研究表明，小颖类玉米亚种与玉米没有区别，虽然墨西哥类玉米亚种在形态上更像玉米，但是它与玉米的遗传关系没有小颖类玉米亚种与玉米的遗传关系近(Doebley，1990)。玉米与墨西哥玉米亚种和小颖玉米亚种仅由五个遗传位点掌控着关键性状的差别(Eubanks，1997)，然而，细胞学研究表明，墨西哥类玉米亚种染色体在臂长、臂比、着丝粒位置和染色纽的大小、位置等方面更像栽培玉米，二者杂交在减数分裂时染色体配对完全，杂种表现为完全可育，因此相比之下，墨西哥类玉米亚种是与玉米亲缘关系最近的大刍草(Iltis et al.，2000)。现在大多数玉米遗传学家和进化论者一致认为玉米由小颖类玉米亚种驯化而来(Bennetzen et al.，2001；Clark et al.，2006)。Wang 等(2011)根据 *tb1* (*teosinte branched 1*)基因的研究结果提出玉米起源于墨西哥西南部的 Balsas 大刍草(也属于小颖类玉米亚种)。Gonzalez 等(2004，2006)通过 GISH(genomic in situ hybridization，基因组原位杂交)技术发现玉米和小颖类玉米亚种间的染色体同源性足以使之正常配对，支持小颖类玉米亚种是玉米直接祖先的观点。

Aulicino 等(1988)研究认为繁茂类玉米种是繁茂亚属与玉蜀黍亚属的过渡种，指出繁茂类玉米种与玉米的亲缘关系比二倍体多年生类玉米种和四倍体多年生类玉米种与玉米的亲缘关系更近。基于形态特征和蛋白质特性建立的 Wagner 树形图表明，高度驯化的栽培玉米位于树形图最上部，而繁茂类玉米种、二倍体多年生类玉米种和四倍体多年生类玉米种均处于该树形图的下部，组成原始的大刍草群。其中，四倍体多年生类玉米种位于树形图最下部，它是玉蜀黍属中最原始的种(Magoja et al.，1985)。Galinat 等(1988)和

Kato(1984)研究认为四倍体多年生类玉米种可能是由某个二倍体多年生类玉米种的祖先种自然加倍而来，Marshall 等(1989)也认为四倍体多年生类玉米种是从二倍体多年生类玉米种中分离出来的。Buckler 等(1996)运用 ITS 序列分析表明四倍体多年生类玉米种和二倍体多年生类玉米种区别不大。但是，大量分子、酶学数据和原位杂交数据认为四倍体多年生类玉米种、二倍体多年生类玉米种在形态和遗传上是两个完全不同的种(Dennis et al.，1984)。Doebley(1990)对玉蜀黍属进行了分子系统学研究，指出四倍体多年生类玉米种和二倍体多年生类玉米种具有不同的同工酶酶谱和叶绿体基因组限制性内切酶位点，二者是完全独立的分类单位。尼加拉瓜类玉米种(Z. nicaraguensis，2n=20)是最近发现的一个大刍草种质(Iltis et al.，2000)，Wang 等(2011)研究认为尼加拉瓜类玉米种属于繁茂玉米亚属，与繁茂类玉米种的亲缘关系最近。

1.1.2　摩擦禾属

1. 摩擦禾属的分类

摩擦禾起源于西半球，主要分布在美洲、墨西哥和危地马拉的马萨诸塞到巴拉圭的温带地区(图 1-1)。摩擦禾属染色体基数为 x=18，属内已鉴别具有二倍体、三倍性、四倍体和更高倍性水平的 16 个种，摩擦禾各个种均为多年生，植株生长旺盛，株高 1～5m (De Wet et al.，1981，1982)。目前，摩擦禾属的分类普遍采用 Brink 和 De Wet(1983)的分类法，根据花序形态特征将摩擦禾属分为 Fasciculata 和 Tripsacum 两个亚属。其中，Fasciculata 亚属包含 5 个种，其雄穗松散且具有众多分枝，雄小穗外颖为膜质，花序轴节间细长；Tripsacum 亚属包含 11 个种，其雄穗坚硬且分枝较少，雄小穗外颖为革质，花序轴节间短而粗。另外，摩擦禾属中有部分是天然杂交产生的一些中间类型，使得一些种的区分较为模糊，例如摩擦禾亚属内的 T. andersonii(2n=64)，它可能是 T. latifolium(3x=54)与繁茂类玉米种(2n=20)杂交产生的一个不育杂种(De Wet et al., 1983)。Li 等(1999)利用 RAPD 技术对摩擦禾属中的 13 个种进行了遗传关系分析，将其分为 4 个类群，类群一由北美摩擦禾种组成，类群二由南美摩擦禾种组成，类群三由来自墨西哥的 *T. zopilotense* 和 *T. latifolium* 种组成，类群四由中美洲种组成，该研究结果不支持摩擦禾属分为 *Fasciculata* 和 *Tripsacum* 两个亚属分类的学说。

2. 摩擦禾属的利用价值

有关摩擦禾属的利用研究主要集中在指状摩擦禾(*T. dactyloides* L.)这个种上(De Wet et al., 1981)。指状摩擦禾是摩擦禾属中形态最丰富、分布最广泛，且最具有研究和利用价值的一个种。它是一种生长繁茂、再生能力强的多年生暖季丛生禾草，在栽培条件下，产量可达 $11.2\sim21.3t/hm^2$，且适口性好，消化率高，干草产量突出，被誉为"冰淇淋草"(ice cream grass)，在美洲等地作为一种高产优质牧草广泛种植，可作干草、青贮和放牧(Salon et al., 1999；Gilker et al., 2002；Faix, 1980)。其根系发达，能伸入深层土壤吸取水分与养分，耐旱、耐涝、耐酸、耐铝，是改良土壤和保护水土的优良植物(Gilker et al., 2002)。然而，指状摩擦禾存在种子产量低、质量差以及种子休眠等缺陷，极大地限制了它的推广应用(Coblentz et al., 1999；Lemke et al., 2003)。

指状摩擦禾具有许多与玉米相对同源的基因以及良好的抗玉米根虫、玉米锈病、大斑病、炭疽病、茎腐病、细菌性枯萎病等优良基因，是栽培玉米改良的优异种质资源(Prischmann et al., 2009；Bergquist et al., 1981)。玉米-摩擦禾杂种 F_1 代抗玉米根螟虫，对盐胁迫的抗性及抗寒性表现出超亲优势；杂种后代籽粒含有很高的赖氨酸、蛋氨酸和多不饱和脂肪酸，其植株茎叶组织中蛋白质含量高，且动物对其纤维的消化率也较高，因此将其作为食用和饲用作物选育的种质材料具有很大的优势(Burkhart et al., 1994)。玉米-指状摩擦禾双体异附加系配子的玉米组合，一般配合力比对照高产 8%，经基因渐渗导入指状摩擦禾的籽粒饱和脂肪酸和亚麻酸含量较低、亚油酸和油酸含量较高，使玉米的油酸、棕榈酸和硬脂酸大大提高（Cohen et al.，1984；Duvick，2006）。

指状摩擦禾的兼性无融合生殖特性一直是科学家关注的焦点，该特性可为摩擦禾饲草品种的改良以及无融合生殖玉米的培育提供可能（Petrov，1957）。Petrov 将四倍体玉米与四倍体指状摩擦禾杂交，成功创制出具有无融合生殖特性的中间材料，该材料有 39 条染色体，其中 30 条染色体来自玉米，9 条染色体来自摩擦禾，然而，其中任何一条摩擦禾染色体丢失都会导致无融合生殖失效。Kindiger 等（1996）首先将四倍体玉米与指状摩擦禾（2n=72）杂交，获得的杂种 F_1（2n=56）表现为部分无融合生殖特性；然后 Kindiger 以杂种 F_1（2n=56）为母本，以二倍体玉米为父本进行杂交和回交，创制出具有无融合生殖特性的材料，该材料也含有 39 条染色体，其中 30 条染色体来自玉米，9 条染色体来自摩擦禾。上述通过远缘杂交和回交等方法将摩擦禾无融合生殖特性转移到玉米中的研究均指出，杂种后代中要保持无融合生殖特性必须要求摩擦禾的染色体数目不少于 9 条。

3. 摩擦禾属与玉蜀黍属的关系

摩擦禾属（*Tripsacum* L.）属禾本科（Gramineae）玉蜀黍族（Andropogoneae tribe）的 Tripsacinae 亚族。摩擦禾可能在玉米的起源与进化过程中扮演过重要的角色，摩擦禾属与玉蜀黍属为姊妹属，它们由一个共同祖先传下来，只是在玉米驯化之前与玉米分流（Mangelsdorf et al.，1964；De Wet et al.，1972；Eubanks，1995，1997，2001）。在各自的趋异进化中，玉蜀黍属与摩擦禾属的染色体组不是紧密同源的，且两者的植株有着显著的差异（图 1-4）：其一是花序，摩擦禾属植株雌雄同花（雄穗在上部），而玉蜀黍属中的玉米和大刍草主要是雌雄异花；其二是种子结构形态，玉米没有壳斗包被，大刍草有坚硬的壳斗包被且种子呈三角形，摩擦禾属种子有较为松软的壳斗包被，种子呈柱形。

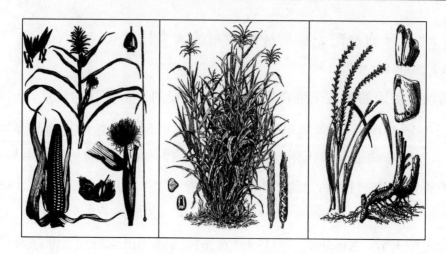

图 1-4　玉米（前）、大刍草（中）和摩擦禾（后）植株、果穗和籽粒形态

研究表明，与玉蜀黍属相比，摩擦禾属具有更大的遗传变异，其籽粒蛋白质含量高（35%），种子发芽耐低温，植株有耐盐，抗茎腐病、病毒病、细菌性枯萎病和黑粉病等许多优良特性（Eubanks，1995，1997，1998，2001），可以作为外源基因遗传导入，用于玉米的改良。但是，摩擦禾与玉米的染色体组同源程度低，摩擦禾遗传物质转移到玉米中的过程十分复杂，严重限制了它在玉米遗传与育种改良中的利用。摩擦禾属与玉米远缘杂交存在严重的生殖隔离，摩擦禾属与玉米在自然条件下杂交极少成功，但人工杂交可以获得成功。

1.1.3　薏苡属

1. 薏苡的起源和分类

薏苡在植物分类系统上属禾本科（*Graminate*）玉蜀黍族（*Trib Maydeae Dumort*），薏苡属（*Coix*）。薏苡属起源于亚洲，主要分布在缅甸、印度和中国。我国云南、贵州等西南地区薏苡种质资源丰富，被认为是薏苡的起源地之一（黄亨履等，1995）。韩永华（2003）利用比较荧光原位杂交技术对玉蜀黍属、摩擦禾属和薏苡属的基因组结构进行了研究，结果显示薏苡属与栽培玉米所在的玉蜀黍属亲缘关系较近。薏苡（*Coix Lacryma-jobi* L.）又被称作薏米、薏仁米、药玉米等，为栽培种，是一年生或多年生草本植物，其幼苗呈紫红色，后变为绿色，茎秆直立，分蘖 8～10 个，茎上有侧枝，总状花序，雌雄同株，膜质壶形总苞，株高及株节数随光照、温度、水分的不同略有差异。川谷(*Coix agrestis* L.)为野生种，茎秆粗壮，分蘖较多，抗逆性突出，在生长状况良好的条件下株高可达 4m，与薏苡相比，川谷苗期长势缓慢，总苞为珐琅质，椭球形，富有光泽，有黑色、咖啡色、白色、褐色等，质地坚硬，不易破碎，籽粒利用较为困难。

在我国对薏苡的分类说法不一，赵晓明(2000)认为薏苡属共有四个种，除上述栽培种薏苡与野生种川谷外，东南亚还有两个种，即 *C. aguatica* 和 *C. gigantea*。黄亨履等(1995)将其分为薏苡和川谷两个种，并认为薏苡是川谷的变种。另一种观点则认为川谷是薏苡的变种(关克俭，1974)。庄体德等(1994)对来自我国 12 省(市)的 53 个地方品种进行了研究，并根据核型变异与总苞性状，将我国的薏苡分为 3 种 4 变种；陆平和左志明(1996)通过对广西 139 份薏苡资源遗传和生化的研究，将其分为 4 种 8 变种。李英材和覃祖贤(1995)收集了广西 134 个居群的薏苡资源，将其分为野生薏苡、栽培薏苡和水生薏苡三个居群，并根据株高、花丝颜色、总苞等性状进行归类整理，将其分为 4 种 9 变种，认为栽培薏苡是由野生薏苡进化而来，而野生薏苡则是水生薏苡进化的结果。

2. 薏苡的利用价值

薏苡在我国有 7000 年以上的栽培驯化史，是一种传统的保健食品和药用植物。薏苡仁营养均衡，蛋白质含量高达 16.2%，远高于水稻、玉米和小麦等主要禾本科作物，同时富含人体所需要的各种氨基酸。薏苡作为一种药用植物，在《本草纲目》和《本草经疏》等医学名著中均有以薏苡治疗湿疹、风湿性关节炎、扁平疣等多种病症的记载。

薏苡除传统用途之外，同时又是一种非常优异的禾草。薏苡作为饲草有以下几方面优点：①资源丰富。我国西南地区是薏苡的重要起源地之一，资源丰富，分布区域广泛，几乎遍布南北各地，其中尤以川、滇、桂、贵、湘等亚热带地区丰富。②饲用品质优良。高金香等（1994）报道，薏苡青饲喂奶牛后，奶牛产奶量明显增加，乳脂率由 4.10 上升为 4.85，提高了 18.3%。薏苡饲喂肉兔的营养价值评定结果表明（鲁院院等，2017），肉兔对薏苡全株粗蛋白的表观消化率为 60.09%，远高于多花黑麦草（44.18%）、谷草（30.07%）和羊草（29.33%）。③抗逆性突出，为高产的 C_4 植物。薏苡作为我国的原产作物，多生长在沟渠边、河边、田边等潮湿地带，具有优异的耐湿性和抗病性。薏苡幼苗到旗叶的背面，特别是茎秆表皮被有白色粉状蜡质，能减少蒸腾，淹水时又能防止水分进入茎内，是薏苡耐涝又能抗旱的原因之一。同时，薏苡又是高光效的 C_4 植物，具备高产的生物学基础，大多分蘖旺盛，植株高大，茎叶繁茂。④生长习性和繁殖特性便于遗传和育种操作。薏苡为常异花授粉的多年生短日照植物，即可通过种子有性繁殖，又可通过扦插和分蔸等无性繁殖，且花器官较大，这都为常规自交、杂交提供了极大便利。此外，薏苡多为 2 倍体（2n=20），基因组较小，仅为 1.7Gb，且遗传转化体系已经建立，非常便于功能基因的研究。

1.2　玉米及其近缘材料的染色体演化

1.2.1　玉蜀黍属染色体数目和核型特征

1. 栽培玉米

玉米染色体的数目由 McClintock 于 1929 年确定，最长的染色体定为第一条，次长的为第 2 条，以此类推；第 6 条染色体具有随体，第 10 条染色体最短（McClintock，1929）。栽培玉米的 20 条染色体中有 14 条为中部着丝粒染色体，6 条为近中部着丝粒染色体，在第 6 染色体短臂发现有随体，核型公式为 $2n=20=14m(2SAT)+6sm$（m 为中部着丝粒染色体，SAT 为随体染色体，sm 为近中部着丝粒染色体）。玉米与大刍草的染色体核型结构差异较小，为同一属的物种。不同玉米自交系间核型参数具有一定差异，如在 B73 中，染色体相对长度介于 7.18～14.16，染色体臂比范围为 1.14～2.42，核型为 2B 型（图 1-5，A1～A3），而 Mo17 的染色体相对长度介于 6.80～13.87，染色体臂比范围为 1.15～2.26，核型为 2A 型（图 1-5，B1～B3）。

2. 墨西哥类玉米亚种

墨西哥类玉米亚种的染色体相对长度介于 6.93～14.29，20 条染色体中有 12 条为中部着丝粒染色体，8 条为近中部着丝粒染色体，在第 6 染色体短臂发现有随体，核型公式为 $2n=20=12m+8sm$(2SAT)。染色体臂比范围为 1.20～2.23。核型为 2B 型（图 1-5，C1～C3）。

3. 小颖类玉米亚种

小颖类玉米亚种的染色体相对长度介于 6.84～14.30，20 条染色体中有 10 条为中部着丝粒染色体，10 条为近中部着丝粒染色体，在第 6 染色体短臂发现有随体，核型公式为 $2n=20=10m+10sm$(2SAT)。染色体臂比范围为 1.14～2.86，核型为 2B 型（图 1-5，D1～D3）。

4. 韦韦特南戈类玉米亚种

韦韦特南戈类玉米亚种的染色体相对长度介于 6.78～13.72，20 条染色体中有 14 条为中部着丝粒染色体，6 条为近中部着丝粒染色体，在第 6 染色体短臂发现有随体，核型公式为 $2n=20=14m+6sm$(2SAT)。染色体臂比范围为 1.17～2.30，核型为 2B 型（图 1-5，E1～E3）。

5. 繁茂类玉米种

繁茂类玉米种的染色体相对长度介于 7.67～13.66，20 条染色体中有 10 条为中部着丝粒染色体，10 条为近中部着丝粒染色体，在第 6 染色体短臂发现有随体，核型公式为 $2n=20=10m+10sm$(2SAT)。染色体臂比范围为 1.05～2.96，平均臂比为 1.94，核型为 2A 型（图 1-6，A1～A3）。

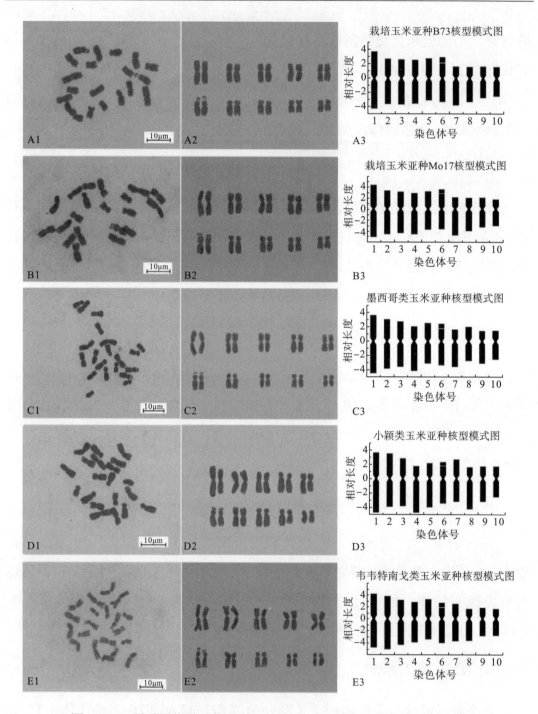

图 1-5　玉蜀黍属物种的染色体形态（A1～E1）、核型图（A2～E2）和

核型模式图（A3～E3）（杨秀燕等，2011）

注：A1～A3. 栽培玉米亚种 B73；B1～B3. 栽培玉米亚种 Mo17；C1～C3. 墨西哥类玉米亚种；D1～
　　D3. 小颖类玉米亚种；E1～E3. 韦韦特南戈类玉米亚种；标尺为 10μm。

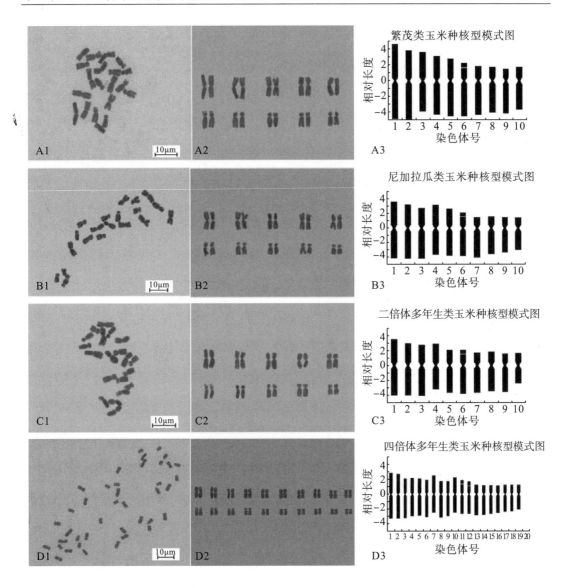

图 1-6　玉蜀黍属物种的染色体形态（A1～D1）、核型图（A2～D2）和

核型模式图（A3～D3）（杨秀燕等，2011）

注：A1～A3. 繁茂类玉米种；B1～B3. 尼加拉瓜类玉米种；C1～C3. 二倍体多年生类玉米种；D1～D3. 四倍体多年生类玉米种；标尺为 10μm。

6. 尼加拉瓜类玉米种

尼加拉瓜类玉米种的染色体相对长度介于 7.10～12.85，20 条染色体中有 10 条为中部着丝粒染色体，10 条为近中部着丝粒染色体，在第 6 染色体短臂发现有随体，核型公式为 $2n=20=10m+10sm$（2SAT）。染色体臂比范围为 $1.12\sim2.73$，核型为 2A 型（图 1-6，B1～B3）。

7. 二倍体多年生类玉米种

二倍体多年生类玉米种的染色体相对长度介于 $6.92\sim12.96$，20 条染色体中有 10 条为中部着丝粒染色体，10 条为近中部着丝粒染色体，在第 6 染色体短臂发现有随体，核型公式为 $2n=20=10m+10sm$（2SAT）。染色体臂比范围为 $1.13\sim2.76$，核型为 2A 型（图 1-6，C1～C3）。

8. 四倍体多年生类玉米种

四倍体多年生类玉米种与二倍体多年生类玉米的核型参数存在差异，是两个独立的种，其染色体相对长度介于 $3.58\sim6.97$，40 条染色体中有 18 条为中部着丝粒染色体，22 条为近中部着丝粒染色体，在第 11 和第 12 染色体短臂发现有随体，核型公式为 $2n=40=18m+22sm$（4SAT），核型为 2A 型（图 1-6，D1～D3）。

1.2.2　摩擦禾染色体数目和核型特征

摩擦禾属染色体基数为 $x=18$。根据倍性水平，可将摩擦禾属分为二倍体 $2n=2x=36$、三倍体 $2n=3x=54$、四倍体 $2n=4x=72$、五倍体 $2n=5x=90$ 和六倍体 $2n=6x=108$ 等。

1. 摩擦禾染色体数目和核型

四倍体指状摩擦禾整套染色体长度相差较大，染色体相对长度为 $1.83\sim0.56$，其 $1\sim7$ 号和 36 号共 8 对染色体为中部着丝点染色体，其余 28 对染色体均为近中部着丝点染色体，未观察到随体，无 B 染色体。核型公式为 $2n=4x=72=16m+56sm$（0SAT），核型类别属于 3B 型（图 1-7）。

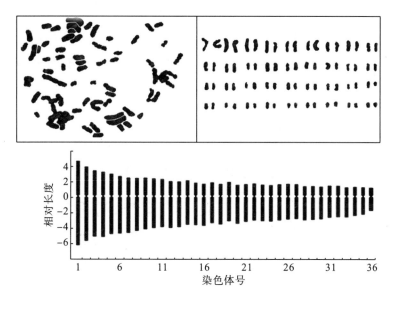

图 1-7　四倍体指状摩擦禾 FISH 图和核型分析(标尺为 10μm)

2. 摩擦禾减数分裂及其基因组可能的进化机制

四倍体指状摩擦禾属于摩擦禾属，与玉米和大刍草的亲缘关系较远(Blakey et al.，2007)。四倍体摩擦禾具有无融合生殖特性，并且玉米与摩擦禾的杂种后代同样能够继承摩擦禾无融合生殖特性，在后续的杂交中因染色体的进一步累积容易形成异源多倍体，因此摩擦禾是研究玉米遗传和形成玉米多倍体的宝贵资源(Leblanc et al.，2009)。早在 1931 年 Mangelsdorf 和 Reeves 就成功的获得了摩擦禾与玉米的杂种植株(Mangelsdorf and Reeves，1931)。

前人对四倍体摩擦禾的减数分裂配对进行了研究，发现至少存在 5 个四价体，提出四倍体摩擦禾的染色体基数 $x=18$，并且推断摩擦禾可能由两个遗传关系较远的二倍体种(XX 和 YY)杂交产生(Anderson，1944)。Galinat 对比了包括 *Manisuris*、玉米和摩擦禾在内的 18 个材料，提出摩擦禾可能由 *Manisuris* 和野生玉米杂交产生(Galinat et al.，1964)。然而，另有研究表明四倍体摩擦禾的染色体基数可能为 $x=9$(刘纪麟，2000)。摩擦禾减数分裂构成的研究发现其平均价体构成为 18II+9IV，并且细胞中出现较高频率的 18II 和 9IV，推断四倍体摩擦禾的染色体基数应该为 $x=9$，理论基因组成可能为 $X_1X_1XXY_1Y_1Y_2Y_2$，两个亚基因组的 Y 亚基因组发生的分化较少，即 Y_1Y_1 和

Y_2Y_2 并没有完全的差异进化，仍然具有部分同源性，容易形成四价体；另一个亚基因组 X 内即 X_1X_1 和 X_2X_2 发生较大差异进化，在减数分裂中容易形成 18 个二价体。

3. 玉米与摩擦禾杂种 F_1 的减数分裂

玉米与摩擦禾的杂种 F_1($2n=46=10Z^{may}+36T^d$)，其中有 36 条摩擦禾染色体(T^d)，10 条玉米染色体(Z^{may})；在减数分裂时，36 条摩擦禾染色体常自己同源配对形成 18 对二价体，而玉米的 10 条染色体为单价体。事实上，玉米和摩擦禾的部分染色体之间有一定的同源性，偶尔有 1~4 条玉米染色体与摩擦禾染色体二价体形成三价体，这种三价体在多代回交后代的减数分裂中持续存在，导致 1 条、2 条、3 条或 4 条染色体存在于子细胞核中，但在减数分裂 II 中细胞质不进行分裂，形成的配子中含有 36 条摩擦禾染色体和 0 条、2 条、4 条、6 条或 8 条玉米染色体，再以玉米与其回交产生染色体数目为 $2n=46$、48、50、52 和 54 的后代。细胞遗传学揭示玉米第 2、第 4、第 7 和第 9 号染色体易与 1~4 条摩擦禾染色体发生联会，但不清楚这 4 条染色体源于摩擦禾的哪 4 条染色体(Harlan and De Wet，1977)。

Harlan 等(1977)在检测该杂种花粉母细胞的减数分裂时发现，摩擦禾染色体主要以二价体形式存在，而玉米染色体主要以单价体形式存在，少数杂种中玉米染色体为二价体形式，有 1~4 条玉米染色体与摩擦禾染色体结合，形成了种间的二价体和三价体。细胞学研究表明，有四条不同的摩擦禾染色体可能分别与玉米的第 2、第 4、第 7 和第 9 号染色体结合。尽管还没有完全准确鉴定，但是 Galinat 等(1964)已经发现，摩擦禾的第 4 和第 5 号染色体与玉米的第 2、第 7 和第 9 号染色体存在共同的位点。

四倍体玉米($2n=40$)最常见的减数分裂构型为 10IV(30%)，其次为 9IV+2II(24%)，平均价体构型为 8.15IV+3.27II，细胞后期染色体平均分配到两极。四倍体指状摩擦禾最常见的减数分裂构型为 5IV+26II(21%)，其次为 10IV+16II(19%)，平均价体构型为 6.80IV+20.65II。二者的 F_1 杂种($2n=56$)最常见的减数分裂构型为 28II（24%），其次为 24II+2IV（19%）和 26II+1IV（12%），平均构型为 0.55I+25.18II+1.19IV。

1.2.3 薏苡属染色体数目和核型特征

Koul（1964）首次发现了水生薏苡，并认为薏苡染色体基数为 $x=5$。此后，又陆续报道了 $2n=10$、20、40 等类型的薏苡（Koul，1965；Christopher et al.，1995）。韩永华等（2004）在广西发现了一种新型的水生薏苡，其染色体数为 $2n=30$，表现为不孕不育，并证明其中的 20 条染色体与栽培薏苡高度同源，又根据荧光原位杂交结果推测另一个亲本可能是染色体为 $2n=40$ 的水生薏苡。水生薏苡种的发现，不仅丰富了我国薏苡遗传资源宝库，同时也为薏苡属植物的起源与演化及各种理论研究提供了物质基础和科学依据。四川农业大学玉米研究所收集的大量薏苡种质资源中存在 $2n=20$、30、40 三种倍性，但以 $2n=20$ 为主，可见在薏苡属的多个种中，存在多种不同倍性。

庄体德等（1994）分析了薏苡 3 种 4 变种的核型特征（表 1-1）。根据核型演化散点图指出小果薏苡和长果薏苡属于较为原始的类型；菩提子、薏米和台湾薏苡是演化较高的类群；薏苡处于中等演化水平上。薏苡总苞是从珐琅质到膜质和小型到大型的方向演化。各种类的演化以小果薏苡为起点，沿着珐琅质总苞增大的方向演化出薏苡和菩提子；沿着总苞增厚并延长的方向，演化出长果薏苡；沿着总苞变薄的方向，演化出薏米和台湾薏苡。

表 1-1 薏苡属的核型比较

种名	核型公式	绝对长度/μm	核型类型	平均臂比	染色体长度比
小果薏苡（C. puellarum）	$2n=20=20m$	3.07～4.63	1A	1.31	1.51
长果薏苡（C. stenocarpa）	$2n=20=18m+2sm$	2.66～3.92	1A	1.37	1.47
薏苡（C. lacryma-jobi）	$2n=20=18m+2sm$	3.24～4.96	1A	1.38	1.53
菩提子（var. monilifer）	$2n=20=12m+2m^{sat}+6sm$	3.85～6.40	2A	1.47	1.59
薏米（var. mayuen）	$2n=20=14m+2m^{sat}+4sm$	3.14～5.11	1A	1.40	1.63
台湾薏苡（var. formosana）	$2n=20=14m+2sm+6sm(+1-2B)$	3.72～6.12	2A	1.47	1.64

第二章　鸭茅基因资源发掘创新

2.1　鸭茅的起源、分类与分布

鸭茅又名鸡脚草或果园草,隶属于禾本科鸭茅属(*Dactylis*),全属仅一个种,即鸭茅(*Dactylis glomerata*)。鸭茅具有叶多高产、耐阴、适应性强、适口性好、营养价值高等优点,可用于青饲、调制干草或青贮,是世界范围内广泛分布的四大多年生禾本科牧草之一,全球每年约生产 14 000t 鸭茅种子,占世界温带牧草种子的 3.3%(Lindner and Garcia,1997;Gauthier et al.,1998;Bondesen,2007;Hirata et al.,2011)。

2.1.1　鸭茅的起源与分布

鸭茅原产于欧洲、北非和亚洲温带地区,主要分布在欧洲中部、大西洋、地中海沿岸、俄罗斯欧洲部分(北极除外)、高加索(最南端除外)、俄罗

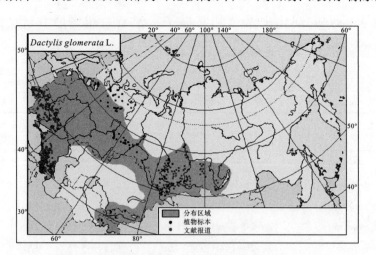

图 2-1　鸭茅在欧洲、中亚及远东地区的分布

图片来源:http://www.agroatlas.ru/en/content/related/Dactylis_glomerata/map/.

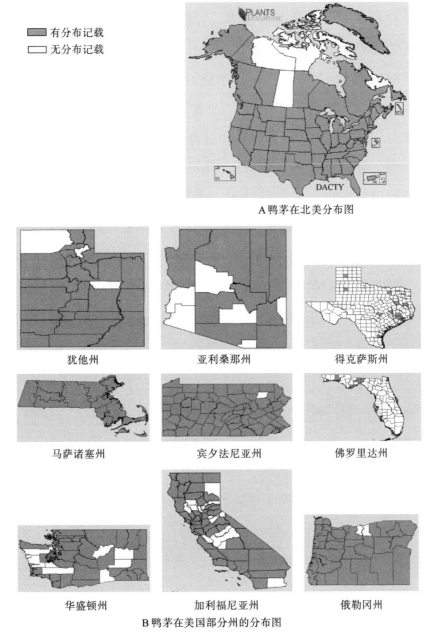

A 鸭茅在北美分布图

犹他州　　　　　　　亚利桑那州　　　　　　得克萨斯州

马萨诸塞州　　　　　宾夕法尼亚州　　　　　佛罗里达州

华盛顿州　　　　　　加利福尼亚州　　　　　俄勒冈州

B 鸭茅在美国部分州的分布图

图 2-2　鸭茅在北美及美国部分州的分布图

图片来源：http：//plants. usda. gov/java/profile?symbol=DACTY.

斯西伯利亚西部（北极除外）、西伯利亚东部（叶尼塞河的南部和安加拉河流域）、远东地区（萨哈林岛、千岛群岛、堪察加半岛和乌苏里江等地区）、中亚（东北部）、斯堪的纳维亚、小亚细亚、伊朗西北部和蒙古国（图 2-1），现在世界温带地区均有种植和分布。鸭茅是英国、芬兰、德国重要的栽培牧草，18

世纪 60 年代被美国引入并进行栽培，目前已成为美国大面积栽培的牧草之一，几乎在美国所有的州都有分布(图 2-2)。

我国是鸭茅起源地之一，野生鸭茅资源丰富，全国有 26 个区域已发现有野生鸭茅生长。它们主要分布于四川的峨眉山、二郎山、邛崃山脉、岷山，云贵的乌蒙山、高黎贡山，新疆天山山脉海拔 1600～3100m 的森林边缘、灌丛及山坡草地，并散见于大兴安岭东南坡地(彭燕和张新全，2003)。栽培鸭茅除驯化当地野生种外，多引自丹麦、美国、澳大利亚等国。目前，鸭茅在青海、甘肃、陕西、山西、河南、吉林、江苏、湖北、四川及新疆等省(自治区、直辖市)均有栽培，已成为西南区草地畜牧业、混播草地及石漠化治理的骨干草种，刈牧兼用，被各种畜禽喜食。其栽培应用取得了良好的经济和生态效益，展示了广阔的利用前景。

2.1.2　鸭茅亚种及分类

根据染色体倍数，鸭茅主要有二倍体、四倍体和六倍体 3 种类型，不同倍性常能同域共生，形态特征也相似(Stebbins and Zohary，1959)，在生产中普遍使用的鸭茅品种多为四倍体。关于鸭茅亚种的分类，一直缺少一个统一的标准。随着鸭茅分类及系谱关系研究的不断深入，Stewat 和 Ellison(2010)基于最新的研究成果对鸭茅亚种进行了归类，其中二倍体鸭茅包含 17 个亚种，四倍体鸭茅包含 6 个亚种(表 2-1)。

表 2-1　鸭茅亚种分类

倍性	亚种名		
二倍体(2n=14)	*himalayensis*	*lusitanica*	*smithii*
	sinensis	*izcoi*	*metlesicsii*
	altaica	*woronowii*	*juncinella*
	aschersoniana	*hyrcana*	*ibizensis*
	parthiana	*mairei*	*judaica*
	reichenbachii	*santai*	
四倍体(2n=28)	*glomerata*	*hispanica*	*oceanica*
	slovenica	*marina*	*hylodes*

Jogan（2002）认为鸭茅是一个多种复合体的单型属。研究认为同源多倍体的基因剂量远比二倍体大，这对同源多倍体的生长发育有一定的影响。对二倍体和四倍体鸭茅的生物学特性的研究发现，二者在生长发育时间、速度上存在显著差异，二倍体鸭茅前期生长缓慢，后期生长迅速；在产草量、再生性、茎叶比方面，四倍体均优于二倍体；抗逆性方面，二者表现相似（张新全等，1994）。有关六倍体鸭茅的报道很少，Jones 等（1961）研究发现，六倍体鸭茅的植株形态与鸭茅亚种 *hispanica* 相似。

根据鸭茅的形态及起源地，又可将鸭茅分为欧洲型和地中海型两种类型，其中地中海型又可分为亚热带气候区和地中海气候区两种。欧洲型鸭茅叶片宽大，植株长势旺，属于夏季生长型，冬季低温是限制其生长的一个重要因素。地中海型鸭茅株型相对较小，叶片窄，在潮湿多雨的冬季生长旺盛，夏季的高温干旱是限制其生长的主要因素（Lumaret，1988）。

1. 二倍体鸭茅类型

目前几乎所有的二倍体居群都分布在一个有限的地理区域内，这些居群常被描述为亚种，有时甚至被认为是一个独立的种，但目前尚无统一的定论。有学者认为二倍体鸭茅可能起源于中国，然后扩散到葡萄牙、北非和几乎所有北大西洋岛屿，如加那利群岛和佛得角群岛等。

1）二倍体鸭茅的起源

现代分子生物学技术的发展为揭示鸭茅起源奠定了重要基础。大量研究表明鸭茅物种起源于二倍体，多倍体是不同比例二倍体鸭茅的同源化。二倍体的核内转录间隔区（ITS）序列和叶绿体 *trnL* 内含子序列证实了这一论断，即鸭茅的祖先为来源于中亚的二倍体鸭茅，该祖先可能与鸭茅亚种 *Dactylis glomerata* subsp. *altaica* 相似。

目前已发现在二倍体鸭茅世系中存在 2~7 个 ITS 突变和 0~1 个叶绿体 *trnL* 内含子突变，这有助于推测鸭茅世系的起始分化时间。ITS 和叶绿体 *trnL* 内含子序列的突变率取决于许多因素，包括有效的居群大小、一年或多年生习性和育种体系。对一年生禾本科物种而言，如大麦、玉米，每 23 000 年可能会发生一个 ITS 突变(Zurawski et al.，1984)，而多年生草本植物突变率更低，与梯牧草相似，大约每 30 000 年发生一个突变(Stewart et al.，2008)。叶绿体基因组 *trnL* 内含子突变率通常比 ITS 低 3～8 倍，在水稻和玉米中每 200 000 年发生一个突变(Yamane et al.，2006)，而对于变化最快的梯牧草世系大约是每 90 000 年发生一个突变(Stewart et al.，2008)。鸭茅突变率表明第一次系谱分化发生在 60 000～210 000 年前。*Lamarckia* 是与鸭茅属亲缘关系最近的属之一，金穗草(*Lamarckia aurea* L.)与鸭茅有 28 个以上的 ITS 序列突变和 1～2 个叶绿体 *trnL* 内含子差异(图 2-3)。因为金穗草是一年生植物，所以这些变异表明，它与鸭茅的血统分化时间在 200 000～750 000 年前。

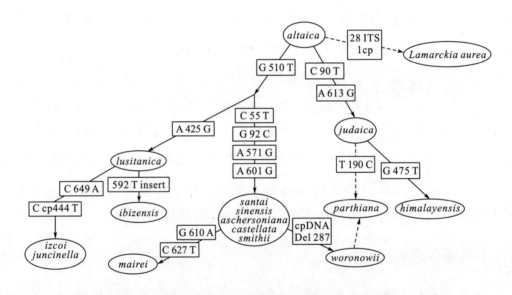

图 2-3　ITS 和叶绿体 *trnL* 内含子序列揭示的二倍体鸭茅分子系谱关系

注：数字表示在 ITS 或叶绿体(cp)序列中的突变。

从分子信息看，鸭茅属第一次分子系谱分化为 *judaica*、*himalayensis* 和 *parthiana*。这与中亚鸭茅起源情况一致，早期的地理分割，使得鸭茅祖先 *judaica*、*himalayensis* 和 *parthiana* 在西亚的南部区域广泛分布，其余的二倍体祖先则分布在该区域的西北部。随后其余的二倍体发生第二次分化，形成了西班牙的 *lusitanica*、*izcoi*、*juncinella* 几个亚种，*ibizensis* 从这个群体里分离出来形成另一个亚种。这与欧亚温带温暖的间冰期时期高加索山脉森林区向葡萄牙延伸的时期相一致，发生在 75 000～150 000 年前，当时的气候条件使温带森林面积在欧洲继续扩展，这也为鸭茅扩大分布区域、发生系谱分化提供了契机。

几个亚种 *aschersoniana*、*santai*、*castellata*、*smithii* 和 *sinensis* 的分子特征证实欧洲型鸭茅迁移至北非然后到中国。而 *woronowii* 和 *mairei* 也来源于这个群体。由于其分子基础没有明显的不同，因此推测它们可能是相对较近的迁徙，其可能发生的时间不会早于最后一个间冰期。欧洲的冰河期迫使欧洲的大量物种向南迁徙去寻找低纬度或低海拔的地区作为庇护所（Hewitt，1999），这使得鸭茅扩大其分布范围，进入了广阔的北非草原。

鸭茅亚种 *woronowii* 和 *aschersoniana* 有相似的类黄酮组分，并且有一个分子序列也来源于 *aschersoniana*，但其表型特征和其他旱生型的地中海型鸭茅更相似。它可能起源于有 *aschersoniana* 分布的森林边缘，这使它成为间冰期第一个适应较为干旱草地条件的旱地型鸭茅。

亚种 *smithii* 的祖先从北非迁徙 100km 到达加那利群岛，并随着鸟类的迁徙跨越 1500km 的距离到达佛得角群岛。Stebbins 认为 *smithii* 可能是与 *aschersoniana* 同样古老的类型，又或许是通过北非迁移而来的新类型（Stebbins and Zohary，1959），而现代分子数据更多的支持 *smithii* 是通过北非来的新物种的说法。Sahuquillo 和 Lumaret（1999）利用叶绿体分子标记研究发现四倍体鸭茅通过北非到达加那利群岛，这也通过形态特征、同工酶等标记得到了印证。

间冰期以后全球气候变得温和，北非干旱草原面积缩小，留下了一些鸭茅残余居群，如分布在阿尔及利亚 Kerrata 峡谷的 *mairei*，阿尔及利亚和摩洛哥的 *santai* 和 *castellata*，以及分布在加那利群岛和佛得角群岛的 *smithii*。

随着北欧冰期范围的缩小，北温带型鸭茅从它们的冰期避难所向更高海拔和纬度的地方迁徙。*aschersoniana* 的欧洲祖先逃离高加索区域的庇护所，在北欧重新开始新的繁衍，甚至向东延伸到达中国，成为新的亚种 *sinensis*。

同时四倍体鸭茅此时也在大量繁衍，扩展生长区域，成功地覆盖到欧洲北部地区，抑制了残存二倍体的扩张。

　　现代的分子研究结果已阐明二倍体可能的迁徙路径(图 2-4)。但目前还不能从佛得角群岛获得 *hyrcana*、*reichenbachii* 或者 *smithii* 的植物样本，以明确它们的起源。

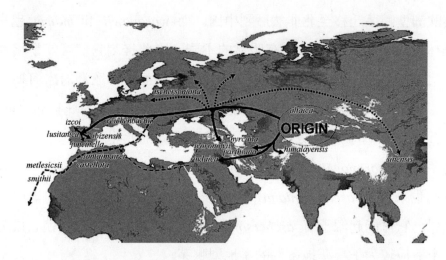

图 2-4　基于现代分子研究结果揭示的二倍体鸭茅可能的迁徙路径

注：黑色线表示冰期以前；短横线表示冰期的北非；虚线表示后冰期的北欧和中国。

2) 二倍体亚种

D. glomerata subsp. *himalayensis* Domin

　　D. glomerata subsp. *himalayensis* Domin 分布于喜马拉雅山脉西面海拔1800～4000m 的寒温带森林区域。

D. glomerata subsp. *sinensis* Camus

　　D. glomerata subsp. *sinensis* Camus 分布在四川、湖北、贵州、新疆和云南等地海拔 1000～3800m 的寒温带森林区域。虽然一些学者已将这些中国类型的鸭茅纳入 *himalayenesis*(Stebbins and Zohary，1959)，但分子生物学研究表明它们在遗传背景上与 *himalayensis* 存在明显差异(Lumaret，1987)，认为这些分布于中国的二倍体鸭茅是 *sinensis*。

D. glomerata subsp. *altaica* (Bess.) Domin

D. glomerata subsp. *altaica* (Bess.) Domin 分布在哈萨克斯坦阿拉套 (Alatau) 山脉。ITS 序列分析表明，从该区域采集的样品是所有其他二倍体鸭茅类型的祖先。目前在基因库里还没有该亚种的相关收集材料，因此今后应加强对该类型的优先收集。

D. glomerata subsp. *aschersoniana* (Graebn) Thell

D. glomerata subsp. *aschersoniana* (Graebn) Thell 大都分布在高加索山脉的落叶林地带，范围遍及中欧，北到瑞士，东到俄罗斯西部，南到南斯拉夫和马其顿北部。这是从高加索庇护所来的物种，在欧洲重新开拓生长区域时的典型分布 (Hewitt，1999)。*aschersoniana* 和 *himalayensis* 的习性相似，都分布在大陆性气候高海拔的寒温带森林地区，形态特征、生化特征 (Lumaret，1988)、同工酶 (Lumaret，1988) 和 DNA 分子水平 (Tuna et al.，2007) 研究表明二者有相似的遗传背景。该亚种具有较好的生产利用潜力 (Stuczynski，1992)。据不完全统计，目前至少有一个商业品种 'Tosca'（捷克共和国培育）是利用该亚种培育而成的 (Míka et al.，1999)。

D. glomerata subsp. *parthiana* Parker et Borrill.

D. glomerata subsp. *parthiana* Parker et Borrill. 分布在伊朗厄尔布尔士山脉北坡海拔 1600～1900m 湿润的橡木林带。在低海拔地区，其分布区域也常有 *woronowii* 及一些杂交后代 (Borrill and Carroll，1969)。Parker 和 Borrill (1968) 研究表明，通过人工杂交获得的这两个亚种的杂种后代是完全可育的。分子研究结果进一步证实在 Genebank 里有一份杂交种质，它包含有 *himalayensis* 类型的 ITS 序列和 *woronowii* 类型的叶绿体序列。类黄酮等生化信息也表明这两个亚种有作为杂交亲本的可能性 (Ardouin et al.，1985)。电泳谱带也比其他亚种具有更多的变异性 (Lumaret，1988)。目前尚不能完全肯定这份基因库的 *parthiana* 种质是否是杂交种，而在高海拔地区收集的材料可能更纯。

D. glomerata subsp. *reichenbachii* (Dalla Torre et Sarnth) Stebbins et Zohary

D. glomerata subsp. *reichenbachii* (Dalla Torre et Sarnth) Stebbins et Zohary 分

布在欧洲阿尔卑斯和法国中南部以白云石土壤为主的草地区域(Speranza and Cristofolini，1987)。虽然目前还没有获得用于分子分析的样品，但黄酮类等生化研究将该亚种归于 *aschersoniana* 和 *lusitanica* 之间(Fiasson et al.，1987)，然而同工酶研究认为该亚种与 *aschersoniana* 和 *himalayensis* 更接近(Lumaret，1988)。Stebbins 和 Zohary(1959)指出该类型具有 *woronowii* 和 *aschersoniana* 高度变异的特征，可能是欧洲原始温带森林植物的土壤残留种类。

D. glomerata subsp. *lusitanica* Stebbins et Zohary

D. glomerata subsp. *lusitanica* Stebbins et Zohary 仅见于辛特拉山地和葡萄牙中南部的其他几个地方(Stebbins and Zohary，1959)，可能是温带森林区一个残余的温带森林物种。

D. glomerata subsp. *izcoi* Ortiz et Rodriguez-Oubina

D. glomerata subsp. *izcoi* Ortiz et Rodriguez-Oubina 常被称为‘Galician diploid’(加利西亚二倍体)，这种温带形式的二倍体分布在西班牙加利西亚，长期存在于海拔 400～650m 的森林生境中(Ortiz and Rodriguez-Oubina，1993；Lindner et al.，2004)。有研究指出它与 *juncinella* 分子基础最相似，推测二者起源于伊比利亚半岛复杂冰河期避难所的居群(Gómez and Lunt，2006)。英国的商用鸭茅品种‘Conrad’是二倍体 *izcoi* 类型(Borrill，1977)。

D. glomerata subsp. *woronowii* (Ovcz.) Stebbins et Zohary

D. glomerata subsp. *woronowii* (Ovcz.) Stebbins et Zohary 是分布于伊朗和土库曼斯坦草地上的旱生型种类。它常分布在伊朗厄尔布尔士山脉 1500m 左右干燥裸露的石灰岩层上(Borrill and Carroll，1969)。四倍体在这一区域常同域共生(Doroszewska，1963)。

D. glomerata subsp. *hyrcana* Tzvelev

D. glomerata subsp. *hyrcana* Tzvelev 是阿塞拜疆和伊朗塔利什平原海拔 200～300m 区域落叶林带特有的亚种(Tzvelev，1983)。由于目前还未收集到该亚种的样本，因此尚不清楚该亚种与其他亚种的亲缘关系。不过由于其生境是 *woronowii* 生长范围的延伸，推测它可能与 *woronowii* 具有较近的亲缘关系。

D. glomerata subsp. mairei Stebbins et Zohary

D. glomerata subsp. *mairei* Stebbins et Zohary 仅有限地分布于阿尔及利亚 Kerrata 峡谷石灰质悬崖的阴暗处，该区域相对年降雨量 1100～2000mm（Stebbins and Zohary，1959）。自上一个间冰期以来，由于北非草原面积的缩小，其分布范围逐渐缩小（Borrill and Lindner，1971）。分子、同工酶、类黄酮等数据表明该亚种与 *castellata*、*santai*、*smithii* 和 *woronowii* 有较近的亲缘关系。该形式的鸭茅是自上一个间冰期以来广泛分布于北非草原的残余二倍体。

D. glomerata subsp. santai Stebbins et Zohary 和 castellata

D. glomerata subsp. *santai* Stebbins et Zohary 和 *castellata* 出现在西阿尔及利亚到西摩洛哥的泰勒阿特拉斯山脉海拔 150～1500m 的区域，属湿润半湿润气候区（Amirouche and Misset，2007）。类黄酮类植物化学数据和同工酶数据不能将二者区分开来，通过形态比较它们可能并不属于两个独立的亚种（Lumaret，1988；Amirouche and Misset，2007）。用 *castellata* 和 *santai* 来命名只是为了更清晰地表明其地理来源，*castellata* 来自阿尔及利亚，*santai* 来自摩洛哥。摩洛哥形式的 *santai* 表现出邻近 *ibizensis* 二倍体的特征，杂种 ITS 序列分析表明有邻近的南部西班牙形式的鸭茅的基因渗入。

D. glomerata subsp. smithii

D. glomerata subsp. *smithii* 生长在加那利群岛海拔 100～700m 的潮湿地带。它有着与众不同的生长习性，分支茎上有多个节（Stebbins and Zohary，1959）。目前由于该区域建筑面积的扩大，其生境范围已缩小。这种形式的鸭茅在佛得角群岛海拔 1200m 的地方几乎已绝迹。同工酶研究表明 *smithii* 和 *mairei*、*santai* 和 *castellata* 在聚类上靠近，有较近的亲缘关系（Lumaret，1988）。

smithii 在特征上存在最明显的分化。它的生境属于亚热带，这对其形态特征和类黄酮类化学成分有很大的影响（Ardouin et al.，1985）。其开花习性已经改变，因此它几乎不需要春化作用诱导开花，而其蔓延的习性可能是由于缺乏顶端优势。

D. glomerata subsp. *metlesicsii* Schönfelder et D. Ludwig

D. glomerata subsp. *metlesicsii* Schönfelder et D. Ludwig 生长在加那利群岛高海拔地区，可能是 *smithii* 的高海拔类型（Schönfelder and Ludwig，1996），或者源于迁徙到加那利群岛的单独一种类型。目前没有获得这种类型的样品用于实验分析。虽然其物种状态尚被质疑，但这种类型已作为濒危物种列入了西班牙红色名单。酚类化合物分析表明来自大加那利岛高海拔的四倍体和该区域低海拔的类型有很多不同（Jay and Lumaret，1995），这表明二倍体的 *metlesicsii* 可能和低海拔的 *smithii* 有极大的不同。

D. glomerata subsp. *juncinella*（Bory）Boiss

D. glomerata subsp. *juncinella*（Bory）Boiss 分布在西班牙 Sierra Nevada 草原海拔 2200～2900m 的亚高山和高山草本带。类黄酮化学成分表明它与 *lusitanica*、*ibizensis* 相似，与 *izcoi* 不同（Ardouin et al.，1985）。杂交研究表明它与 *ibizensis* 有较近的亲缘关系，与 *smithii* 有一定的亲缘关系（Hu and Timothy，1971）。

D. glomerata subsp. *ibizensis* Gandoger

D. glomerata subsp. *ibizensis* Gandoger 又名 *nestorii*。它分布在西班牙附近的巴利阿里群岛，来源于原来的西班牙类型，但也具有北非 *mairei* 的一些分子特征。在该区域也分布着一些四倍体形式（Castro et al.，2007）。

D. glomerata subsp. *judaica* Stebbins et Zohary

D. glomerata subsp. *judaica* Stebbins et Zohary 和 *lebanotica* 分布在以色列山区地带，而 *lebanotica* 出现在黎巴嫩，也可能在叙利亚。分类上的不同让人疑惑，但不同的名字表明了不同的地理来源。它具有夏季休眠的地中海型生长模式，然而分子研究表明它是从温带 *himalayensis* 祖先发展而来。*judaica* 异质性的黄酮类成分表明一些个体具有"温带的"酚醛树脂类物质（Ardouin et al.，1985）。这种异质性可能与温带模式（Lumaret，1984，1986）和地中海表型之间的进化滞后有关（Borrill，1978）。

2. 四倍体鸭茅类型

四倍体几乎存在于该物种的所有分布区域，包含单个二倍体亚种所形成的全部同源四倍体，四倍体常比它们的二倍体形式更具有选择优势。

1) 四倍体的起源

鸭茅四倍体化的进程开始于鸭茅属形成之初。在二倍体居群中常出现未减半的配子体，并且二倍体和四倍体间也存在基因流，二者形成的三倍体通常高度不育且生活力低 (Lumaret and Barrientos，1990；Lumaret et al.，1992)。早期的四倍体极有可能是一个二倍体居群染色体组加倍而形成的同源四倍体，与二倍体居群相比可能没有任何选择优势。但在上一个间冰期时期，二倍体和四倍体同时进入更适宜生长的地区，期间一些四倍体能从与生态类型多样的二倍体居群的基因交流中获益。由于杂交四倍体获得了更多的遗传变异，杂种优势明显，能成功地完成物种进化 (Stebbins，1971)。据 Soltis D E 和 Soltis P S (1993) 报道，四倍体和二倍体相比有更多的多态性位点，其中四倍体为 0.8，二倍体为 0.7；四倍体有更高的异质性，为 0.43，二倍体为 0.17；在每个位点上四倍体有更多的等位基因，为 2.36，二倍体为 1.51。具有杂种优势的四倍体在后冰期能大面积地扩展生长区域，占据主导优势，这对今天该物种的发展和繁荣有持续的贡献 (Lumaret，1986)。

同源四倍体和二倍体常能同域共生 (Borrill and Lindner，1971；Lumaret et al.，1989)。然而基于多个二倍体居群发展而来的杂交四倍体分布更为广泛。大量的报道认为几乎所有的二倍体与同源四倍体有同域共生的关系，或者至少四倍体主要来源于单个的二倍体。通常这种同域共生的产生主要是由于其占据了不同的生态位 (Maceira et al.，1993)。

从分类学看，四倍体亚种包括了分布最广泛的亚种 *glomerata*，植株高大且喜钙的亚种 *slovenica*，旱生型亚种 *hispanica*，海岸型亚种 *marina* 和 *oceanica*，悬崖生长型亚种 *hylodes*。但是四倍体发展成一个复杂的物种，其形态特征在相互独立的不同的渐变群体中存在变异 (Speranza and Cristofolini，1986)。

2）四倍体亚种

D. glomerata subsp. *glomerata*

D. glomerata subsp. *glomerata* 是温带森林区域分布面积最广的四倍体，也是农业生产中广泛使用的鸭茅类型。Stebbins 和 Zohary（1959）研究表明该亚种可能形成于 *aschersoniana* 和 *woronowii* 的杂交，因为人工杂交后代表现出这两个亚种的中间类型，与亚种 *glomerata* 极为相似。实践证明，目前该亚种在欧洲、亚洲温带地区有广泛的应用前景。

Stebbins 也注意到由于 *reichenbachii* 和 *woronowii* 在许多特征上相似，据此推测一些 *glomerata* 可能是由共同分布于阿尔卑斯山脉的 *reichenbachii* 和 *aschersoniana* 的杂交种发展而来的。

Domin（1943）指出亚种 *glomerata* 主要的分布区是在北欧，第二个重要分布区域是在阿尔及利亚和摩洛哥的温带森林地区。但是在这两个分布地区的两种类型的鸭茅，其各自的二倍体祖先可能不同。

虽然通常认为亚种 *glomerata* 是夏季生长型，*hispanica* 为夏季休眠型。然而在法国的朗格多克-鲁西永地中海气候区域也发现了夏季休眠型的 *glomerata*（Mousset，1995）。

D. glomerata subsp. *slovenica*

D. glomerata subsp. *slovenica* 多分布于中欧海拔 600～1300m 的地区，常生长在石灰石和白云石土壤上（图 2-5）（Mizianty，1997）。该亚种最显著的特征是植株高大，可高达 1.5m（Domin，1943）。二倍体亚种 *aschersoniana* 对该亚种的形成可能起到了重要作用，因为从形态上看，它们都很高大，其余特征也基本相似，叶缘无毛或毛少（Mizianty and Cenci，1995）。

D. glomerata subsp. *hispanica*（Roth）Nyman

D. glomerata subsp. *hispanica*（Roth）Nyman 广泛分布在地中海区域，从伊比利亚半岛到克里米亚和高加索。该亚种耐干旱、植株低矮、小穗紧密且分枝少（Speranza and Cristofolini，1986），具有开花早、夏季休眠生长的特性，

抗旱性强。在法国的朗格多克-鲁西永地中海气候区域的夏季休眠型鸭茅多为
hispanica 和 *glomerata* 的杂交种，或渗入这两个亚种基因的杂交种（Lumaret，
1986）。

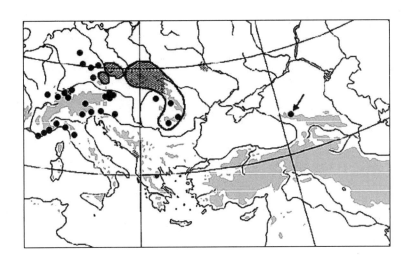

图 2-5 鸭茅亚种 *slovenica* 的分布（黑圆点标记区域）

目前生产上通常使用的夏季休眠品种包括'Uplands'、'Sendace'、
'Berber'、'Kasba'、'Jana'（意大利）、'Medly'（法国）、
'Perouvia'和'Chrysopigi'（希腊），是由收集于地中海的 *hispanica* 类型的
种质资源培育而成的。该类型的种质资源具有培育成适应地中海气候的鸭茅
品种的巨大潜力。

D. glomerata subsp. *marina*（Borrill）Greuter

D. glomerata subsp. *marina*（Borrill）Greuter 分布在欧洲西南部的地中海海
岸悬崖边和大西洋岛屿。*marina* 叶片边缘光滑无锯齿，叶片呈绿灰色，这些
特征使该亚种特别适应海岸地区的气候和生长条件（图 2-6）（Borrill，1961）。
光滑的叶边缘能增强适口性（Van Dijk，1961），同时提高了消化率。正是因为
这些特征，*marina* 很受植物育种家的青睐，但截至目前尚未有任何来源于
marina 的品种问世，其原因可能是 *marina* 产量较低。

marina 的形成和起源与二倍体 *smithii* 和 *ibizensis* 有关（Borrill，1961），但
其叶片光滑、绿灰色的特性表明 *marina* 也可能形成于不同地理来源的材料。

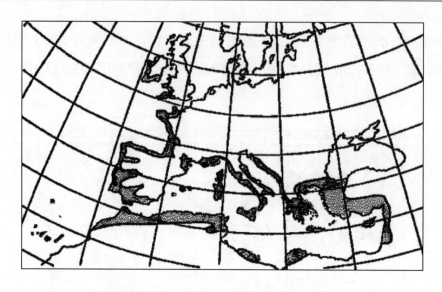

图 2-6　鸭茅亚种 *marina* 的分布(阴影部分)

D. glomerata subsp. *oceanica* G. Guignard

D. glomerata subsp. *oceanica* G. Guignard 生长在法国东海岸、大西洋和法国西北海峡地区(Guignard，1985)。该种类型的亚种常被看作 *marina* 类型在北欧分布的延伸和扩展。但是，地中海的 *marina* 类型具有 *hispanica* 的特征，而 *oceanica* 具有许多 *glomerata* 的特征。在沿康沃尔郡和爱尔兰海岸也发现了一些与 *oceanica* 相似的类型(Lumaret，1988)。

D. glomerata subsp. *hylodes* P. F. Parker

D. glomerata subsp. *hylodes* P. F. Parker 仅少量分布在马德拉岛的内陆悬崖、加那利群岛和佛得角群岛等地(Parker，1972)。该亚种与二倍体亚种 *smithii* 有很近的亲缘关系，具有持久性好、木质茎和叶片具小乳突等特性。Parker(1972)指出该亚种的杂合性和多倍性使其具有更广的生理功能，因而比 *smithii* 具有更广的地理分布范围。分子研究结果表明这些四倍体来源于 *smithii* 和西班牙二倍体。

3. 六倍体鸭茅类型

据报道，六倍体居群分布在利比亚和埃及西部的有限区域内(Jones et al.，1961；Jones，1962)。关于这些多倍体生态型的起源目前尚不明确。在邻近加利西亚蓬特韦德拉海岸发现了两个六倍体植株，但这可能是在当地四倍体居群里特殊的个体，而非一个自我维持的六倍体居群（Horjales et al.，1995）。

4. 气候变迁与鸭茅亚种的形成

全球气候的变迁使鸭茅出现分化以适应不同的气候区域，如干旱的条件和温暖的亚热带气候条件。最古老的二倍体类型如 *altaica*、*himalayensis* 和 *aschersoniana* 适应于温带森林边缘，而它们的衍生亚种 *woronowii* 发展出旱生的特征，因而扩展到了中亚和西亚的干旱草原地带。这些旱生特性也是生长在地中海干旱区的四倍体亚种 *hispanica* 的典型特征，包括绿灰色的小叶片、分蘖和小的花序。另外，旱生型的 *judaica* 从原来的温带 *himalayensis* 类型进化成了地中海类型。

海边生长类型 *marina* 和 *oceanica* 进化出绿灰色的特点，就 *marina* 而言还有乳突状的表皮。而那些海岸悬崖类型（*hylodes*、*smithii*）则有分枝习性。

5. 鸭茅亚种亲缘关系及遗传多样性研究

1）鸭茅亚种表型多样性分析

四川农业大学对鸭茅 9 个亚种 20 份材料的 13 个形态学特征进行了聚类分析，将其分为了两大类（图 2-7）。A 类中的 6 份鸭茅亚种材料相对矮小，B 类中的 14 份鸭茅亚种材料相对高大。A 类中的鸭茅材料地理分布区域为欧洲和亚洲温带地区，气候类型主要是温带和地中海气候类型，包括来自德国的 2 份 *lobata* 亚种材料，来自伊朗的 1 份 *woronowii* 亚种材料，来自俄罗斯的 1 份 *glomerata* 亚种材料，以及来自土耳其和葡萄牙的 2 份 *hispanica* 亚种材料；B 类中的鸭茅材料地理分布区域为欧洲、非洲、亚洲温带、亚洲热带四个区域，大部分材料是属于地中海气候类型，个别材料属于亚热带和温带气候类型。B 类包括亚种 *smithii* 的 2 份材料，来自英国和西班牙；亚种 *himalayensis* 的 1 份材料，来自印度；亚种 *hispanica* 的 5 份材料，分别来自摩洛哥、希腊、以色列、西班牙和法国；亚种 *marina* 的 1 份材料，来自葡萄牙；亚种 *lobata* 的 1 份材料，来自保加利亚；亚种 *woronowii* 的 1 份材料，来自俄罗斯；亚种 *lusitanica* 的 1 份材料，来自葡萄牙；亚种 *santai* 的 2 份材料，来自阿尔及利亚。

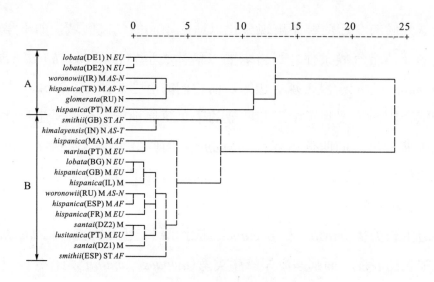

图 2-7　鸭茅亚种形态学特征聚类图

注：①气候类型缩写：M-地中海气候类型；ST-亚热带气候类型；N-温带气候类型。
　　②分布区域缩写：AF-非洲地区；EU-欧洲地区；AS-N-亚洲温带地区；AS-T-亚洲热带地区。
　　③原始分布缩写：DZ-阿尔及利亚；PT-葡萄牙；GB-英国；MA-摩洛哥；BG-保加利亚；ESP-西班牙；FR-法国；TR-土耳其；DE-德国；IL-以色列；IR-伊朗；RU-俄罗斯；GR-希腊。

2) 基于分子标记的鸭茅亚种亲缘关系及遗传多样性分析

四川农业大学张新全课题组选用 21 对 SSR (simple sequence repeats，简单重复序列) 标记引物及 15 对 IT-ISJ (intron targeted intron-exon splice junction，内含子-外显子拼接位点) 引物组合对 9 个亚种 20 份材料进行了分析。共扩增出 295 条多态性条带，多态性条带比率为 100%，SSR 标记和 IT-ISJ 标记的平均多态性信息含量 (polymorphic information content，PIC)，分别是 0.909 和 0.780。结合两种分子标记数据分析得到的 Nei's 遗传多样性指数为 0.283，Shnnon's 多样性信息指数为 0.448，表明 9 个鸭茅亚种之间具有较高的遗传多样性。聚类分析结果显示 20 份鸭茅亚种材料被分为 3 个大的类（A、B、C），分类结果与材料的分布范围和气候类型有一定关系。A 类群包含了 4 个亚种的 8 份材料，这些材料的地理来源都是在地中海西部，而 B 类群包含了 3 个亚种的 7 份材料，这些材料的地理来源都是在地中海东部。同时，这 20 份材料能够进一步被分成 5 个小类（1、2、3、4、5），这与 STRUCTURE 分析中当 K=5 时的结果一致，结果显示 *lusitanica*、*santai* 和 *smithii*，*hispanica*（希腊和葡萄牙两份材料）和 *marina*，*hispanica*（土耳其和以色列两份材料）和 *woronowii*、*lobata*、*himalayensis* 和 *glomerata* 遗传背景相似，可能具有较近的亲缘关系（图 2-8）。

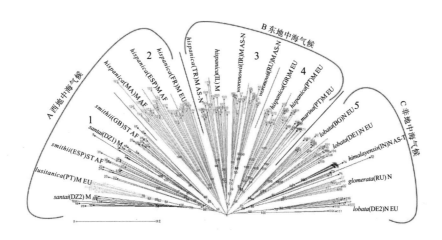

图 2-8　基于 Darwin V5.0.148 构建的 9 个鸭茅亚种 20 份材料 196 个单株邻接树

注：A、B、C 表示 20 份材料被分成了 3 大类，数字 1～5 表示根据 STRUCTURE
分析中最佳 K 值为 5 时分成的 5 小类。

此外，选用核糖体 ITS 序列对 9 个鸭茅亚种 20 份材料进行了系统进化分析。ITS 序列最终长度为 618bp，20 份材料共 9 个变异位点。基于 ITS 序列，利用最大似然法（maximum likelihood，ML）和贝叶斯推断法（Bayesian inference，BI）构建系统发育树，两个系统树的聚类结果高度一致。聚类结果表明亚种 *marina* 和 *hispanica*，*glomerata* 和 *himalayensis*，*lobata* 和 *woronowii* 在两棵树中都具有较高的支持率，可能具有较近的亲缘关系。

2.1.3 鸭茅基因资源

1. 基因组大小

有报道指出，在法国和意大利，鸭茅自然居群基因组大小与海拔呈负相关，即基因组大小随海拔的升高而降低，降低幅度可高达30%(Reeves et al.，1998)。伊比利亚南部、北非、加那利群岛的二倍体鸭茅和伊比利亚北部、欧洲、中东和中亚的二倍体鸭茅相比，DNA 量大约降低 15%(Tuna et al.，2007)。四川农业大学对鸭茅二倍体鸭茅基因组的研究表明，基因组大小为1.94Gb。

2. 基因资源

从植物改良角度，可将植物基因资源依次划分为初级(primary)、第二级(secondary)、第三级(tertiary)和第四级(quaternary)基因库。

1)初级基因库

初级基因库(primary gene pool)主要是指已登记品种和适应农业生产利用区域的优异品系。这是育种者为确保有效育种所需要拥有的首要基因资源，尽管二倍体 *izcoi* 和 *aschersoniana* 已经在商业市场上使用，但这类基因资源主要以四倍体类型为主。在鸭茅育种项目中这些资源常被育种者有效地利用，他们收集的材料代表了该类基因库大部分的资源。但由于鸭茅育种项目的减少，使该类基因库的维持面临很大的威胁。

2)第二级基因库

次级基因库(secondary gene pool)主要是指分布在欧洲、亚洲和北非的鸭茅主要栽培区域以外的四倍体居群。育种者收集并开发利用这些资源，但在重要性上它们比首要基因库略逊一筹，因为它们对农业生产环境的适应性稍差。通常这些资源存在于自然界或种质资源基因库中。随着全球气候变暖和人类活动导致的栖息地的改变，许多野生的居群正面临着生存威胁。

次级基因库包含了与二倍体同域共生的四倍体居群。澳大利亚品种'Porto'和西班牙品种'Adac 1'是从四倍体自然居群培育而成的，该居群受 lusitanica 的影响较大。另外，许多品种由西班牙加利西亚省的四倍体亚种 izcoi 发展而来，如'Grasslands Wana'（新西兰品种'草地瓦纳'）、'Cambria'（英国）、'Artibro'（西班牙）。其他的一些品种也有可能是从其他四倍体鸭茅资源发展而来的。许多二倍体居群的四倍体形式为育种者提供了大量的资源。虽然目前许多资源被收集，但它们很少被鉴定为是残余二倍体居群的四倍体形式。

3) 第三级基因库

第三级基因库 (tertiary gene pool) 主要包括来自其他倍性水平的居群，其基因资源对现有的育种项目也有帮助。这些居群主要包括二倍体、六倍体，它们既能用于二倍体、六倍体育种，也可用于四倍体育种。育种者已通过将二倍体 lusitanica 杂交，再将杂交后代通过秋水仙碱加倍而创造了四倍体材料，如英国的商业品种'Saborto'和'Calder'及新西兰的品种'Grasslands Kara'就是利用这种方式培育而成。虽然第三级基因库的资源很少被育种家使用，但二倍体资源是现代四倍体材料的重要基础，且蕴藏了大量的基因资源，因此第三级基因库具有其独特的存在意义。目前，随着气候的变暖及人类活动导致的自然栖息地的改变，大量的资源正遭受数量减少或濒临灭绝的危险，因此收集和保护现有的资源十分重要。

4) 第四级基因库

第四级基因库 (quaternary gene pool) 主要包括鸭茅属以外的一些种，这些材料可为育种提供基因资源。但仅部分种被用于与鸭茅属杂交，如多花黑麦草 (Lolium multiflorum) (Oertel et al., 1996)、高羊茅 (Festuca arundinacea) (Matzk, 1981)、梯牧草 (Phleum pratense) (Nakazumi et al., 1997) 等。此外，通过将谷类作物如小麦、大麦和黑麦与鸭茅授粉杂交也成功获得了胚胎

(Zenkteler and Nitzsche，1984)。但由于其育性极低，这些杂交种在育种项目中没有完全被利用，也没有显示出极大的生长优势。

3. 基因组学资源

Bushman 等(2007)和 Robins 等(2008)利用鸭茅的 4 类组织(冷胁迫的叶冠、白化的幼苗、盐/干旱胁迫的嫩芽和盐/干旱胁迫的幼根)开发了鸭茅表达序列标签(expressed sequence tag，EST)。通过将多个 EST 文库开发的 SSR 标记与水稻染色体序列进行同源比对，可预测这些标记在鸭茅染色体上的具体位置。同时，这些 EST 文库的序列信息将有助于发现和鉴定单核苷酸多态性(single nucleotide polymorphism，SNP)。美国农业部牧草与草原研究实验室(USDA-ARS FRRL)正在执行一个大规模的鸭茅改良项目，他们利用遗传关联作图群体筛选与重要性状(如抗寒、抗旱、抗盐)紧密联系的分子标记，并结合田间农艺性状评价筛选抗寒、抗冻、抗旱及抗盐的优异种质。他们的目标是鉴定表型关联，开发和利用分子标记，加快抗寒、抗冻、抗旱及抗盐性分子标记辅助育种进程。

4. 保护策略

随着鸭茅原始生境的减少和气候变暖，许多二倍体类型的鸭茅资源面临严峻的生存威胁。不幸的是目前多个国际种质资源基因库中没有收集到或只少量收集了部分二倍体鸭茅，许多不同地理来源的种质类型没有被收集或由于种质数量有限而不能代表该类型(表 2-2)。如 *altaica*、*hyrcana*、*metlesicsii*、*reichenbachii* 和 *smithii*(佛得角群岛)资源严重缺失，另外，难以获得中国以外的二倍体亚种 *sinensis*。因此，收集和保持二倍体居群的同源四倍体，如 *smithii*、*woronowii*、*izcoi*、*reichenbachii* 和 *mairei* 及其他一些二倍体类型十分重要。国际间应开展大范围的鸭茅育种项目，完善鸭茅资源收集，同时注意异地保存。在国际种质资源库中应保存每份材料的种子。充分评价和利用现有种质资源、基因和基因组资源，同时利用分子技术手段开展分子标记辅助育种，确保培育足够的鸭茅品种，满足生产。

表 2-2 欧洲、北美和新西兰收集的二倍体种质

二倍体居群	种质数	收集紧迫性
altaica	0	紧急
aschersoniana	26	低
castellata	3	高
himalayensis	4	高
hyrcana	0	紧急
nestorii=ibizensis	2	高
izcoi	40	低
judaica	10	中等
juncinella	4	高
lusitanica	11	中等
mairei	10	中等
metlesicsii	0	紧急
parthiana	3	高
reichenbachii	0	高
santai	9	中等
sinensis	0	紧急
smithii（加那利群岛）	10	中等
smithii（佛得角群岛）	0	紧急
woronowii	21	低

注：这些资源类型可能在不同资源库里存在重复。

2.2 鸭茅种质资源挖掘

鸭茅原产于欧洲西部及中部、亚洲和非洲北部温带地区，是世界范围内广泛栽培的一种重要疏丛型禾本科牧草，具有草质柔嫩、叶量丰富、含糖高、营养价值高，适应性强等特点，是人工草地建植、天然草地改良与植被恢复选用的重要草种之一。我国野生鸭茅资源在东北、西北、西南等地区广泛分布，特别是西部横断山区尤为丰富，分布区的海拔跨度大，气候、地形、土壤等生境条件复杂多样，自然状态下，同一区域可同时出现二倍体和

四倍体鸭茅。这些野生种质在长期的进化过程中积累了极其丰富的遗传变异和优良的基因资源，极具深入研究及开发利用潜力，是优良品种选育的物质基础。为此，四川农业大学自 20 世纪 70 年代末开始进行野生鸭茅种质资源的调查、大量收集鸭茅资源，筛选产量高、品质好及抗性强的种质，并采用杂交方法创制育种新材料，不仅选育出了野生鸭茅栽培新品种，而且为鸭茅分子辅助育种(如 QTL 分析的群体构建)，发掘、聚合优良性状基因奠定了材料基础。

2.2.1 产量相关性状

1. 物候特性

国外研究显示，四倍体鸭茅比二倍体开花早，开花期短，在夏季干旱前完成开花全过程，并产生更多的分蘖、花序和种子，而二倍体在冬季和早春产叶量更高，延迟数周开花，在整个干旱期开花(Lumaret and Guillerm，1987)。对国内的鸭茅资源研究表明，9 月上旬播种时，二倍体鸭茅出苗时间比四倍体晚 4~5d，拔节期比四倍体晚 20~30d；延迟到 10 月中旬播种时，二倍体鸭茅出苗时间比四倍体晚 10d 左右，拔节期晚 50d 以上。拔节后二倍体鸭茅很快进入孕穗期，开始生殖生长；四倍体鸭茅在孕穗前生长很快，达到完熟时高度的 85.3%，而二倍体鸭茅在孕穗后生长很快，孕穗前仅为完熟期株高的 57%。刈割后的鸭茅二倍体和四倍体相比较，前者在 1 个月左右很快进入抽穗期，而四倍体鸭茅仅达到拔节期(钟声，1997)。四倍体鸭茅的这些特性对牧草的生产利用是非常有利的，在气候凉爽、适宜鸭茅分蘖生长的 3~4 月，长时期旺盛的营养生长，势必将提高其产草量，而且抽穗前草质优良。二倍体植株匆匆进入生殖生长，植株很快纤维化，以后气温逐渐上升，错过了植株的最佳生长环境，产量和质量都受到一定影响。

2. 生长动态

根据不同时期生长速度的快慢，我国野生鸭茅可分为早熟型、中熟型、晚熟型和缓慢生长四种类型(图 2-9)。早熟型进入拔节、孕穗、开花的时间早，2 月末至 4 月初为生长高峰期，完成生育期所需时间短，平均 249d，其中营养生长期为 199d，生殖生长期为 50d；晚熟型进入生长高峰期的时间晚，在 5 月中旬至 6 月中旬进入生殖生长期后生长加快，生育期为 289d，完成营养生长和生殖生长分别需 251d 和 38d；中熟型完成营养生长和生殖生长分别需 227d 和 43d；缓慢生长型的日平均生长速度皆较低，无明显的生长高峰期(彭燕和张新全，2008)(表 2-3)。由此可见，早熟型鸭茅营养生长期比中、晚熟型短，而生殖生长期比中、晚熟型长。国外亦将栽培鸭茅根据开花期的不同划分为早、中、晚熟品种，其中早熟品种的植株高度、干物质产量比晚熟品种高，开花期提早 10d 左右，但晚熟品种的季节性产量比早熟品种分布均衡，它们的营养价值差异不显著(Seo and Shin，1997)。我国野生鸭茅资源也具有类似的特性，这为选育高产鸭茅种质提供了依据。

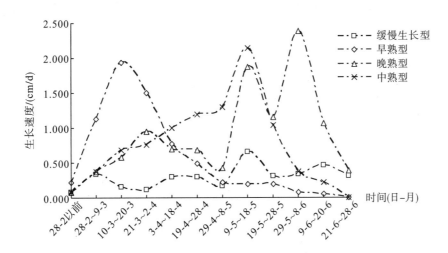

图 2-9 不同发育特性的鸭茅生长动态曲线

表 2-3 不同发育型鸭茅各生育期平均所需天数(d)

生育类型	出苗—拔节期	拔节—孕穗期	孕穗—开花期	开花—成熟期	生育天数
早熟型	188	11	14	36	249
中熟型	198	29	16	27	270
晚熟型	208	43	15	23	289

3. 牧草产量

在我国亚热带气候条件下，鸭茅全年有两个产草高峰，产量主要集中在春季和夏初，占全年可利用干物质总产的 75%以上，秋季所占比例不大，全年供草时间 7 个月左右，再生草在全年干物质产量组成中所占比例大。分蘖期第 1 次刈割，二倍体与四倍体鸭茅间干物质年总产量差异极显著，前者为后者的 30%；孕穗期干物质产量在二倍体鸭茅之间差异不显著，与四倍体比较则差异显著，二倍体鸭茅干物质产量低于四倍体。就孕穗期及其再生草的干物质年总产量而言，二倍体鸭茅为四倍体的 23.90%(表 2-4)。从产草量的季节分布分析，四倍体鸭茅在全年有两个高峰，主要集中在春季和夏初，而秋季所占比例较小；二倍体也主要集中在春季和夏初，而越夏后生长极度缓慢，其再生草难以利用，因此，不仅产草量显著低于四倍体，而且季节性缺草矛盾更加突出(钟声，1997)(没有具体给出二倍体与四倍体鸭茅全年产草量能达到多少)。

表 2-4　鸭茅干物质产量(1994-10～1995-11)　　　　　(单位：kg/hm²)

项目	四倍体		二倍体				
	79-9	91-2	90-70	90-130	91-1	91-7	91-103
分蘖期干物质	1 853	2 280	2 085	2 186	1 615	1 283	1 515
再生草干物质	9 397	10 200	1 665	2 134	2 252	1 447	1 613
年总产	11 250	12 480	3 750	4 320	3 967	2 730	3 128
孕穗期干物质	5 859	6 255	4 650	3 300	3 855	3 900	3 945
再生草干物质	9 855	9 240	—	—	—	—	—
年总产	15 714	15 495	4 650	3 300	2 855	3 900	3 945

注："—"表示无刈割。

2.2.2　抗逆性状

鸭茅属冷季型多年生草本植物，耐热性较差，种子萌发及早期生长易受干旱和高温等非生物胁迫影响，生长中后期易受锈病等生物胁迫危害，严重降低鸭茅饲草产量及品质。因此，选育鸭茅抗旱、耐热及抗锈病新品种（系），研究如何提高鸭茅抗逆性对其生产和栽培利用具有重要意义。

1. 抗旱性

对国内应用的主要鸭茅品种/品系（宝兴、滇北、斯巴达、德娜塔、古蔺、川东、波特、01998、金牛）萌发期及苗期的抗旱性进行比较研究，发现它们的抗旱性差异明显，其中'宝兴''滇北'和'斯巴达'的抗旱性较好，而'波特'和'01998'对干旱敏感，萌发期抗旱性较强的种质在苗期也具有较强的抗旱性（曾兵等，2006；高杨等，2007；季杨等，2014a）。对抗性和敏感材料的进一步研究表明，在轻度水分胁迫（土壤相对含水量 70%～50%）下鸭茅光合作用主要受气孔限制，而在重度水分胁迫（土壤相对含水量 40%～10%）时细胞内 CO_2 利用效率极低，以非气孔限制为主；同时，抗性材料受到气孔限制和非气孔限制的程度相对较小，可维持较高的根系数量、生物量和根系活力，以及较高的渗透调节能力、抗氧化防御能力。国外相关研究也表明，鸭茅在长期干旱生境的协同进化过程中，通过降低气孔频率，或提高叶表面蜡质密度、降低呼吸速率等适应特性来实现抵抗干旱的目的。抗旱品种在生长中表现为茎生长速度更缓慢，深层土壤中根密度更大，能在较低的水势条件下吸水，吸水时间更长，叶基中具有更高的渗透调节能力，分蘖节中可溶性碳水化合物含量更高，维持更低水平的游离脯氨酸和金属离子含量，而磷的含量提高（Ashenden，1978；Volaire and Thomas，1995）。这些研究为培育抗旱鸭茅新品种提供了重要参考。

2. 抗热性

高温高湿是影响我国南方及过渡气候带牧草产量及品质的重要限制性因素。鸭茅最适生长温度为 12～22℃，是冷季型牧草，对高温敏感，大部分鸭茅在我国南方低海拔地区不能安全越夏。罗登等（2015）评价了 6 份鸭茅种质的耐热性，耐热性大小依次为'阿索斯'、'金牛'、'01472'、'宝兴'、'02-116'和'安巴'。'阿索斯'可作为耐热品种加以推广利用，也可作为培育耐热品种的育种材料。通过田间试验，曾兵等（2005）将我国 16 份野生鸭茅种质的耐热性划分为非常好、较好和相对较弱 3 个级别。严海东等（2013）研究发现越夏率较高的鸭茅材料抗湿热能力强、耐热性高；越夏率低的鸭茅材料抗湿热能力弱、耐热性弱。鸭茅越夏时植株数量减少是影响鸭茅产量的一个重要因素。此外，高温预处理（即高温锻炼）能显著提高热敏感型鸭茅的耐热性能。通过转录组高通量测序分析发现，耐热鸭茅材料比热敏感型材料具有更多的差异表达基因，同时大量的单核苷酸多态性（single nucleotide polymorphism，SNP）位点被发现（Huang et al.，2015），这些研究为发掘鸭茅耐热功能基因奠定了基础。

3. 抗病性

锈病是鸭茅栽培和种子生产中常见且危害较为严重的病害，影响牧草生产及其饲用品质并限制其广泛利用（梅鹃和别治法，1991；李先芳和丁红，2000））。抗锈病品种的选育已成为我国鸭茅育种的一个重要目标。Ittu 和 Kellner（1977，1980）发现来自意大利的鸭茅生态型比来自丹麦的更抗锈病，同时从 126 份鸭茅品种中发现欧洲南部的鸭茅种质资源对黑锈病具有最大的抗性，其中来自苏联的 3 个品种对锈病的自然感病率不到 5%，并经过无性选择得到了抗性无性系。近年来，国内学者对国内野生鸭茅种质资源的抗锈病特性进行了初步研究，筛选出了一些具有优良抗性的鸭茅种质资源，并揭示了鸭茅锈病的发病规律（曾兵等，2010；张伟等，2012）。据梅鹃等报道，鸭茅在 15～25℃、有雾或露水条件下易发生锈病，环境的变化和病菌变种的出现都可导致原来较抗病的品种易感病。彭燕等（2006）从国内 40 多份野生鸭茅种质中发现有 4 份材料无论是叶片还是茎杆都表现为中度抗锈病。严海东等（2013）从 258 份源自世界各地的鸭茅种质资源中筛选出了 15 个具有较强的抗锈病能力的优良鸭茅种质资源。这些材料为鸭茅抗病育种提供了重要的种质基础，部分优良材料也具有直接应用于生产的潜力。Rognli 等（1995）对鸭茅斑驳病毒（cockfoot mottle virus，CfMV）的抗性研究发现，CfMV 的严重程度与粗蛋白含量和可消化性基本呈正相关，与粗纤维含量呈负相关，鸭茅耐病性可以通过选择而增强。

2.2.3 品质性状

1. 饲用品质

鸭茅营养价值丰富，初花期粗蛋白含量为 17.5%～24.2%，变异系数为 6.2%，在我国亚热带气候条件下，鸭茅分蘖期第 1 次刈割，二倍体、四倍体粗蛋白年均产量分别为 570.4kg/hm^2、2167kg/hm^2，二倍体仅为四倍体的 26.3%；孕穗期，二倍体、四倍体鸭茅粗蛋白年产量分别为 619.6kg/hm^2、2250kg/hm^2，二倍体为四倍体的 27.5%（表 2-5）（钟声，1997）。因此，鸭茅属于蛋白性饲草饲料，且不同种质间差异较大。在不同鸭茅资源的营养成分中，变异系数最大的是钙含量，其次是磷含量；变异系数最小的是干物质含量，其次是初水分含量。相关性分析表明，中性洗涤纤维与粗蛋白呈显著负相关，与粗脂肪呈极显著负相关，与酸性洗涤纤维呈极显著正相关；粗脂肪、中性洗涤纤维、酸性洗涤纤维含量变异范围分别为 3.1%～4.7%、46.4%～54.5%和 25.2%～30.7%，变异系数分别为 10.2%、3.9%和 4.7%（段新慧等，2013）。鸭茅含镁较少，饲喂时应注意补充。用作放牧时，适宜于与紫花苜蓿、无芒雀麦等混播，也可与三叶草、黑麦草、高羊茅等混播，以提高草地的产量及饲草品质。鸭茅可用来调制干草或青贮料，供冬春季节饲用。

表 2-5 鸭茅粗蛋白产量（1994-10～1995-11） （单位：kg/hm^2）

项目	四倍体		二倍体				
	79-9	91-2	90-70	90-130	91-1	91-7	91-103
分蘖期粗蛋白年产量	2 136	2 198	600	641	681	450	480
孕穗期粗蛋白年产量	2 205	2 295	647	528	647	626	650

2. 养分动态

在分蘖期，二倍体鸭茅的粗蛋白含量显著低于四倍体；孕穗期除个别材料外均明显高于四倍体；二者之间在分蘖期后再生草无规律性差异。在分蘖期二倍体粗纤维均值比同物候期的四倍体高，但与生长日数相同的四倍体比，这时四倍体已提前进入孕穗期，其粗纤维含量比二倍体均值高；进入孕穗期，二倍体粗纤维均比四倍体略低，由于二倍体进入孕穗期比四倍体迟，这说明无论在拔节前还是抽穗期以前，二倍体粗纤维化速度均比四倍体慢（钟声，1997）。由此可见，我国野生二倍体鸭茅具有前期生长缓慢，纤维积累慢，生长期长等优点，在实践中可以作为育种的材料，亦可作为品种驯化材料。

2.2.4　繁殖性状

二倍体和四倍体鸭茅花粉的平均可育性分别为 68.2%、78.8%（帅素容等，1997）。此外，二倍体花粉数量明显少于四倍体，结实率与四倍体差异不显著。二倍体的种子产量虽较高，但低于四倍体，前者的千粒重，室内和田间发芽率均低于后者（钟声，1997）。不同来源的二倍体鸭茅之间差异显著（表 2-6）。在四倍体鸭茅不同材料间，种子产量的变异最大，其次是生殖枝，生殖枝与分蘖数和种子产量的相关性分别达到极显著和显著水平。在同等生长和栽培条件下，不同鸭茅生产的种子的质量，如千粒重、发芽率、发芽势、发芽指数亦存在显著差异（曾兵，2011）。国外的研究亦表明，四倍体种子发芽较快；在同一倍性水平上，较重的种子发芽率更高，种苗更健壮（Bretagnolle et al.，1995）。

表 2-6　二倍体和四倍体鸭茅种子产量及品质

项目	四倍体		二倍体				
	79-9	91-2	90-70	90-130	91-1	91-7	91-103
种子产量/(kg/hm²)	315	405	300	270	255	255	270
纯净度/%	88	94	95	92	88	90	94
千粒重/g	0.625	0.960	0.400	0.300	0.392	0.300	0.302
室内发芽率/%	72	87	45	28	6	34	19
田间发芽率/%	45	48	16	15	11	10	8

2.2.5　资源发掘创新

1. 四倍体间杂交

倍性相同的鸭茅间能够实现自由杂交(Borrill，1991)，四倍体鸭茅是利用最多的育种材料。钟声(2007)以野生二倍体鸭茅化学诱导所获得的同源四倍体为母本，野生四倍体鸭茅为父本进行杂交，从 216 个同源四倍体后代中，获得了 4 个形态发育出现较大变异的杂交后代单株。杂交后代基本上能集中双亲的优点，在繁殖性能和苗期生长两方面均优于亲本。尽管分蘖能力和单株干物质产量不如野生四倍体，但差距不大，完全可以通过进一步选择加以改善。与此同时，杂交后代个体间在苗期生长、分蘖、再生、干物质产量、繁殖及抗病性等方面均存在较大差异，为育种提供了广泛的选择范围。这进一步证明我国西部的野生二倍体鸭茅具有重要的育种利用价值。

万刚(2010)报道，在不同四倍体杂交组合中，T9('川东'×'宝兴')与T10('宝兴'×'川东')两组合的 F1 代具有更丰富的遗传多样性，产生更多的变异。且 T9、T10 正反交组合的后代抗病、越夏率高，SSR 分子标记可以结合形态标记作为筛选优异后代的主要参考条件。赵一帆(2013)对四倍体与四倍体杂交的 F1 代进行 SSR 分子标记，结果发现杂交后代群体间遗传差异明显，通过杂交产生了丰富的变异。多数杂交后代表现为偏父本遗传，四倍体杂交亲本间的基因交流较二倍体杂交更加充分。F2 代与 F1 代相比，株高、单株产量、分蘖数显著高于 F1 群体，杂种优势趋于稳定，其后代具有进一步研究的价值(蒋林峰等，2015)。

2. 二倍体间杂交

谢文刚等(2010)对株高存在明显差异的两个二倍体亲本材料进行杂交，利用 13 对 SSR 引物对 111 个鸭茅交后代进行扩增，得到多态性百分率为84.24%。该结果与 Kolliker 等(1999)用 RAPD 方法研究发现的鸭茅种质内具有较高的遗传变异(85.1%)的结论吻合。同时本研究所得到的鸭茅种质内的遗传变异模式与那些多年生且具有异交繁育系统的植物具有相似性（Nybom，2004）。这也说明通过杂交可获得丰富的遗传变异，可为鸭茅新品种的选育提供优良的遗传育种中间材料。二倍体鸭茅亲本、子代间相似度较高，遗传距离小，后代群体偏母本遗传（赵一帆等，2013）。

3. 二倍体与四倍体杂交

开展不同倍性材料间杂交的倍性育种是创新种质的重要方法。钟声（2006）以二倍体鸭茅为母本，以栽培四倍体为父本进行自然杂交，获得了一个三倍体鸭茅单株，杂交后代染色体为 $2n=3x=21$，杂交三倍体后代染色体倍性特征十分复杂，混倍体、五倍体和四倍体均存在（图 2-10），说明二倍体和四倍体杂交可以产生多种倍性的杂交后代，这在国外也有相关报道（Lumaret and Barrientos，1990；Lindner and Garcia，1997；Gauthier et al.，1998）。这对

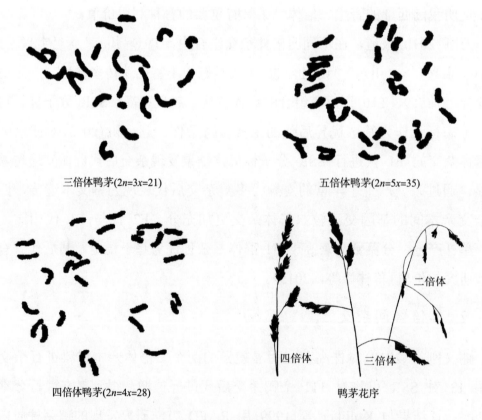

三倍体鸭茅($2n=3x=21$)　　　　　　　　　五倍体鸭茅($2n=5x=35$)

四倍体鸭茅($2n=4x=28$)　　　　　　　　　鸭茅花序

图 2-10　鸭茅杂交后代染色体数目及花序特征（钟声等，2006）

于遗传、进化及育种无疑都具有重要意义。营养生长期，三倍体形态学特征与二倍体相似，但生长速度稍快，与栽培四倍体差异十分明显；开花期，二倍体鸭茅花序分枝细弱，抽穗后花序即自然下垂，栽培四倍体花序分枝粗壮，小穗上举，三倍体的花序特征正好介于二倍体与四倍体之间（图 2-10）。三倍体鸭茅的物候发育、分蘖能力及早期生长速度介于二倍体与四倍体之间。三倍体虽然高度不孕，但它是鸭茅多倍体育种的宝贵材料。

多基因聚合育种

第三章 饲草玉米染色体工程与聚合育种

植物遗传育种改良突破性进展往往依赖于新遗传资源的发现与利用。长期以来，当种内变异不能充分满足人们对产量、品质、抗病性和抗逆性等的需求时，植物育种学家们就会尝试在差异较大的物种间进行杂交，引入外源物种间存在的大量有利基因，带来全新的基因组合，乃至创造新的生命形式。目前，将外源基因导入或聚合到栽培物种中可采用有染色体工程技术、有性杂交、体细胞杂交和基因工程等方式。种间有性杂交是物种间基因转移和聚合的传统方式，也是目前应用最广泛的技术。

杂交和多倍化在物种形成中起着重要作用，种间杂交及其染色体多倍化，可以克服远缘杂种的育性障碍，合成基因型高度杂合的新物种，聚合多物种基因，可能产生"超级组合"，由此产生的后代可能在诸多性状方面比亲本具有明显优势。因而，充分利用植物的远缘杂交和多倍化创制新的遗传变异，利用分子生物学和染色体工程技术进行染色体和基因的转移、聚合，对培育出更多具有高产、优质和高抗的饲草新品种具有重大意义。

3.1 玉米与大刍草物种间远缘杂交

在玉米起源地墨西哥和危地马拉等地，一年生大刍草的生境与玉米种植地区重叠。栽培玉米与一年生墨西哥类玉米亚种和小颖类玉米亚种在细胞学上高度的相似性保证了它们之间可以通过杂交形成丰富的杂交后代，墨西哥类玉米亚种和小颖类玉米亚种能与玉米天然杂交产生杂种(Fukunaga et al., 2005；Ellstrand et al., 2007)。它们之间常常发生天然杂交，其杂交种又与亲本重复杂交，因此它们之间存在着相对自由的基因流（Wilkes，1977；Doebley，1990；Kermicle et al.，1990）。繁茂类玉米亚种与栽培玉米在细胞学水平上的相似性较少，二者自然杂交很难成功，特别是四倍体多年生类玉米，其染色体数目是栽培玉米的两倍，因此更难与栽培玉米进行杂交得到后代（Longley，1941；Benz et al.，1990）。玉米和大刍草均是雌雄同株异花授粉植物，果穗侧生，雄花生长在顶端，借风力传粉，进行自花和异花受精。除了四倍体多年生类玉米外，玉米与其他大刍草易杂交，产生具有不同程度育性的杂种 F_1（$2n=20$），其结实率和可育率与其相互间的亲缘关系成正相关（Wilkes，1977；Doebley，1990；Kermicle et al.，1990；唐祈林等，2006）。

3.1.1 玉米与墨西哥类玉米亚种

在墨西哥或危地马拉等地，出现最多的大刍草是墨西哥类玉米亚种。针对墨西哥类玉米亚种和玉米人工远缘杂交与基因渐渗的研究较多。在人工授粉的情况下，玉米和墨西哥类玉米亚种的杂交结实率很高（Kermicle，1997），其杂种 F_1 表现双亲中间性状，减数分裂配对正常。墨西哥类玉米亚种作为玉米野生近缘物种亲缘关系最近的材料之一，其有利基因可通过种间有性杂交导入栽培玉米中，合成玉米与大刍草的代换系以及基因渐渗系，从而达到改良玉米的产量、品质和提高抗逆性等目的（Emerson et al.，1932；Longley，1941；Cohen，1981；Cohen et al.，1984）。

虽然部分墨西哥类玉米亚种与玉米存在较小的杂交障碍（Ellstrand et al.，2007），但仍然存在大量的墨西哥类玉米亚种年复一年与玉米自发杂交。在自然生长的群体里多达 10%的植株是玉米与墨西哥类玉米亚种的杂交种（一年生）（Wilkes，1997），杂种 F_1 具有比亲本更强的生长势，能够与双亲自由回交，但是很少能观察到它们杂种的 F_2 和回交世代自然存活的现象。大刍草作为一种草本植物，成熟的种子易于脱落，能自然繁殖。但是，大刍草与玉米杂交获得的后代及它们的 F_2 和回交世代果穗都保留了玉米果穗特性，种子不能自然落粒，繁衍必须靠人为传播才能延续。自然条件下，玉米与墨西哥类玉米亚种之间基因渐渗较为容易（Wilkes，1977；Doebley，1990；Ellstand，2007）。还有研究表明，一些墨西哥类玉米亚种（如 *Chalco*）具有类似于爆裂玉米配子体不育的 *Tcb1* 杂交不亲和系统（Evans et al.，2001），该 *Tcb1* 定位于大刍草 4 号染色体上。该系统导致的杂交不亲和壁垒是单向不对称的，当玉米为父本与墨西哥类玉米杂交时，结实率低于 1%，但它们反交（墨西哥类玉米是父本）结实正常（Kermicle et al.，2005）。当用玉米和墨西哥类玉米混合花粉与玉米杂交，很少能获得远缘杂交种子，表明对玉米植株而言，玉米本身花粉具有比墨西哥类玉米花粉更强的竞争力。可见，由大刍草向玉米单向的基因流以及它们花粉竞争力不同的遗传现象，很好地说明了生物界物种具有防止它们产生完全均质基因库，保持物种自身特性的机制。

3.1.2　玉米与小颖类玉米亚种

小颖类玉米是玉蜀黍属中与玉米亲缘关系最近的大刍草，它可能是玉米的直系祖先（Doebley，1990，2004，2006；Matsuoka et al.，2002）。与墨西哥类玉米亚种相似，小颖类玉米广泛地分布于墨西哥和危地马拉玉米地或其附近，与玉米经常自发杂交获得杂种 F_1（Wilkes，1977；Sanchez et al.，1987），玉米与小颖类玉米亚种之间存在着相对的自由基因流。Kermicle 和 Allen（1990）研究认为小颖玉米亚种群体中不存在类似于墨西哥类玉米的 *Tcb1* 杂交不亲和系统。然而，Doebley 和 Stec（1991）在研究玉米和小颖玉米亚种的杂种 F_2 代时，发现其后代具有 *Ga1*（*Gametopbyte-I*）配偶体不亲和等位基因。Kermicle（2005）研究表明，一些小颖玉米亚种群体不接受玉米的花粉，因为这些大刍草携带等位基因 *Tcb1*。至今，还没有权威的数据说明玉米和小颖类玉米的远缘杂交和基因渗透程度，也不清楚小颖类玉米是否存在与墨西哥类玉米亚种相同的 *Tcb1* 杂交不亲和系统。在人工授粉的情况下，玉米和小颖类玉米的杂交结实率很高（Kermicle，1997；Molina et al.，1997），其杂种 F_1 表现双亲中间性状，减数分裂配对正常。玉米与小颖类玉米亚种自然杂交和人工授粉产生了很丰富的杂交材料，存在着相对的自由基因流。

3.1.3　玉米与韦韦特南戈类玉米亚种

分子生物学证据表明，韦韦特南戈类玉米亚种（*Z. mays* L. ssp. *huehuetenangensis*）与玉米、墨西哥类玉米亚种和小颖类玉米亚种属于同一亚属，它与同一亚属中的其他种之间的亲缘关系较远，目前，还没有关于玉米和韦韦特南戈类玉米亚种发生自然杂交的报道（Doebley et al.，1987；Buckler et al.，1996；Wang et al.，2011）。Wilkes（1967，1977）研究表明，韦韦特南戈类玉米亚种与玉米杂交存在一定的障碍，虽能结实，但约 5%的杂种不育。Kermicle 等（2006b）报道，韦韦特南戈类玉米亚种存在 *Ga1* 基因位点多态性，该大刍草与玉米杂交有时存在配偶体杂交不亲和障碍。Fukunaga 等（2005）研究表明，韦韦特南戈类玉米亚种和玉米还没有基因的渐渗或杂合，然而它们基因渐渗的潜力非常大。

3.1.4　玉米与繁茂类玉米亚种

有关玉米与繁茂类玉米亚种杂交的研究很少。Beadle（1939）较早地报道了有关佛罗里达大刍草（繁茂类玉米亚种）与玉米杂交的研究成果，他认为它们杂交存在一定的障碍，获得的杂种部分或完全不育。在细胞学上，繁茂类玉米亚种的染色体与玉米截然不同，包括玉米缺乏繁茂类玉米亚种的一些染色质纽等结构，玉米与繁茂类玉米亚种杂种的减数分裂中期出现两个或更多的不配对染色体，其杂种 F_1 部分不育或完全不育（Kato，1984）。Wilkes（1977）研究认为，繁茂类玉米亚种能与玉米进行杂交，但这种可能性很小。Bird 和 Beckett（1980）做过一个简短的玉米与繁茂类玉米亚种在危地马拉可以杂交的记录，他们对玉米与繁茂类玉米亚种杂交记录源于对植株形态数据的推测。

玉米与繁茂类玉米亚种之间是否存在着相对的自由基因流?染色体和分子生物学的研究表明，玉米和繁茂类玉米亚种之间几乎没有基因渐渗或遗传混杂（Fukunaga et al.，2005）。但也有间接的同功酶遗传证据表明，在繁茂类玉米亚种居群里检测出了少许的玉米特有的等位基因，但这些等位基因的频率太低，以至于不能把它作为从玉米渗入到繁茂类玉米亚种的证据（Doebley et al.，1984；Doebley，1990）。因此，要进一步评估玉米与繁茂类玉米亚种的远缘杂交和基因渐渗，需要更多的田间实验和遗传研究。

3.1.5　玉米与尼加拉瓜类玉米种

墨西哥、危地马拉、洪都拉斯和尼加拉瓜等地的大刍草，每年都要经受频繁降雨，使得它们成为发展抗涝玉米的优质基因资源（Mano et al.，2006，2007）；尼加拉瓜的大刍草已经适应了尼加拉瓜西北海岸每年 6 月雨季时频繁上涨的洪水侵袭（Bird，2000；Iltis et al.，2000）。此外，前人对大刍草抗涝结构的研究，也证明了大刍草具备了在水中长期生存的结构。成苗期的繁茂玉米在通气和排水良好的情况下，能很好地形成通气组织（Ray et al.，1999）；在良好的排水状态下，尼加拉瓜玉米和繁茂玉米在幼苗期能形成明显的通气组织（Mano et al.，2006）；大刍草中的韦韦特南戈玉米和繁茂玉米在不定根的发生上呈现出一个比玉米自交系更高的趋势（Mano et al.，2005a）。发达的通气组织的存在和大量的不定根的发生是大刍草抗涝的直接证据。Mano 等利用玉米与抗涝热带玉米、大刍草（包括尼加拉瓜大刍草、繁茂玉米、韦韦特南戈大刍草）的杂种后代 F_2 为定位群体，运用扩增片段长度多态性（amplified fragment length polymorphism，AFLP）和简单重复序列（simple sequence repeat，SSR）分子标记对不定根出土长度、不定根与地面的夹角和不定根中通气组织大小等抗涝相关性状进行了定位，其 F_2 代植株的表型以及对目标性状的定位结果证明大刍草的抗涝基因可以向栽培玉米中转移（Mano et al.，2005a、b，2007；Omori et al.，2007）。

3.1.6　玉米与二倍体多年生类玉米种

1978 年在墨西哥南部哈利斯科洲一个海拔 2000～3000m 的山谷中发现了二倍体多年生类玉米种($Z.\ diploperennis$)，它是玉蜀黍属中唯一的二倍体（$2n$=20）多年生种，与玉米种的生境重叠，它们之间能发生杂交，杂交后代可育（Iltis et al., 1979；Benz et al., 1990）。发现二倍体多年生类玉米种后，人们对其与玉米的杂交研究有了较多的关注，原因在两个方面：一是二倍体多年生类玉米种为多年生且与玉米杂交可育，这为培育多年生玉米提供了宝贵的资源（Iltis et al., 1979）；二是它可作为玉蜀黍属染色体组细胞学研究的材料。

据 Walt(1983) 和 Mangelsdorf 等 (1984) 报道，学者 Hernandez 和 Mangelsdorf 进行了二倍体多年生类玉米种与较原始的墨西哥爆裂玉米（palomero toluqueno corn）的杂交，研究发现杂种 F_1 具有较强大的根系，F_1 主要为一年生，杂种花粉饱满、可育；其 F_2 代出现许多类似于一年生大刍草的植株或性状以及少许的多年生"玉米"。二倍体多年生类玉米种与玉米杂交的 F_1 植株表型趋向于大刍草（植株高大，具有营养体杂种优势，持绿期长，茎秆坚韧，根系发达，穗行数 4 行），当用玉米回交 F_1 获得回交后代，该回交后代失去了多年生特性和敏感的光周期反应，但继承了大刍草的多穗和多分蘖特性。Shaver(1964) 利用玉米与二倍体多年生类玉米种杂交获得杂种 F_1，杂种 F_1 中二倍体多年生类玉米种的多年生特性遗传是简单的，以玉米与二倍体多年生类玉米种杂交或回交，后代具有分蘖特性是多年生的指示性状。随后，大规模地对玉米与二倍体多年生类玉米种杂交中间材料的研究发现，后代的分蘖特性遗传更加复杂，在一个大规模的分离群体中进行筛选，没有获得多年生玉米。因此，用分蘖特性作为多年生指示性状可能是一个误导，因为多年生性状受到复杂的基因控制，而且与环境存在互作效应。因为多年生不能仅通过操纵个别性状或基因就获得成功，转育二倍体多年生类玉米种多年生特性不仅涉及分蘖特性，可能还与其根状茎的深度密切相关。

　　玉米与二倍体多年生类玉米种之间可能存在着相对的基因渐渗，但没有研究表明玉米和二倍体多年生类玉米种之间存在杂交不亲和机制(Doebley et al.，1984；Doebley，1990；Buckler et al.，1996；Fukunaga et al.，2005)。然而，Kato 和 Sanchez(2002)比较了从马南特兰山脉特定区域收集到的二倍体多年生类玉米种与同区域玉米的染色体结构，认为玉米和二倍体多年生大刍草存在天然杂交的基因渐渗证据不足。事实上，有关玉米与二倍体多年生类玉米种基因渐渗的可能性和频率还缺乏更直接的研究证据，它们之间确切的基因渐渗现象不容易被演绎，得出的玉米与二倍体多年生类玉米种之间可能存在着相对的基因渐渗结论，仅是通过选择、遗传漂变和起源与演化间接解释推演出来的。我国许多学者通过二倍体多年生类玉米与玉米远缘杂交，利用常规育种方法，已获得一些具有抗逆性、抗病能力强、农艺性状优良且配合力较高的玉米自交系，并用这些自交系组配出了一些高产、多抗、优质的玉米杂种。

3.1.7　玉米与四倍体多年生类玉米种

　　1910 年，A. S. Hitchock 在墨西哥的瓜达拉哈拉(Guadalajara)附近发现了一种多年生植物——四倍体多年生类玉米种(*Z. perennis*)，其具有发达的根状茎，且具有抗病、抗寒、耐涝等优异特性，它能耐受寒冷、潮湿等不利条件，生长在冷凉潮湿的高山地区，多年生(Tang et al.，2005)。现今，该物种在野外已濒临灭绝，一些植株被特殊保护在种植园里。

　　四倍体多年生类玉米种的发现引起了人们极大的研究兴趣，四倍体多年生类玉米种是能合成玉米与大刍草多倍体的一个难得的材料。用四倍体多年生类玉米种花粉对玉米授粉，不同玉米的结实率有差异，一般为 5%～8%(Benz et al.，1990)，大部分种子还不能存活。获得的四倍体多年生类玉米种与玉米的杂种 F_1，除了用于玉蜀黍染色体组合系统发生的研究上，很少有与该野生种与栽培玉米之间基因渐渗利用的相关研究。限制两物种远缘杂交中基因交流的主要有两个原因：①相比于玉蜀黍内的其他大刍草，四倍体多年生类玉米种与栽培玉米的亲缘关系最远，而亲缘关系越远，通过远缘杂交实现基因交流就越困难；②四倍体多年生类玉米与二倍体栽培玉米染色体组存在倍性差异，远缘杂交产生的杂种后代具有生殖障碍，严重阻碍了两物种的基因交流。基于以上原因，没有任何证据表明玉米与四倍体多年生类玉米在自然条件下可以发生杂交。

由于玉米与四倍体多年生类玉米种杂交存在较大的遗传障碍，有关玉米与四倍体多年生类玉米种杂交和基因渐渗研究的报道很少。为了提高玉米与四倍体多年生类玉米杂交的结实率及其杂种优势利用，理论上有三种策略：

第一种策略，采用筛选"多样性种质"的技术路线。以杂交结实率高的普通玉米自交系为母本，以四倍体多年生大刍草为父本进行远缘杂交，筛选与四倍体多年生大刍草杂交后结实率高的玉米材料；利用云南元江等低纬度地区条件，调整类玉米光周期，杂交时运用"剪短母本花丝、多次重复授粉"的杂交方法，提高普通玉米与四倍体多年生类玉米的杂种 F_1 的结实率。但是，玉米与四倍体多年生类玉米种杂交后结实率普遍较低，为 5%～10%，杂交籽粒主要位于玉米果穗顶部，形态细小、粒硬，胚细小而皱缩，四倍体多年生类玉米种与玉米杂交存在种间杂交障碍。

第二种策略，采用培育"异源多倍体"的技术路线。通过杂交和秋水仙素加倍等方式创制玉米和四倍体多年生类玉米不同倍性的异源多倍体材料；通过秋水仙素加倍的方法获得 $2n=40$ 的同源四倍体玉米，同源四倍体玉米与四倍体多年生类玉米杂交获得异源四倍体 F_1；玉米与四倍体多年生类玉米杂交获得 $2n=30$ 的异源三倍体 $F_1(MP_{30})$，玉米与四倍体多年生异源三倍体 $F_1(MP_{30})$ 加倍获得 $2n=60$ 的异源六倍体 MP_{60}。但是，玉米与四倍体多年生类玉米异源四倍体杂种优势不强，且失去了多年生特性，而玉米与四倍体多年生类玉米异源六倍体具有一定杂种优势，但其杂种优势和抗寒性均不如异源三倍体。

第三种策略，采用培育"桥梁亲本"的技术路线。通过创制玉米与四倍体多年生类玉米亲缘关系较近的桥梁材料作为杂交亲本，大幅度提高杂交结实率和改良杂交种子胚发育情况。此外，集成"杂种 F_1 种子温室或苗床发芽与适时移栽"方法，极大地提高了种子发芽率。20 世纪 90 年代中期，四川农业大学玉米研究所以多个普通玉米（Z^{may}）自交系与四倍体多年生类玉米（Z^{per}）进行杂交，其 F_1 用玉米自交系进行回交得到 BC_1，然后回交后代 BC_1 再进行多次自交，获得了多个基因型不同的株系。利用经典细胞学及染色体原位杂交技术（genomic in situ hybridization，GISH）对其进行染色体鉴定，并采用分子标记辅助选择技术，经过近十年的持续努力，成功创制出了含有四倍体多年生类玉米遗传物质、形态特征与普通玉米相似的玉米-四倍体多年生类玉米异源附加系和代换系（图 3-1，图 3-2）。其中自交系 48-2 与四倍体多年生类玉米杂交后代的一个 BC_1F_3 株系［代号 MZI_{202}，（$2n=20=17Z^{may}+1Z^{per}$(IV)$+2Z^{per}$(X)］为玉米-四倍体多年生类玉米异源代换系（后命名为'068'），其不仅性状表现优良，自交结实率达 80%以上，而且以它作母本与四倍体多年生类玉米杂交，结实率可达 90%，杂种 F_1 种子胚发育良好、发芽率高达90%以上，有效突破了玉米与四倍体多年生类玉米的杂交障碍。以该代换系作为桥梁亲本，更易于组配选育出高产优质、抗病抗逆、绿色高效的饲草玉米新杂交种（图 3-1，图 3-2）；Tang et al.，2005；唐祈林等，2004，2006，2008；任勇等，2007；杨秀燕等，2011；吕桂华等，2015）。

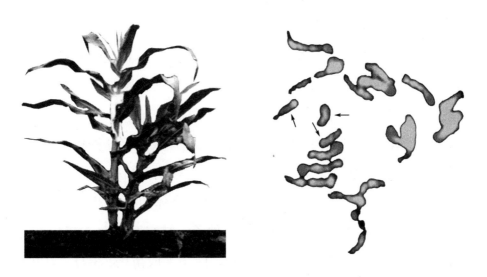

图 3-1　玉米-四倍体多年生大刍草代换系'068'的创制

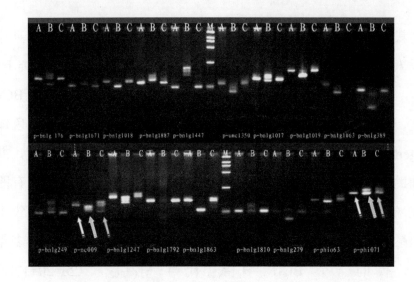

图 3-2　玉米-四倍体多年生大刍草代换系'068'的 SSR 分子鉴定

3.2　玉米与摩擦禾属远缘杂交

3.2.1　玉米与摩擦禾属的可杂交性

目前，玉米种质遗传基础薄弱，大大影响了育种工作的发展，要进一步提高玉米产量，改善品质、增强抗逆性，迫切需要拓宽和创制新的基因源(李冬郁，2001)。玉米野生近缘属——摩擦禾属具有更丰富的遗传变异库，抗寒、抗旱、耐盐碱及高抗多种病害等特性有利于玉米的遗传改良(刘纪麟，2002)。然而，摩擦禾属与玉米远缘杂交存在严重的生殖隔离，摩擦禾属与玉米在自然条件下杂交极少成功，但人工杂交可以获得成功。

1931 年，Mangelsdorf 和 Reeves 利用二倍体或四倍体指状摩擦禾作为父本，去除母本果穗苞叶并剪短玉米花丝，多次重复授粉杂交，首次成功获得了玉米与指状摩擦禾的远缘杂交种子。在以二倍体指状摩擦禾为父本的杂交中，授粉 382 个玉米果穗，仅获得 84 粒种子，结实率仅为 0.454‰，种子大小、饱满度参差不齐，种子发芽需胚培养才能正常成苗(表 3-1)。在以四倍体指状摩擦禾为父本的杂交中，授粉数百个果穗，获得 15 粒成熟种子，仅 1 粒发芽成功。玉米与指状摩擦禾的远缘杂交植株的雄穗完全不育，雌穗部分可育，与玉米多次回交可消除摩擦禾染色体并恢复为玉米（Mangelsdorf and Reeves，1931）。

1946～1949 年，Randolph 在墨西哥和危地马拉连续四年选用本土的 44 个玉米材料与 20 个不同类型的四倍体指状摩擦禾组配了 65 个组合，共授粉 132 010 个玉米的小花，但仅获得少量的未成熟胚，随后运用胚拯救技术获得了 2 株苗，然而 2 株植株均未获得可育的种子（Randolph，1949）。

De Wet 和 Harlan 用不同品系的玉米与指状摩擦禾($2n=36$，72)、佛罗里达摩擦禾（*T. floridanum*）($2n=36$)、*T. pilasum*($2n=72$)和 *T. zanceolatum*($2n=72$)进行正反杂交试验，发现玉米与摩擦禾之间的杂交障碍主要受配子体影响，选择合适的亲本杂交，可以获得杂种（De Wet et al.，1974）。Kindiger 和 Beckett 发现(1992)爆裂玉米（"Supergold popcorn"，accession（PI222648））与指状摩擦禾杂交，无需胚拯救技术就能获得杂种，种子也无需胚拯救技术即可萌发。

后来，许多学者（Kindiger et al.，1996；Julieta Pesqueira et al.，2006）利用四倍体玉米（$2n=4x=40$）和指状摩擦禾（*T. dactyloides*，$2n=72$）杂交获得杂种 F_1，杂种 F_1($2n=56$)雄穗不育，雌穗可育，用玉米花粉与其回交，可以获得种子。研究表明，指状摩擦禾为父本与玉米进行杂交时，双亲染色体倍性水平越高，可杂交性越好。

另外，即使获得了摩擦禾与玉米的杂种，利用染色体工程技术试图将摩擦禾的基因转移到栽培玉米中时也将面临两大难题：其一，摩擦禾与玉米杂交困难，获得的杂种因染色体组不同源而导致不育，植株生育不良而致死；其二，除少数获得具有无融合生殖的中间材料（如 $2n=39$ 的无融合生殖中间材料）和摩擦禾染色体片段的转移外，其余获得的种间杂种后代与玉米回交，由于玉米与摩擦禾染色体数目不同、染色体组同源性低，在玉米背景下的摩擦禾染色体经回交将被快速消除，摩擦禾与玉米间基因相互转移的研究至今收效甚微。

表 3-1　二倍体摩擦禾与不同品种玉米的杂交结果（引自 Mangelsdorf et al.，1931）

品种	授粉果穗	小花数	成熟种子	种子/每 10000 个小花
Horton	21	11 848	0	0
Su su	24	14 762	4	2.71
Wx wx	16	6 736	2	2.97
Yellow Creole	46	24 886*	10	4.02
Thomas	43	20 606	9	4.37
Creole × Surcropper	47	22 556	10	4.43
Mexican June	41	18 580	9	4.84
Misc. stocks	82	39 184*	23	5.87
Surcropper	62	25 766	17	6.6
总计	382	120 854	84	4.54

注：*基于样本的估计。

3.2.2　玉米与摩擦禾杂交渐渗途径

玉米与摩擦禾的远缘杂交研究历经了近一个世纪，其杂交渐渗可以概括为如下几种途径：

(1)28→38→20 非无融合生殖途径。这条路径是现知最早的玉米、摩擦禾杂交途径，即二倍体摩擦禾（$2n=2x=36T^d$）与玉米（$2n=2x=20Z^{may}$）杂交产生染色体数目为 28 的杂种 F_1（$10Z^{may}+18T^d$）。该途径由 Mangelsdorf 和 Reeves（1939）首次报道，随后也有研究者重复报道过该路径（Harlan and De Wet，1977）。当杂种 F_1（$10Z^{may}+18T^d$）用玉米回交时，杂种的雌配子有时未发生减数分裂，通过 $2n+n$ 交配产生染色体数目为 38 的 BC_1（$18T^d+20Z^{may}$），获得所谓的 B_{III} 型衍生杂种（Bashaw and Hignight，1990）。B_{III} 型衍生杂种减数分裂时形成 10 个二价体，18 个单价体，极个别情况下也存在玉米和摩擦禾染色体的联会。杂种（$2n=38$）在随后的一次回交中，摩擦禾染色体丢失较多，常仅保留 1～2 条摩擦禾染色体。在这种杂交-回交渐渗途径下，玉米与摩擦禾某些特定的染色体间偶尔也会出现联会，因此一些摩擦禾染色体片段能转入玉米中。总体来讲，这种途径中摩擦禾染色体趋向于快速消失，几乎观察不到玉米和摩擦禾染色体的配对或者重组，很少发生摩擦禾遗传物质向玉米的转移，大部分材料回交后均快速恢复到原来的玉米状态，较难获得两物种的渐渗系、易位系、代换系和附加系等。利用该途径将摩擦禾基因转入玉米中的可能性很小，不建议使用。

(2)46→56→38 非无融合生殖途径。以四倍体摩擦禾($2n=72$)为母本，玉米($2n=20$)为父本杂交获得染色体数目为 46($10Z^{may}+36T^d$)的属间杂种 F_1，杂种花粉不育，而雌穗部分可育。用二倍体玉米对杂种 F_1 回交，由于雌配子未减数，受精后形成 $2n+n$ 型的后代，即染色体数目为 56($2n=10Z^{may}-36T^d+10Z^{may}$)，继续用二倍体玉米对染色体数目为 56 的杂种回交，获得的后代染色体数目为 38($20Z^{may}+18T^d$)，该杂种是通过正常的减数分裂所形成的，而且在减数分裂过程中，玉米与摩擦禾的染色体没有联合配对，都为各自同源染色体配对，这样经过正常的第一次和第二次减数分裂，形成了含有 $10Z^{may}+18T^d$ 的减数雌配子。继而对含有 38 条染色体的杂种回交又得到了染色体数目为 38($20Z^{may}+18T^d$)的后代，然而这个含有 38 条染色体的后代并没有表现出无融合生殖的特性，进一步用二倍体玉米回交过后，摩擦禾染色体丢失速度较慢，出现频率最多的为 23 条染色体的个体($3T^d+20Z^{may}$)，其他回交后代常含 4～7 条摩擦禾染色体。Harlan 和 De Wet(1977)认为利用该途径将摩擦禾基因转入到玉米中可能性最大，并且在早期的杂交世代中无融合特性明显。

(3)28→38 无融合生殖途径。Borovskii(1970)用二倍体爆裂型玉米与二倍体指状摩擦禾($2n=36$)杂交获得了一系列杂种。所获得的杂种 F_1 染色体数目均为 28($10Z^{may}+18T^d$)，其种子活力极低(1%～1.5%)，且花粉完全不育。利用二倍体玉米回交杂种 F_1，获得的后代染色体数目分别为 28($2n=10Z^{may}+18T^d$)和 38($2n=20Z^{may}+18T^d$)；用摩擦禾回交杂种 F_1，获得的后代染色体数目分别为 28($2n=10Z^{may}+18T^d$)和 46 ($2n=10Z^{may}+18T^d+18T^d$)。分别用玉米和摩擦禾回交获得的后代中，染色体数目为 28 的后代出现的比率较高，观察农艺性状发现，这些染色体数目为 28 的后代与杂种 F_1 在表型上不同，但从染色体数目和组成上看，存在无融合生殖现象，而且染色体分别为 38 和 46 的个体之间也有明显的不同。此外，值得注意的是杂种 F_1 有一定的多胚现象。然而，该途径很少被其他研究者检验或提及。

(4) 46→56→38 无融合生殖途径。Petrov 等（1979）利用二倍体或四倍体玉米与具有无融合生殖特性的四倍体指状摩擦禾杂交。用二倍体玉米杂交，获得染色体数目为 46（$10Z^{may}+36T^d$）的杂种 F_1，其花粉不育，在花粉母细胞减数分裂中期，由于染色体在赤道板上分布不集中，以及三级纺锤丝的形成和减数分裂不正常，最终使小孢子母细胞发育不正常，形成不育的花粉粒。继续用二倍体玉米回交杂种 F_1，可获得染色体数目为 46（$10Z^{may}+36T^d$）和 56（$20Z^{may}+36T^d$）的无融合生殖后代，其中染色体数目为 56 的后代是由二倍体玉米的花粉与未减数的雌配子受精获得的，属于 $2n+n$ 型的后代。在这些后代个体中出现了多胚现象，分别为 46-46 和 46-56 的双胚类型，而且双胚苗中 56 的个体长势要强于 46 的个体（Blakey et al.，2007）。Engle 等（1973）对杂种 F_1 用二倍体玉米回交四代之后，在杂种 F_1（$2n=46=10Z^{may}+36T^d$）的回交后代的减数分裂过程中发现了一定量的多价体，表明玉米与摩擦禾染色体发生了部分片段交换，这也证明了将摩擦禾基因转入到玉米中是可行的。用二倍体玉米对染色体数目为 56（$20Z^{may}+36T^d$）的个体回交，获得的后代有三种：其一为 $2n+n$ 型，其染色体数目为 66（$36T^d+20Z^{may}+10Z^{may}$）；其二为未受精形成的染色体数为 28 条的个体；其三为经过正常减数分裂受精的后代，其染色体数目为 38（$20Z^{may}+18T^d$），其保留了无融合生殖特性（Blakey et al.，2007）。染色体数目为 38 的无融合个体也在其他研究者中得到了证实。

(5) 56→38 无融合生殖途径。Petrov 等（1984）利用四倍体玉米 V182 与四倍体指状摩擦禾（*T. dactyloides*，$2n=72$）杂交获得杂种 F_1（$2n=20Z^{may}+36T^d$）（H287），杂种 F_1 雄花不育，而雌穗用玉米花粉回交，可以获得回交种子。以二倍体玉米和四倍体玉米为轮回亲本与 H287 多次回交，获得玉米染色体为 10～30 条和摩擦禾染色体为 18～36 条的一系列后代，其中部分后代（$2n=38$）具有无融合生殖特性。对具有无融合特性且染色体数目为 38 的个体来说，用玉米回交几代后，获得的回交后代仅仅含有少量的摩擦禾染色体，它们的无融合生殖特性也随着回交世代的增加而丢失，仅仅在含有 9 条摩擦禾染色体的个体中表现为无融合生殖特性。且许多研究表明，含有 39 条染色体($30Z^{may}+9T^d$) 的杂种代表了无融合生殖特性转入到玉米中的最高水平(Kindiger et al.，1996)。

3.3 玉米、大刍草与摩擦禾多系杂交

1935 年，Mangelsdorf 和 Reeves(1935)以二倍体玉米与二倍体摩擦禾杂交获得染色体数目为 28 的异源杂种，再以墨西哥玉米为父本与其杂交，获得染色体数目为 $2n=38$ 的一年生三元杂种，其含玉米染色体 10 条，摩擦禾染色体 18 条，墨西哥玉米染色体 10 条。Galinat(1986)等利用二倍体玉米与二倍体摩擦禾杂交，其杂种 F_1 也可以与二倍体多年生大刍草杂交获得多年生三元种，并可通过扦插保存多年。Garcia(2000)用四倍体玉米($2n=40$)和摩擦禾($T.$ $dactyloides$，$2n=72$)杂交获得杂种 F_1($2n=56$)，然后分别用玉米、二倍体多年生大刍草($Z.$ $diploperennis$，$2n=20$)、四倍体多年生大刍草($Z.$ $perennis$，$2n=40$)花粉与杂种 F_1 杂交，经检测，获得的后代染色体数均为 56 条，它们仅是玉米与摩擦禾杂种 F_1 无融合生殖产生的自身杂种 F_1($2n=56$)，而玉米、大刍草和摩擦禾三物种的远缘杂交没有取得成功。

Eubanks(1995)用二倍体多年生大刍草作父本与指状摩擦禾($T.$ $dactyloides$)杂交，她推测由于发生染色体消失，在后代中会获得了高频率染色体数为 $2n=20$ 的可育植株(Eubanks，1995，1998)，然后用玉米授粉，得到一个同时具有指状摩擦禾、二倍体多年生大刍草和玉米的三元杂种，利用该三元杂种继续与玉米回交，在回交后代中选育出了一些渗入有许多摩擦禾的优良基因且遗传稳定的玉米自交系(Eubanks，1998)。然而，Eubanks 合成的大刍草与摩擦禾二元杂交材料一经报道，一大批世界著名的玉米遗传与进化研究学者联名写了一篇报道质疑该材料的真实性(Bennetzen et al.，2001)，质疑原因如下：①大刍草与摩擦禾杂交存在严重的生殖障碍，大刍草与摩擦禾

两两杂交极难成功，而 Eubanks（1995）报道的 *Z. diploperennis*×*T. dactyloides* 杂交成功率为 7%；②报道的大刍草与摩擦禾二元种（$2n=20$）染色体数目不符合远缘杂交染色体遗传规律，按照染色体遗传规律，杂交后代的染色体数目应为 $2n=18T^d+10Z^{dip}$ 或 $36T^d+10Z^{dip}$；③仅给出限制性片段长度多态性（restriction fragment length polymorphism，RFLP）遗传分析证明具有三个物种的遗传物质，缺乏染色体直接证据，其遗传证据不能令人信服；④摩擦禾-二倍体多年生大刍草的植株形态、雌穗结构、染色体数目（$2n=20$）和花粉育性（93%～98%）与玉米-大刍草（玉米-二倍体多年生大刍草）相符，推测其获得的摩擦禾-大刍草二元杂种极有可能仅是玉米与二倍体多年生大刍草的杂种 F_1。但遗憾的是 Eubanks 目前并没有利用 GISH 技术分析其获得的摩擦禾-二倍体多年生大刍草杂种的真实性。因此，以摩擦禾-二倍体多年生大刍草杂种为基础进一步所做的三元杂交，并不能令人信服。

四川农业大学于 2006 年引进了美国科学家创制的四倍体普通玉米（$2n=40$）与四倍体指状摩擦禾的杂种 F_1（$Z^{may}Z^{may}T^dT^d$, $2n=56=20Z^{may}+36T^d$），以 F_1 为母本，四倍体多年生大刍草为父本，采用前期总结的以"调整花期、剪短母本花丝、重复授粉"为核心的玉米近缘属（种）间杂交技术体系，经连续两年多次大规模杂交、基因组原位杂交（GISH）和减数分裂荧光原位杂交（fluorescence in situ hybridization，FISH）等染色体工程技术鉴定，成功创制出了普通玉米-摩擦禾-四倍体多年生大刍草异源六倍体 MTP（Iqbal et al.，2019），染色体为 $2n=74=20Z^{may}+20Z^{per}+34T^d$（图 3-3）。MTP 为雄穗不育、但雌穗可育、多年生、多分蘖，具有营养体杂种优势和无性繁殖能力，是培育饲草玉米的优良种质材料。该材料的创制成功具有突破性意义：①成功合成的玉米-摩擦禾-四倍体多年生大刍草异源六倍体，不仅解决了三个物种杂交障碍和基因相互渗入的难题，更重要的是合成了一个新的三物种基因型高度杂合材料，且以此为桥梁材料可更容易、更快捷地实现与其他类型的玉米优良性状（基因）的聚合与相互渗入；②通过远缘杂交与有性多倍化合成的异源多倍体材料，通常细胞学稳定性差，对其进行保持和持续利用一直是一个世界性难题，而选择作为杂交亲本的四倍体多年生大刍草和摩擦禾均为多年生，且具无性繁殖能力，其合成的异源六倍体 MTP 不仅可利用营养体繁殖固定杂种优势，更重要的是解决了材料持续繁殖与利用的难题。

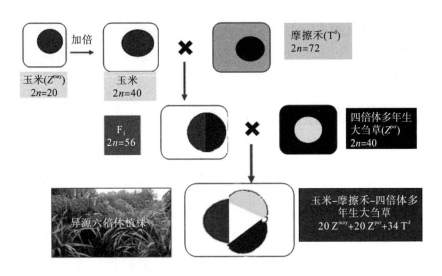

图 3-3　利用杂交和多倍化创制玉米、摩擦禾和四倍体多年生

大刍草三物种异源六倍体图示

3.4　薏苡属种间远缘杂交

植物分类学上把种以上分类单位之间的杂交，包括同属植物的种间杂交和不同属植物的属间杂交以及更高分类单位之间的杂交称为植物远缘杂交。通过远缘杂交，把两个或两个以上具有优良基因的物种的遗传物质重新组合、分离后，对后代进一步定向选择，进而形成新的类型和物种。远缘杂交时，由于双亲的亲缘关系较远，遗传差异较大，生理上也不协调，会影响到受精过程，使雌、雄配子不能结合形成合子，导致杂交的失败。薏苡高抗多种病虫害，种质资源丰富，存在各种类型的变异，通过薏苡属与不同属或薏苡种间的远缘杂交，可将薏苡属的优良基因转移到其他物种，或创制新的薏苡类型。

3.4.1 薏苡属间远缘杂交的亲和性

薏苡富含多种营养成分,且高抗多种病害和各种非生物胁迫,可通过远缘杂交的方式将这些有利基因应用于栽培作物的改良。王锦亮等(1982)以水稻品种珍珠矮为母本,以栽培薏苡为父本进行杂交,对受精的过程进行了观察,结果表明,薏苡花粉可萌发,但花粉管不能进入柱头,薏苡花粉管破裂后内含物进入水稻柱头为薏苡与水稻杂交创造了条件。张马庆等(1990)以(甲农糯×薏苡)F_2×靖江早,成功选育出了'婺青'品系的薏苡稻,其中'婺青2号'产量较高,已投入生产。Harada 等(1954)以薏苡为母本,以玉米为父本进行杂交,获得了 F_1,成功率为 6.2%;以玉米为母本,以薏苡为父本的杂交则未成功。段桃利等(2008)以薏苡为父本,以玉米自交系'Mo17''B73''48-2'为母本进行了属间杂交障碍的研究,结果表明,薏苡花粉可以在玉米柱头上萌发生长出花粉管,并可生长至花柱基部,但未能进入子房,其障碍主要表现在花柱的不亲和性。

3.4.2 薏苡种间远缘杂交

川谷的抗病性尤其突出,可用来改良栽培薏苡。乔亚科等(1993)的研究表明,川谷和薏苡 F_2 群体的诸多性状发生了分离,并出现了许多变异新类型。李贵全等(1997)以薏苡为母本,以川谷为父本,从 F_1 代开始连续自交任其自然分离,按照育种目标定向选择,最终获得了两个对黑穗病、叶枯病抗性好,且耐寒能力强的新品系,对杂种性状综合考察后发现,较多优良基因已成功导入薏苡中,且杂种具有较强的杂种优势。由此可见,利用具有优良基因的川谷来改良薏苡是可行的,薏苡与川谷染色体数目相同,远缘杂交的亲和性较高。孙福艾(2017)通过二倍体大黑山薏苡($2n=20$)和四倍体水生薏苡($2n=40$)的大规模远缘杂交,选育出了集合双亲优点、营养生长旺盛、可多次刈割的多年生饲用薏苡'丰牧 88',但由于杂种后代为三倍体($2n=30$),表现为不孕不育，仅能通过无性繁殖。研究结果表明，通过不同倍性薏苡的远缘杂交创造杂种优势，进行无性繁殖固定和利用杂种优势选育饲草的方法是可行的。

第四章 鸭茅重要农艺性状聚合育种基础研究

植物育种实践表明，突破性饲草品种的选育往往取决于重要基因资源的发掘利用和正确育种理论体系的实施。多基因聚合分子育种将是今后突破性饲草选育开拓性的研究领域(孙果忠等，2009)。由于多数重要性状为数量性状，所以需要对基因聚合育种进程中的分离世代建立多目标基因/性状鉴定和选择的方法体系，以提高育种选择的效率(罗凤娟等，2008)。构建分子聚合育种体系前期需要针对该植物开发大量的高通量标记，构建遗传连锁图谱及物理图谱，对重要性状进行数量性状基因座(quantitative trait locus，QTL)定位，在此基础上进行重要基因挖掘和多基因分子聚合育种。

4.1 鸭茅高密度遗传连锁图谱及物理图谱构建

遗传连锁图谱(genetic linkage map)是指通过遗传重组分析得到的基因或专一的遗传多态性标记在染色体上的线性排列顺序图。遗传连锁图谱基于基因的连锁和重组，以重组交换率为单位计算各基因或标记间在染色体上的相对距离，单位为"cM"(孙立娜，2009)。物理图谱(physical map)是指利用限制性内切酶将染色体切成片段，再根据重叠序列确定片段间的连接顺序以及遗传标记间物理距离(以碱基对、千碱基或兆碱基为单位)的图谱。物理图谱的最终目的是获得全基因组序列(汤飞宇和张天真，2009)。高密度遗传图谱或者物理图谱的构建是多基因分子聚合育种的重要技术支撑体系，是重要性状 QTL 定位、基因挖掘和分子辅助选择(marker-assisted selection，MAS)育种的重要基础。

4.1.1　鸭茅遗传图谱的研究进展

1. 分子标记开发用于遗传图谱构建

分子标记是遗传连锁图谱构建的基础。新一代测序技术(next generation sequencing，NGS)的迅速发展为分子标记的开发带来了新的机遇，其耗时少，成本低、准确性也大大提高。为了丰富鸭茅标记数量，Bushman 等 (2011)利用双端测序法从盐、干旱和冷胁迫处理的鸭茅组织的 cDNA 文库中开发了许多表达序列标签(expressed sequence tags，EST)和 1162 个 EST-SSR 标记，并利用水稻(*Oryza sativa*)、小麦(*Triticum aestivum*)等同源序列对其进行注释。Huang 等(2015)基于转录组测序开发了 8475 个 EST-SSR 标记，并鉴定到 669 300 个高质量的单核苷酸多态性(single nucleotide polymorphism，SNP)。李季等(2017)从基因组 Survey 测序中鉴定出 78 984 个 SSR 位点，并开发出 67 216 对 Genomic-SSR 引物，经验证其扩增成功率高、多态性强且效率高，有望在鸭茅分子育种中发挥重要作用。随着生物技术的发展，特别是测序技术的进步和成本的降低，基于简化基因组测序开发 SNP 标记也越来越多地应用到草类植物遗传图谱构建中(王久利等，2018)。

2. 遗传作图群体

构图群体亲本的选择是群体构建成功及图谱质量高低的决定性因素之一。最大限度地选择亲本间性状差异与亲和性的统一是亲本选择的基本原则。构建植物遗传连锁图谱的群体有：临时性群体(temporary population)，如 F_2 及其衍生的 F_3、F_4 家系和回交群体(backcross，BC)；永久性分离群体 (permanent population)，如回交自交系群体(backcross inbred line，BIL)、重组自交系群体(recombinant inbred line，RIL)、双单倍体群体(double haploid，DH)、近等基因系群体(near-isogenic line，NIL)以及永久 F_2 群体 (immortalized F_2 population，IF_2)。

目前已构建的牧草和草坪草分子连锁图谱中，大部分是利用 F_1 群体作图，如多年生黑麦草(*Lolium perenne L.*)(Jones et al.，2002)、多花黑麦草(*Lolium multiflorum*)(Inoue et al.，2004，Hirata et al.2006)、苇状羊茅(*Festuca arundinacea*)(Saha et al.，2005)等。对于那些自交衰退不严重的异交草种，也可仿照一年生农作物创建自交纯系进行杂交以获得 F_2 群体或 BC_1 群体进行遗传作图，如结缕草(*Zopsia japonica*)(Cai et al.，2005)、紫花苜蓿(*Medicago staiva*)(Echt et al.，1994)等。

3. 遗传连锁作图方法

鸭茅(*Dactylis glomerata*)为高度异花授粉植物，两亲本杂交形成的 F_1 代群体在多个位点上都会发生分离，因此可采用"双拟测交"策略，利用遗传和表型分化大的基因型单株杂交获得 F_1 代作图群体后进行分子标记遗传作图和重要性状的 QTL 定位分析。研究发现单假测交(one-way pseudo-test cross)或双假测交(two-way pseudo-test cross)是克服自交不育植物偏分离现象对遗传图谱构建不利影响的有效途径。"拟测交"的构想最先是 Grattapaglia 等(1994)在林木的图谱构建中提出的，该方法是克服亲本异质性作图的有效方法。两种方法都要求作图群体是由 F_1 代全同胞构成。"单假测交"要求亲本之一是纯合子或近纯合子，如 Jones 等(2002)在多年生黑麦草图谱构建中的父本都是双单倍体。"双假测交"指双亲均为杂合体，杂合位点会在 F_1 代中分离，其分离现象与测交分离现象一样为 1：1，该方法适合两亲本都是杂合子的群体。双假测交构想中，对于父本表现为杂合而对于母本表现为纯合隐性的标记用于父本作图，对于母本表现为杂合而对于父本表现为纯合隐性的标记用于母本作图。而对于父本、母本均表现为杂合的标记可用以确定双亲连锁图中的同源连锁群，由此途径可得父母和子代三张连锁图，而此时的共显性标记(3：1)则可作为"桥标记"(bridge marker)用于将双亲的图谱整合为子代群体图谱。鸭茅作为同源四倍体物种，"双拟测交"后代的基因型分离复杂，共有1：1、3：1、5：1、11：1、35：1 五种比例(染色体随机分离)，如果有一个亲本的四个复等位基因中有三个以上为显性，则不会产生隐性配子，因此不发生分离。与二倍体相同，1∶1 分离的标记可以构建两个亲本的连锁图谱，3∶1 分离的标记可以用来检测双亲之间的同源连锁群，而 11∶1 和 35∶1 分离的标记则不能用于遗传作图(甘四明等，2001)。目前，已经获得的大部分牧草分子连锁图谱是基于"拟测交"作图策略获得的，如草地羊茅、多花黑麦草、多年生黑麦草、百喜草(*Paspalum notatum*)、赖草(*Leymus secalinus*)等。

4.1.2　基于简化基因组测序构建鸭茅高密度遗传图谱

基因组学的迅猛发展大大促进了高密度遗传连锁图谱的发展，该技术甚至被用于研究基因组大而复杂的作物。第二代测序技术(next generation sequencing，NGS)和高通量测序基因型平台显著增加了连锁图的分子标记密度。构建基于 SNP 分子标记的遗传图谱已经成为效率更高、具备更多遗传信息的技术方法。运用高通量测序技术基于 SNP 构建的高密度遗传连锁图谱和转录组图谱已经被成功应用于小麦(Wu et al.，2015；Holtz et al.，2016)、水稻(*Oryza sativa*)(Xie et al.，2010；Zhang et al.，2015)、玉米(*Zea mays*)(Liu et al.，2010；Mahuku et al.，2016)、大麦(*Hordeum vulgare* L.)(Chutimanitsakun et al.，2011；Obsa et al.，2016)、多年生黑麦草(Pfender et al.，2011；Paina et al.，2016；Velmurugan et al.，2016)、鸭茅(Zhao et al.，2016)、偃麦草(*Thinopyrum intermedium*)(Kantarski et al.，2016)、芒(*Miscanthus sinensis*)(Swaminathan et al.，2012)、柳枝稷(*Panicum virgatum*)(Liu et al.，2012)和结缕草(Wang et al.，2015)等作物中。

我们对鸭茅作图群体的双亲和杂交群体进行特异性位点扩增片段测序(specific-locus amplified fragment sequencing，SLAF)技术的简化基因组测序，共获得 291.21M 读长数据，测序 Q30 平均为 89.34%，GC 的平均含量为 45.22%。最终共获得 447 177 个 SLAF 标签，其中多态性 SLAF 标签有 89 038 个，可以用于遗传图谱构建的标签有 36 709 个，构建遗传图谱时的有效多态性为 8.21%。

为保证遗传图谱质量，SLAF 标签按照以下规则进行过滤：①过滤父本、母本测序深度 10x 以下的；②过滤 SNP 数目大于 3 的；③过滤亲本完全纯合的多态性标签；④过滤子代完整度低于 70%的；⑤过滤严重偏分离（$P<0.01$）的标记。最终得到可用于作图的 SLAF 标签 2 922 个。通过计算 MLOD 值（Vision et al.，2000），评估标记间的连锁关系。共有 2 467 个 SLAF 标记分布到 7 个连锁群（linkage group，LG）中，占总 SLAF 标记的 84.43%。连锁分群情况如表 4-1 所示。以连锁群为单位，采用 HighMap（Liu et al.，2014）软件分析获得连锁群内标记的线性排列，并估算相邻 Marker 间的遗传距离，最终得到整合图总图距为 715.77cM 的遗传图谱。绘制整合图高密度遗传图谱见图 4-1。

表 4-1　　Marker 连锁分群项目统计表

连锁群	LG1	LG2	LG3	LG4	LG5	LG6	LG7	总计
标记数目	527	425	157	159	326	674	199	2 467

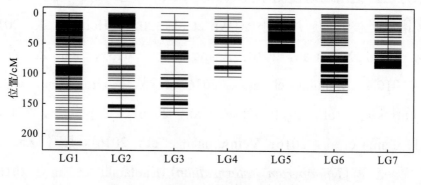

图 4-1　　整合遗传图谱结果示意图

本书结合前人研究报道的鸭茅 SSR 分子标记（Xie et al.，2010；Xie et al.，2012）以及新型的 SLAF-seq 技术新开发的标记共同构建了一个高密度遗传连锁图。以往的研究中，由于作图群体数量限制以及图谱标记密度不高导致很多重要农艺性状无法精确地定位到相关 QTL 区域。本书中所构建的高密度遗传连锁图谱为研究重要生育性状提供了良好的基础。本书构建的高密度遗传连锁图谱密度的平均标记间距离为 0.37cM，据现有研究可知，本图谱是目前为止密度最高的一个四倍体鸭茅遗传连锁图谱，同时也比其他基于 SLAF 构建的遗传图谱的密度更高。本研究采用 HighMap 软件(Guo et al., 2015)对遗传图谱中的分子标记顺序和图谱距离进行分析，由于没有鸭茅全基因组信息，无法分析共线性，因此运用鸭茅的第一个四倍体遗传连锁图谱中的 SSR 分子标记对本连锁图谱进行比较评估(Xie et al., 2012)。评估结果显示，本研究得到的 markerOG365N1 和 markerOG365N3 位于连锁图 LG2，同时该标记也在 A-H2 连锁群上；markerOG402N2 位于连锁群 LG6 上，同时也位于第一个四倍体鸭茅图谱的 L-H6 上，连锁群 LG2 和 LG6 均找到与第一张四倍体鸭茅图谱共同的标记信息，表明本研究所构建的高密度遗传连锁图可信度很高。

4.1.3 基因单分子测序技术构建鸭茅物理图谱

物理图谱是指 DNA 上可以识别并标记(如限制性酶切位点、基因等)的位置和相互之间的距离(以碱基对的数目为衡量单位)。构建物理图谱的最终目标是获取物种全部 DNA 的完整碱基序列。与遗传图谱相比，物理图谱的分辨率更高，图谱标记更多。但由于技术限制，目前并未出现能够直接对基因组 DNA 整体水平进行分析和检测的技术。当前的策略是将基因组大片段 DNA 分子进行酶切和分离后，插入不同的生物载体构建不同的克隆文库(如 YAC、BAC 和 Cosmid 等)，最后对克隆群插入的 DNA 片段测序并按其在原始基因组上的线性顺序进行排序，构建物理图谱。在这一过程中，DNA 测序技术水平无疑是物理图谱构建的关键技术之一。

DNA 测序技术是分子生物学中极为重要的技术，它的出现极大地推动了分子生物学的发展，使人们从 DNA 水平了解生物内在的遗传信息成为可能(解增言等，2010)，同时也为植物单碱基水平的物理图谱构建提供了良好的技术支撑。第一代测序技术是指化学降解法、双脱氧链终止法以及在它们的基础上发展衍生出来的各种测序技术。第一代测序技术的主要特点是测序读长可达 1000bp，准确性高达 99.999%，但其存在测序成本高、通量低的缺点，严重影响了其真正大规模的应用。高通量测序技术又称"第二代"测序技术，以能一次并行对几十万到几百万条 DNA 分子进行序列测定和一般读长较短等为标志(王兴春等,2012)。第二代测序技术在大大降低了测序成本的同时,还大幅提高了测序速度和测序通量,并且保持了高准确性。但是由于引入了 PCR 技术,在一定程度上会增加测序的错误率,同时读长相对于第一代测序也较短。第三代测序技术的出现弥补了第二代测序技术的缺陷。第三代测序技术也叫从头测序技术,即单分子实时 DNA 测序,DNA 测序时,不需要经过 PCR 扩增,实现了对每一条 DNA 分子的单独测序。第三代测序技术的代表主要是美国太平洋生物(Pacific Bioscience)公司的单分子实时测序(single molecule real time,SMRT)技术(Eid et al.,2009)和英国牛津纳米孔公司(Oxford Nanopore Technologies)的纳米孔测序(nanopore sequencing)技术(Jain et al.,2016)。第三代测序技术是为了解决第二代所存在的缺点而开发的,能有效避免因 PCR 偏向性而导致的系统错误,同时提高读长,并且保持第二代技术的高通量、低成本的优点。

高通量测序技术使研究人员能够获得大量物种的基因组序列信息,但对于研究者而言,需要进一步使所测序列与染色体相结合。其中 Hi-C 就是一个较为常用的基因组辅助组装的技术。Hi-C 技术是一种高通量染色体构象捕获技术(high-throughput chromosome conformation capture),其概念是由 Job Dekker 团队于 2009 年首次提出的,他们利用该技术得到了人类正常淋巴细胞基因组的三维结构图。Hi-C 技术以整个细胞核为研究对象,利用高通量测序技术,结合生物信息分析方法,研究全基因组范围内整个染色质 DNA 在空间位置上的关系。Hi-C 辅助组装的原理是根据染色体内部的互作概率显著高于染色体之间的互作概率进行染色体聚类。同时,根据在同一条染色体上互作概率随着互作距离的增加而减少,将同条染色体的 contig 或者 scaffold 在高通量测序中进行排序和定向(Burton et al.,2013),Hi-C 主要用于辅助基因组组装,可以实现单个样本基因组组装至染色体水平。

牧草一般拥有巨大的基因组,并且这些基因组往往存在大量的重复序列,这对于目前的测序技术依旧是严峻的挑战。BioNano 公司推出的 Irys 系统的单分子光学图谱技术能够提供全基因组宏观的框架,保证拼接组装结果的准确性和真实性，从而很好地改善这一问题。BioNano 技术能够实现单分子检测，由于没有杂质信号干扰，因而能够反映最真实的 DNA 信息。同时，这一过程没有 PCR 操作，能够保持样本最原始和最完整的信息。其检测的 DNA 分子可达几百 kb，能够跨越基因结构上的重复区和可变的区域。因此，该技术能够和第二代和第三代技术结合，极大地提升基因组拼接的准确性。此外，BioNano 的光学图谱技术还能够用于检测基因组结构变异。这些技术的发明和进步为鸭茅全基因组物理图谱构建提供了重要的契机。

　　鸭茅基因组较大，并且具有高杂合性和重复片段较多的特性，极大地限制了鸭茅优良基因的挖掘与利用。本书采用第三代测序平台技术结合 Hi-C 的方法对鸭茅进行深度测序，从而得到了高质量的二倍体鸭茅参考基因组。结果表明，二倍体鸭茅基因组大小为 1.78Gb。通过 Hi-C 技术将 1.67Gb（占总基因组大小的 93.82%）的 scaffold 序列锚定于 7 个 super-scaffolds 中（图 4-2，表 4-2）。基因组拼接和组装质量与其他广泛应用的作物基因组相当，优于多年生黑麦草参考基因组（Byrne et al.，2016）。

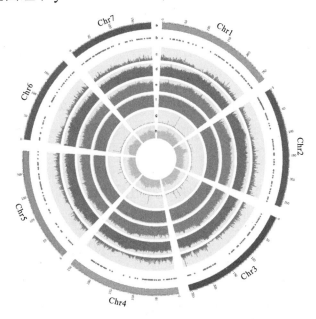

图 4-2　鸭茅基因组环形图

a.7 条染色体长度；b.603 个开花基因在染色体上的分布；c. 染色体基因注释分布；d. 染色体重复序列分布；e. 染色体转座原件分布；f. GC 含量分布；g. 根、茎、叶、花序和花的基因表达分布；h. 染色体 SNP 分布

表 4-2　鸭茅基因组组装

基因组组装		
	Illumia+10×Genomics+PacBio	
	contigs	scaffolds
N50（大小/数目）	1.05Mb/513	3.41Mb/132
N90（大小/数目）	276.47kb/1，734	748.72kb/559
最大值	7.70Mb	32.90Mb
基因组大小	1.76Gb	1.78Gb
总数	4 024	2 045
基因组注释		
重复序列	基因家族	总长度
转座子	Class I（Retro TE）	1133.6Mb（63.64%）
	Class II（DNA TE）	87.55Mb（4.92%）
无法分类的转座子		5.12Mb（0.29%）
串联重复	Satellite	1.58Mb（0.09%）
	Simple repeat	1.95Mb（0.11%）
总计		1.22Gb（69.05%）

　　通过数据过滤，我们在两个单倍型中鉴定到 595 453 个 SNP 位点，其中 563 316（94.6%）个 SNP 位于基因间区，其余的 32 137（5.4%）个 SNP 位于基因内部区间或者基因上游区间。将注释的基因与公共数据库 BUSCO、CEGMA 和已有的鸭茅 EST 序列比对表明鸭茅基因组具有较高的完整性和准确性（Parra et al.，2007）。

　　通过注释，我们在鸭茅基因组中鉴定出了 40 088 个编码蛋白质的基因，其中 91%（36 526 个）的基因具有功能注释信息（表 4-3）。通过分析这些基因在鸭茅根、茎、叶、花和花序各部位的转录表达数据表明，32 577（81.26%）个鸭茅基因在至少一个组织中表达，22 866（57.04%）个基因在所有的组织中均有表达，其中 10 977 个基因伴随着可变聚腺苷酸化或可变剪切。通过对鸭茅基因组的分析，预测得到 799 个转运 RNA，17 510 个小 RNA，633 个核内小 RNA 和 400 个核蛋白体 RNA（表 4-4）。

表 4-3 鸭茅中编码蛋白的基因预测

基因集		数目	平均基因长度/bp	平均mRNA长度/bp	平均蛋白质编码区长度/bp	平均外显子长度/bp	平均内含子长度/bp	平均每个基因所含内含子
从头测序	Augustus	15 186	1 705.00	825.97	825.97	295.01	488.40	2.80
	GlimmerHMM	268 184	5 502.41	525.76	525.76	241.30	4 221.64	2.18
	SNAP	156 751	3 875.62	569.79	569.79	213.92	1 987.21	2.66
	Genscan	104 211	11 355.58	1 128.75	1 128.75	192.39	2 101.22	5.87
	Geneid	197 666	2 471.08	611.83	611.83	216.17	1 015.78	2.83
近源物种	*Arabidopsis thaliana*	74 714	1 332.83	721.00	721.00	351.12	580.80	2.05
	Oryza sativa	114 289	1 770.37	1 034.69	1 034.69	523.81	754.31	1.98
	Triticum aestivum	74 273	3 274.63	1 535.21	1 535.21	605.77	1 133.69	2.53
	Zea mays	95 790	1 816.77	1 064.27	1 064.27	497.76	661.17	2.14
转录组	Cufflinks	66 686	4 827.49	1 900.22	1 900.22	349.72	660.25	5.43
	PASA	31 553	4 796.89	2 217.33	1 163.82	244.65	453.04	4.76
	EVM	57 620	2 446.67	957.38	957.38	270.37	586.12	3.54
	PASA-update	57 523	2 627.79	1 105.64	959.91	271.30	574.71	3.54
	Final set	40 088	3 356.36	1 345.18	1 138.43	298.99	568.22	4.50

表 4-4 鸭茅非编码 RNA 统计

类型		数目	平均长度/bp	总长度/bp	所占基因组比例/%
小 RNA		17 510	124.623 1	2 182 151	0.122 502
转运 RNA		799	75.113 89	60 016	0.003 369
核糖体 RNA	18S	61	772.475 4	47 121	0.002 645
	28S	84	136.357 1	11 454	0.000 643
	5.8S	22	158.454 5	3 486	0.000 196
	5S	233	121.171 7	28 233	0.001 585
	总计	400	225.735	90 294	0.005 069
核内小 RNA	CD-box	394	100.802	39 716	0.002 23
	HACA-box	73	127.493 2	9 307	0.000 522
	splicing	166	144.072 3	23 916	0.001 343
	总计	633	115.227 5	72 939	0.004 095

通过比对和注释，68.56%的基因组序列被注释为转座元件，包括 63.64%的逆转录转座子和 4.92%的 DNA 转座子(表 4-2，图 4-2e)。69 036 个(占基因组序列的 59.42%)完整的长末端重复序列(long terminal repeats，LTR)被鉴定，结果表明鸭茅中 LTR 的数目与节节麦中的 LTR(节节麦基因组中 LTR 占55.24%)数目相近，但远多于二穗短柄草中 LTR 数目(二穗短柄草基因组中LTR 占 22.89%)。

我们选取 13 个有较高质量基因组数据的物种(其中包括 8 个禾本科物种)进行基因家族分析。13 个物种包含 33 981 个基因家族并且共享 809 个单拷贝和 596 个多拷贝同源基因(如图 4-3 所示)。6 个禾本科物种(鸭茅、二穗短柄草、大麦、乌拉尔图小麦、水稻和山羊草)共享 8797 个基因家族，其中 1170个基因家族只在鸭茅中存在。这些鸭茅中特有的基因家族涉及淀粉和糖代谢，以及脂肪酸代谢和氮化合物代谢，这可能与反刍动物对牧草营养物质的利用有关(Tamminga et al.，2010；Chamberlain et al.，2010；Daley et al.，2010)。此外，在鸭毛的基因组中检测到与植物激素转运、光合作用、植物-病原体互作和 ABC 转运途径相关的基因家族，表明这些基因家族可能在鸭茅发育和抗性相关反应中发挥作用。

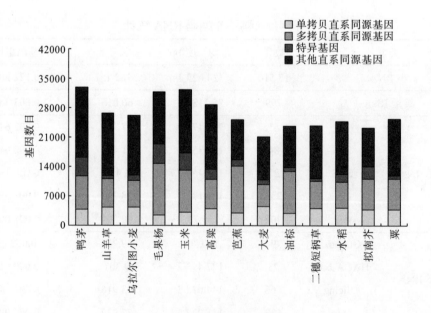

图 4-3　不同物种基因分布

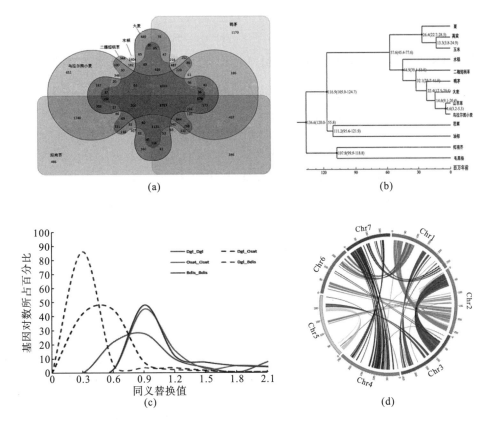

图 4-4　基因家族和基因组进化分析

(a)6 个禾本科物种中的共有基因展示；(b)鸭茅与其他物种基因家族的扩张和重建分析；
(c)鸭茅、二穗短柄草和水稻基因组的 K-S 分析；(d)鸭茅基因组共线性分析

基于单拷贝基因家族序列分析的结果表明，鸭茅与大麦、小麦和乌拉尔图小麦的分化发生公元前 2760 万年至公元前 1750 万年之间(图 4-5)。相对于其他物种，鸭茅基因组中有 128 个基因家族出现扩张，同时 11 个基因家族出现收缩[图 4-4(b)]。基因富集分析表明，扩张的基因家族涉及半乳糖代谢，淀粉和蔗糖代谢，类倍半萜烯和三萜系化合物代谢以及油菜素内脂合成四个主要的代谢途径。涉及蔗糖、半乳糖和淀粉代谢的基因包括 CIN 家族(鸭茅中 17 个基因，水稻中 7 个基因)、AEP 家族(鸭茅中 13 个基因，水稻中 6 个基因)、GOLS 家族(鸭茅中 10 个基因，水稻中 2 个基因)。同时，与类倍半萜烯和三萜系化合物代谢途径相关的基因也出现大量扩张，并且相对于水稻而言，鸭茅中检测到了更多的 GDSY 基因家族基因(鸭茅中 8 个基因，水稻中 2

个基因)。三萜类化合物是植物表皮蜡状物的主要成分,这一成分与植物的耐旱性相关(Seo et al.,2011;Zhu et al.,2013)。此外,油菜素内酯的合成对多年生牧草侧芽的形成有显著影响。鸭茅中与此相关的基因(如 BRI 和 BSK 家族)数目高于水稻。水稻和鸭茅之间的同义替换值为 0.5,而二穗短柄草和鸭茅之间的同义替换值为 0.3,表明全基因组复制时间发生于鸭茅、水稻和二穗短柄草分化之前[图 4-4(c)]。我们确认了其中一个鸭茅基因组复制时间发生于 640 万年前[图 4-4(d)]。

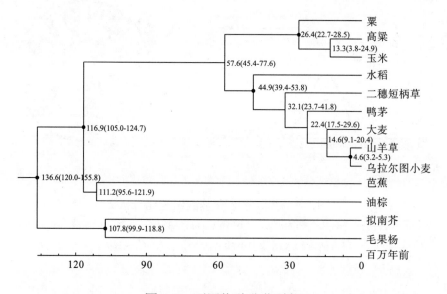

图 4-5　不同物种分化时间

高密度的遗传图谱和高质量的单碱基染色体级别的物理图谱是分子聚合育种的基础,它就像地图一样能明确每个基因的位置,可以为分子聚合育种提供重要的技术支撑。针对鸭茅多倍化、高度杂合的基因组,我们利用简并测序技术构建了四倍体高密度遗传图谱,为之后鸭茅重要农艺性状的 QTL 定位提供了重要基础。同时,我们利用单分子测序技术结合 10*genomics 技术和 Hi-C 技术构建了二倍体鸭茅的基因组序列,可为鸭茅基因资源挖掘、克隆和分子聚合育种提供重要的支持。

4.2 鸭茅重要性状 QTL 定位及候选基因关联分析

牧草育种工作一直致力于提高产量和改良品质，大多数牧草以收获地上营养体为主要目的，因此育种家们常把与产量性状密切相关的一些表型特征，如株高、分蘖数、叶片长度等作为主要的育种目标(董宽虎和沈益新，2003)。由于产量性状是由微效多基因控制的数量性状(quantitative trait)，在群体中各个体表现为连续变异，受环境的影响较大，因此仅仅依靠常规育种方法和技术在现有基础上难有大突破。近年来，分子生物技术的发展为作物育种带来了新鲜活力，分子标记的开发、分子遗传图谱的构建及 QTL 定位技术的发展为探究多基因控制的数量性状提供了有力的研究手段(谢文刚等，2009，2010)。分子标记技术和数量性状基因座(QTL)定位分析已大量应用于主要牧草，如紫花苜蓿、多花黑麦草、高丹草(*Sorghum bicolor* x *S. sudanense*)、冰草(*Agropyron cristatum*(Linn.)Gaertn.)等的重要农艺性状基因定位研究，包括产量、品质、抗病性、耐受性及繁殖性状等，并利用取得的部分成果对品种进行遗传改良(Madesis et al.，2014；Mao et al.，2016)。重要农艺性状的 QTL 定位是鸭茅分子聚合育种的基础，可加快重要功能基因挖掘克隆、分子标记辅助选择的进程，从而推动分子聚合育种进程。

4.2.1 牧草 QTL 研究进展

随着遗传分子标记技术和分子连锁图谱构建技术的飞速发展，自学者提出可以通过利用分子标记进行复杂数量性状定位以来(Schejbel et al.，2010)，定位数量性状位点和研究复杂性状分子机制成为可能。遗传研究中 QTL 定位研究可确定控制数量性状的基因数目、相对位置及各位点对表型变异的遗传贡献率等，并应用于分子标记辅助育种，优化植物的重要农艺性状，大幅提高植物的育种水平和效率。随着科学技术方法的不断进步与发展，研究者针对不同物种利用不同的作图群体和方法，对很多牧草的重要数量性状进行了大量的 QTL 定位研究。

许多重要的农艺性状是由多基因控制的，称为数量性状，受到多种因素的影响，可通过构建遗传连锁图谱(genetic linkage map)来对 QTL 进行定位，即连锁作图，也称为 QTL 作图(QTL mapping)(李艳秋，2008)。随着第二代测序技术的不断发展，目前国内外均已出现大量有关多年生草本植物 QTL 的研究报道，其中主要以黑麦草属(Studer et al.，2006；Pfender et al.，2011)、草地羊茅(Ergon et al.，2006；Alm et al.，2011)、匍匐剪股颖(*Agrostis soionifera*)(Jespersen et al.，2016)、狗牙根(*Cynodon dactylon*)(Guo et al.，2017)、鸭茅(Xie et al.，2010；Xie et al.，2012；Zhao et al.，2016)和柳枝稷(Lowry et al.，2015；Serba et al.，2015)等重要禾草植物为研究对象进行不同农艺性状如牧草产量性状(Barre et al.，2010)、品质相关性状(Turner et al.，2010)、种子产量相关性状(Brown et al.，2010)、开花期(Skøt et al.，2011)及抗性(Dracatos et al.，2009)等的 QTL 研究。在牧草 QTL 研究领域，针对黑麦草属的 QTL 研究最为广泛和深入，黑麦草抽穗期的 QTL 位点与控制水稻抽穗时间的 *Hd3* 基因位点具有共线性。随着测序方法的不断发展，我国牧草 QTL 研究也有了一定的进展，其中包括多年生黑麦草、高丹草、结缕草等草种的研究。我国主要针对多年生黑麦草叶片长度数量性状进行了定位分析，得到了三个贡献率最高的标记(米福贵和瞿礼嘉，2004)。另外，在对草坪草抗性的研究中，在低温胁迫下检测结缕草叶片的半致死温度(LT50)及可溶性糖、可溶性蛋白含量等的变化，结合 SSR 标记构建的日本结缕草遗传连锁图谱，对与抗寒相关的性状如可溶性糖、可溶性蛋白含量及超氧化物歧化酶(superoxide dismutase，SOD)活性进行了 QTL 定位分析(丁成龙等，2010)。另有研究利用复合区间作图法(composite interval mapping，CIM)检测到了与高丹草重要农艺性状相关的数量基因位点 98 个(逯晓萍和云锦凤，2005)。

鸭茅中关于利用分子标记进行基因定位、克隆的报道不多，具体性状及方法如表 4-5 所示。Xie 等(2012)在不同年际中通过 QTL 分析检测到 7 个抽穗期相关的 QTL，各 QTL 所解释的表型变异范围为 7.85%～24.19%，且将检测到的 QTL 与近缘物种基因组进行比较，证实该研究所检测到的 QTL 是有效的。随后，Zhao 等(2016)同样通过高密度的 SNP 遗传图谱对抽穗期及开花期进行 QTL 分析，4 个环境中共检测到 11 个与目标性状显著相关的 QTL，贡献率为 8.2%～27%，并找到与抽穗和开花密切相关的候选基因 *Hd1* 和 *VRN1*。四川农业大学牧草分子育种研究团队目前也正致力于对鸭茅生物量相关的重要农艺性状如株高、分蘖、叶长等进行 QTL 定位研究，力图开发更多与目标性状紧密连锁的分子标记。利用单核苷酸多态性(single nucleotide polymorphism，SNP)标记，通过连锁不平衡(linkage disequilibrium，LD)作图法可以鉴定生物特定性状的基因，该方法称为关联分析(association analysis)(Flint-Garcia and Thornsberry，2003)。采用 EST-SSR 和 ScoT 两种标记对 75 份抗锈病程度不一的鸭茅进行了遗传多样性分析，并通过关联分析找到了 20 个与锈病显著关联的分子标记，为鸭茅抗锈病分子标记辅助育种和关联作图分析提供了重要信息。同时，Zeng 等(2017)通过全基因组关联分析(genome-wide association study，GWAS)关联到 5 211 个与鸭茅锈病相关的 SNP 标记，并挖掘到两个抗病性候选基因细胞色素 P450 及醇溶蛋白基因。Zhao 等(2017)对 4 个候选基因 *DgCO1*、*DgFT1*、*DgMADS* 和 *DgPPD1-like* 进行了抽穗期与多态性位点关联分析，其中 *DgCO1* 含有最多的显著性相关多态性位点且贡献率高，可用于今后鸭茅不同开花期品种的选育研究(表 4-5)。

表 4-5　鸭茅重要农艺性状定位

定位性状	作图方法	标记类型	位点数目	候选基因	参考文献
抽穗	QTL 作图	EST-SSR、AFLP	7	—	Xie et al.，2012
抽穗及开花	QTL 作图	SNP	11	*HD1*、*VRN1*	Zhao et al.，2016
锈病	关联分析	EST-SSR、SCoT	20	—	Yan et al.，2016
锈病	全基因组关联分析	SNP	5 211	细胞色素 P450、醇溶蛋白	Zeng et al.，2017
抽穗	候选基因关联分析	—	—	*DgCO1*	Zhao et al.，2017

4.2.2　鸭茅开花期 QTL 分析

基于鸭茅高密度遗传图谱构建和多年多点的开花期表型数据，我们进行了鸭茅开花期的 QTL 分析。

1. 开花期表型变异分析

从表 4-6 的变异分析结果可以看出，在四个环境(2014 年的洪雅与雅安基地，2015 年的宝兴和雅安基地)中作图群体的开花期时间范围为 72～145d、平均开花期为 115d。其中，2015 年雅安基地的开花期最短，为 72d；2015 年宝兴基地的开花期最长，为 145d。群体的平均开花期最短的为 2015 年雅安基地的 99d，平均最长开花期为 2015 年宝兴基地的 118d。从群体的抽穗期分析结果来看，抽穗期在四个环境下的时间范围为 53～120d、平均抽穗期为88d，其中抽穗期最短的环境为 2015 年的雅安基地(53d)，抽穗期最长的环境为 2015 年的宝兴基地(120d)。抽穗期与开花期的变异范围结果显示，不同环境对抽穗开花期存在影响，但群体的抽穗开花期起始时间与持续时间的变化在相同环境下保持相对一致的变化趋势。开花期在四个不同环境下的变异系数范围为 5.82%～11.75%，最小变异系数的环境为 2015 年的宝兴基地，最大变异系数为 2015 年的雅安基地。抽穗期的变异系数范围为 7.15%～12.42%，最小变异系数存在于 2015 年的宝兴，最大变异系数存在于 2014 年的洪雅。变异系数结果显示，抽穗期与开花期在四个不同环境下变异系数最小的均为2015 年的宝兴基地。

表 4-6　抽穗开花期的变异分析

表型	环境	最小值	最大值	平均值±标准误	变异系数
开花期	E1(2015-宝兴)	102	145	118.93±0.47	5.82%
	E2(2015-雅安)	72	140	99.66±0.80	11.75%
	E3(2014-洪雅)	94	136	110.88±0.67	8.81%
	E4(2014-雅安)	92	142	107.32±0.53	7.22%

续表

表型	环境	最小值	最大值	平均值±标准误	变异系数
	E1（2015-宝兴）	69	120	91.80±0.45	7.15%
抽穗期	E2（2015-雅安）	53	115	82.38±0.55	9.79%
	E3（2014-洪雅）	61	120	90.46±0.77	12.42%
	E4（2014-雅安）	55	117	83.89±0.68	11.83%

2. 表型相关性分析

试验分析方法采用适用范围较广的非参数统计方法——Spearman 秩相关系数来检测样本间的相关性分析。Spearman 秩相关系数用于 R 检验。从表 4-7 中可以看出，四个环境下抽穗期与开花期存在显著相关性，其中四个环境（2015-宝兴、2015-雅安、2014-洪雅和 2014-雅安）所对应的抽穗期与开花期相关系数最大，分别是 0.876 02、0.760 51、0.910 37 和 0.826 26。对于抽穗期的相关性分析中，2014-雅安与 2014-洪雅的抽穗期相关系数最大，为 0.591 26。开花期相关系数最大的两个环境也为 2014-雅安与 2014-洪雅，相关性系数为 0.666 59。由表 4-7 还可以看出，2014-雅安与 2015-雅安的抽穗期相关性为 0.551 68，2015-雅安与 2015-宝兴的抽穗期相关性为 0.506 34；2014-雅安与 2015-雅安的开花期相关系数为 0.642 72，2015-雅安与 2015-宝兴的开花期相关系数为 0.548 48。通过以上相关性结果可知，同一群体不同年份的相关性与同一年份两点之间的相关性受到不同环境地点的影响，而抽穗期与开花期的相关性趋势受到环境与年份的影响相对较小。

表 4-7　抽穗开花期的斯皮尔曼秩系数

	BX15_HD	YA15_HD	HY14_HD	YA14_HD	BX15_FT	YA15_FT	HY14_FT
YA15_HD	0.506 34**						
HY14_HD	0.556 58**	0.537 94**					
YA14_HD	0.531 54**	0.551 68**	0.591 26**				
BX15_FT	0.876 02**	0.524 16**	0.531 92**	0.550 37**			
YA15_FT	0.469 87**	0.760 51**	0.489 44**	0.610 03**	0.548 48**		
HY14_FT	0.492 27**	0.528 19**	0.910 37**	0.586 97**	0.552 44**	0.548 29**	
YA14_FT	0.489 54**	0.519 28**	0.609 7**	0.826 26**	0.592 61**	0.642 72**	0.666 59**

注：YA、BX 和 HY 分别为雅安、宝兴和洪雅，其后的数字代表时间，HD 和 FT 分别为抽穗期和开花期。**表示 0.01 显著水平。

3. 表型正态分布分析

群体的峰度系数值(kurtosis)可用来衡量数据在中心的聚集程度。在正常的正态分布情况下，峰度系数值为 3。群体的峰度系数值大于 3 说明观察数据值相对集中，存在比正态分布更短的尾部；峰度系数值小于 3 说明所测得的数据值相对不集中，存在比正态分布更长的尾部。由表 4-8 可知，开花期四个环境下的群体观测值，2015-雅安的峰度系数值大于 3，其余三个环境下的群体峰度系数值均小于 3，其中 2014-雅安的峰度系数最小，为 2.67；抽穗期四个环境下群体峰度系数值除了 2015-宝兴小于 3，其余三个环境下的群体峰度系数值均大于 3，其中 2014-洪雅的群体峰度系数值最大，为 3.40。峰度系数减去 3 经标准化后正态分布值应为 0。标准化后的峰度系数与其标准误的比值用来检验分布的正态性，如果该比值的绝对值大于 2，将不符合正态性。由表 4-8 所示，所测得的所有形态数据符合正态分布。

偏度系数(skewness)用来衡量群体分布是否对称。偏度系数为 0 时表示正态分布左右对称；偏度系数大于 0 表明该群体分布右侧存在较长尾部；偏度系数为负值时表明该群体分布左侧存在较长尾部，偏度系数与标准误的比值的绝对值同样可以用来检验群体的正态分布性。由表 4-8 可知，开花期四个环境的偏度系数均大于 0，表示此环境下群体的开花期分布右侧有较长尾部；抽穗期的四个环境的偏度系数除了 2014-洪雅群体偏度系数值大于 0，其余三个环境的偏度系数值均小于 0，但偏度系数与标准误比值的绝对值均小于 2，因此由偏度系数值可得出试验所测得的形态数据均符合正态分布。

对试验数据使用 Excel 表格制作正态分布图与直方图，检测群体概率与频率分布情况结果如图 4-6 所示，横坐标为群体抽穗开花期天数的分布范围，黑色柱形图为直方图，纵左坐标为某一段时间内群体个体出现的频率。由图 4-6 能看出，在开花期频率分布数据，没有出现明显的偏斜。在开花期时间的直方图中，2014-洪雅与 2014-雅安的数据尖峰出现在 106～109d，而 2015-宝兴与 2015-雅安的开花期尖峰数据分别出现在 114～116d 与 91～95d。由图 4-6 可观察到，四个不同环境下抽穗期的尖峰数据分别出现在 90～93d、79～82d、94～97d 与 81～84d。图中所示的曲线图为正态分布图，纵右坐标为每个区间个体出现的概率。从图中可以看出，抽穗期、开花期在四个环境下所形成的正态分布图均成对称分布，曲线的形式也是中央点最高，之后逐渐向两侧下降，先向内弯，再向外弯。图中所示结果与峰度系数结果相同。

表 4-8 抽穗期及开花期的正态分布分析

	环境	平均数±标准误	峰度系数	峰度检测值	偏度系数	偏度检测值
开花期	E1(2015-宝兴)	118.93±0.47	2.90	0.19	0.09	0.19
	E2(2015-雅安)	99.66±0.80	3.09	0.16	0.13	0.16
	E3(2014-洪雅)	110.88±0.67	2.90	0.13	0.09	0.13
	E4(2014-雅安)	107.32±0.53	2.67	0.11	0.06	0.11
抽穗期	E1(2015-宝兴)	91.80±0.45	2.98	0.38	-0.17	0.38
	E2(2015-雅安)	82.38±0.55	3.04	0.24	-0.13	0.24
	E3(2014-洪雅)	90.46±0.77	3.40	0.73	0.20	0.26
	E4(2014-雅安)	83.89±0.68	3.37	0.54	-0.11	0.16

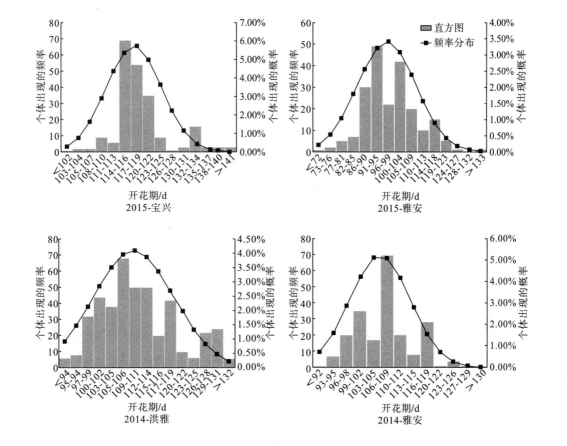

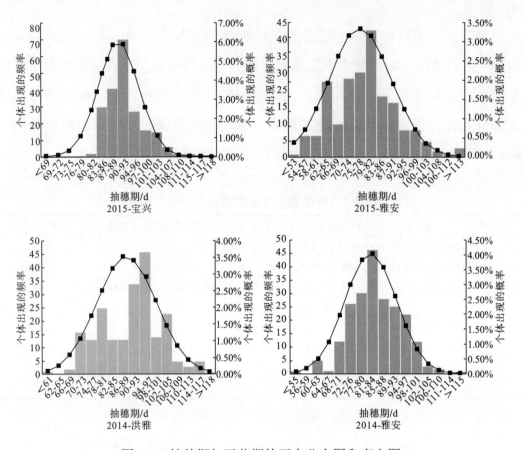

图 4-6　抽穗期与开花期的正态分布图和直方图

4. QTL 定位分析

利用对群体连续两年的田间表型观测结果以及基于 SSR 和 SLAF 分子标记构建的整合高密度连锁图谱，通过复合区间作图法，共检测到 5 个开花期 QTL 以及 6 个抽穗期 QTL，它们分别位于 LG1、LG3 与 LG5（表 4-9）。开花期显著性关联的 QTL 主要分布在 LG3 与 LG5，其中 2014-雅安与 2015-雅安环境下同时定位到位于 LG3 连锁群的 marker167780，LOD 值分别为 6.45、3.85，其表型贡献率分别为 13.40%、8.20%。2015-宝兴环境下定位到两个 QTL 位点，分别位于 LG5 和 LG3，两个 QTL 的 LOD 值分别为 8.69 和 4.11，而其表型贡献率则分别为 27.0% 与 18.3%，其中位于 LG5 连锁群 4.72cM 处的标记 marker38787 贡献为所有定位到的 QTL 中的最大值。开花期定位到的 QTL 位点的最大 LOD 值为 8.69，位于 LG3 连锁群的 12.01cM 处。

表 4-9　QTL 定位结果分析

表型	环境	连锁群	波峰标记	似然函数比值对数值	表型解释率/%	位置
开花期	E1（2015-宝兴）	5	marker38787	4.11	27.0	4.72
	E1（2015-宝兴）	3	marker139469	8.69	18.3	12.01
	E2（2015-雅安）	3	marker167780	3.85	8.2	14.32
	E3（2014-洪雅）	3	marker120144	6.55	13.5	2.99
开花期	E4（2014-雅安）	3	marker167780	6.45	13.4	14.32
抽穗期	E1（2015-宝兴）	3	marker126472	12.21	23.6	18.31
	E1（2015-宝兴）	1	marker45423	6.34	14.3	73.08
	E2（2015-雅安）	3	marker167780	5.66	11.7	14.32
	E3（2014-洪雅）	3	marker139469	5.47	13.2	12.01
	E3（2014-洪雅）	5	marker38114	4.68	10.1	57.87
	E4（2014-雅安）	3	marker167780	9.12	18.4	14.32

　　抽穗期显著性关联的 QTL 分别分布在 LG1、LG3 和 LG5，其中 2014-雅安与 2015-雅安定位到的 QTL 与开花期 2014-雅安与 2015-雅安定位到的 QTL 相同。由此得知，开花期与抽穗期有显著性相关的 QTL 为同一个连锁群上的 QTL。其表型贡献率最高的 QTL 位点为 2015-宝兴环境下定位到的。2014-洪雅抽穗期定位到的一个 QTL 位点与 2015-宝兴开花期定位到的一个 QTL 位点相同。由以上结果可知，QTL 位点所对应的 marker139469 与 marker167780 所在的连锁群 QTL 位点能同时控制抽穗期与开花期的性状，所定位到的序列片段信息涉及的基因为"一因多效"基因。抽穗期定位到的 QTL 位点中 LOD 值最大为 12.21，位于 LG3 连锁群的 18.31cm 处，同时也是最大贡献率的 QTL 位点，贡献率高达 23.6%。所有显著性 QTL 分别用软件 RQTL 与 MAPQTL5 作图。

　　通过图谱构建进行数量性状定位研究对于牧草研究来说是一项挑战，对于同源四倍体、自交不亲和且高度杂合拥有较大的基因组信息的牧草鸭茅来说尤为如此（Unamba et al.，2015）。因此，构建一个永久的作图群体来开发高效高量的分子标记具有一定难度。对于自交不亲和的植株来说，构建 F₁ 代群体（F$_1$代群体出现性状分离）即可用做作图群体并用来开发高效分子标记。在对鸭茅的遗传研究中，第一个鸭茅遗传图谱的研究是通过鸭茅亚种'asch621'与'him271'杂交建立 F$_1$群体，另外结合简单重复序列标记（simple sequence repeats，SSR）和扩增片段长度多态性（amplified fragment length polymorphism，AFLP）标记对其在鸭茅抽穗期进行 QTL 定位分析（Xie et al.，2012）。该研究中得到的定位区间内所包含的 SSR 分子标记与水稻相关基因具有同源性，且其表型变异解释率为 12%～24%。

随着测序技术的飞速发展和开发分子标记等的应用，抽穗期的 QTL 定位分析技术早已在农作物中有了广泛而深入的研究，包括鸭茅的近源物种水稻（Yano et al.，2000）、小麦（Chen et al.，2014）、大麦（Cuesta-Marcos et al.，2008）和玉米（Buckler et al.，2009）等。在本研究中，检测出 11 个与抽穗期及开花期有显著关联性的重要 QTL 位点，分布在 LG1、LG3 和 LG5 三个连锁群上。本研究的结果表明开花期定位得到的 QTL 位点的表型贡献率为 8.2%～27.0%，与抽穗期相关的 QTL 位点的表型贡献率为 10.1%～23.6%（表 4-9）。通过前人对 QTL 的研究可知，很多抽穗期相关的主效 QTL 位点或者微效 QTL 位点均可在不同染色体或者不同连锁群中检测到（Cuesta-Marcos et al.，2008）。相似的是，在水稻的抽穗期定位研究中，与抽穗期有显著关联性的几个不同的 QTL 位点均被检测到位于不同的染色体中，而 *Hd1* 基因也是通过图位克隆的方法定位验证得到的抽穗期候选基因（Yano et al.，2000）。在多年生黑麦草的抽穗期定位研究中，检测出了 5 个与春化响应相关的 QTL 位点并定位在 4 个不同的连锁群中，这就表明研究所定位到的为 *VRN1* 基因。以上的相关研究均表明运用高密度遗传连锁图谱进行 QTL 分析均可以检测和验证抽穗期与开花期的 QTL 位点。

在本研究中，我们检测到的数个与抽穗期和开花期显著相关的 QTL 位点，经过注释后发现与抽穗期相关的 QTL 被注释为属于 *Hd1* 基因，而与开花期相关的 QTL 位点被注释为属于 *VRN1*（Lp_74D14_1 和 Lp_7D23_1）基因。由于早期研究报道已经证实春化作用与开花期相关，因此这些注释到的基因与抽穗期、开花期相关联也并不意外。在 QTL 区域附近的分子标记可用于后期精细定位研究等。本研究得到的最重要的研究结果为，抽穗期与开花期定位得到的有显著相关性的 QTL 位点位于连锁群 LG3，并且该位点连续两年均被检测到。上述结果说明位于 LG3 的 QTL 稳定且真实，后续可对该 QTL 区域所含的分子标记 marker167780 和 marker139469 做更深入的研究。标记 marker167780 和 marker139469 同时在四个不同环境下被定位到显著性相关，经过注释分析并未获得与抽穗开花相关的已有的基因信息。这样稳定且对抽穗开花具有显著贡献的分子标记并没有注释到现有的与抽穗开花相关的基因，由此表明这两个分子标记一定会成为研究抽穗开花候选基因的重要资源。

4.2.3　鸭茅开花期候选基因的关联分析

1. 关联群体变异与结构分析

为了检测四个候选基因对鸭茅开花期的影响，试验构建了一个具有高遗传多样性的关联群体进行开花期观测。群体包括来自北美、日本、欧洲等地的品种（系）及种质资源。所有基因型材料均经过流式细胞仪鉴定为四倍体材料。2013 年、2014 年和 2015 年开花期范围分别为 134～168d、132～174d 和 124～167d（图 4-7），三年的开花期相关性系数为 0.65～0.8（$P<0.001$）。群体中早熟期与中熟期基因型材料相对较多，少部分为晚开花期基因型材料。

利用从已开发的 EST-SSR（Bushman et al.，2011）标记中筛选出的 26 对 SSR 分子标记对关联群体的 150 个单株进行扩增并统计条带清晰的位点。群体结构值 K 由 1～10 标记。由结果可知，$K=2$ 是群体最适结构值。关联群体是由 39 个单株和 111 个单株组成的两个亚群体。由 39 个单株组成的小亚群的开花期平均天数为 144.5 天，而由 111 个单株组成的大亚群的平均抽穗天数为 139.7 天。由于开花期存在显著性群体结构差异，因此遗传群体结构分析结果中两个亚群模型用于后期关联分析研究。亲缘关系分析中，pairwise 的 kinship 值范围为 0～0.43，其中有 75%的 kinship 值小于 0.05，且其平均值为 0.026±0.005。

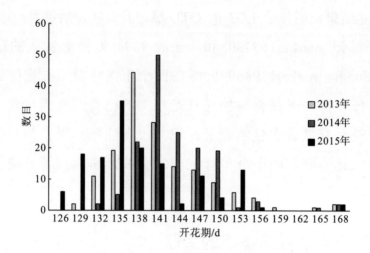

图 4-7　开花期表型正态分布图

鸭茅作为一个具有高度适应性的物种，已经成为温带地区广泛分布的冷季型牧草(Stewart et al.，2010)。尽管鸭茅作为一种开花期较早的牧草品种，但在三年的研究中观测到的开花期具有近 40 天的差异(图 4-7)。这些变化引起的差异与其他饲草开花时间的规律是一致的，这表明在不同年限内同一群体的开花期的差异相对一致，说明此性状具有高度遗传性(Jafari and Naseri，2007)。

前人的研究报告中鸭茅种质资源间的亲缘关系中的部分鸭茅基因型也包括在本研究内。研究表明，$K=2$ 是最适结构模型，并且与前人对群体进化分析的研究相符(Xie et al.，2015)。同样，本研究中群体结构分析得到的 $K=2$ 的情况同时也符合鸭茅群体结构模型。本研究得到的相对小的亚群包含 39 个鸭茅基因型，主要由偏中亚、东亚等地以及相对较晚开花期的基因型材料组成(Xie et al.，2015)。同时我们也进行多态性位点搜集检测，用于选择纯合基因型或者晚熟鸭茅品种。

2. 候选基因变异位点分析

1) 候选基因结构与验证

扩增得到的四个候选基因共长 14kb, 其中 *DgCO1* 扩增长度为 2461bp, 该候选基因在 NCBI (https：//www. ncbi. nlm. nih. gov/) 中进行比对得到最高比对率的分别为 *HvCO1* 大麦基因 (AF490468) 和 *LpCO1* 黑麦草基因 (AM489608)。候选基因 *DgCO1* 包含 155bp 的 5′UTR 及启动子区, 第一段大小为 156～635bp 共 480bp 的外显子区域, 以及 76bp 的 3′UTR 和下游区域, 其中包含两段外显子和一段内含子。*DgFT1* 基因总扩增长度为 1890bp, 比对到具有最高同源性的是 *HvFT*1 大麦基因 (DQ100327) 和 *LpFT1* 黑麦草基因 (FN993916)。候选基因 *DgFT1* 包含长度为 264bp 的 5′UTR 及启动子区以及 730bp 的 3′UTR 和下游区域。*DgMADS* 基因扩增长度为 6577bp, 比对到同源性最高的片段为大麦基因 AK2498336 外显子区域以及黑麦草基因 JN969602 第一个外显子区域。然而, 我们将多年生黑麦草的 *MADS-like* cDNAs 片段进行 BLASTn 比较, 比对率最高的则为 *MADS2* 而不是 *MADS1* (*VRN1*), 没有扩增到 *DgMADS* 基因的最后两个外显子。*DgPPD1-like* 基因扩增长度为 3055bp, 在 NCBI 上比对到同源性最高的基因为大麦基因 *HvPPD1* (编号 FJ515477) 和部分小麦族的 *PPD1* 基因。扩增的基因包含完成的 3～7 个外显子。

2) 连锁不平衡分析

扩增得到的四个基因在关联群体中表现出较快的连锁不平衡衰减。运用对数衰减曲线绘制出 LD 衰减趋势图。四个候选基因的连锁不平衡衰减均在 100bp 内达到 $R^2 < 0.2$ (图 4-8)。*DgCO1* 和 *DgFT1* 基因均分别呈现出由 8bp 和 36bp 插入片段引起的较小的 LD blocks。*DgMADS* 和 *DgPPD1-like* 基因存在显著性分散型 LD, 每个基因内还存在距离较远的位点。通过 Tassel 利用 LD 衰减散点图得到的位点相对距离以及 R^2 值构建缩减趋势图, LD 热图则直接由 Tassel 分析得到 (图 4-9)。

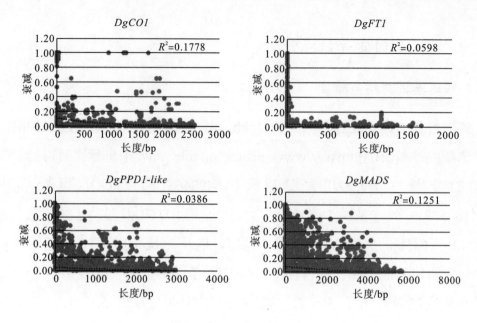

图 4-8　LD 衰减趋势图

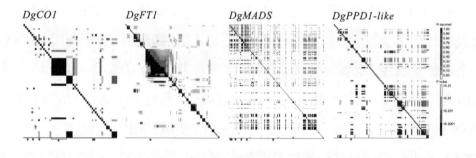

图 4-9　四个候选基因的 LD 热图

在四个候选基因中，*DgCO1* 含有最低的变异率，每隔 42bp 存在一个 SNP 变异位点；*DgPPD1-like* 每隔 32bp 存在一个 SNP 位点；*DgMADS* 每隔 22bp 存在一个 SNP 位点；*DgFT1* 为变异率最高的基因，每隔 15bp 存在一个 SNP 位点。即使将杂合位点改为缺失值（由于未知基因型组），四个候选基因每个基因均呈现出在不同碱基范围内 R_2=0.2 的连锁不平衡衰减趋势。这些连锁不平衡的衰减水平与衰减值与其他自交不亲和多年生牧草如高羊茅（Shinozuka et al.，2011）等具有相似性。相对较小的 LD 连锁不平衡衰减值证明了这些具有显著性差异的多态性位点不只是与其他位置显著性多态性位点相像。有意思的是，这些基因的某些部分显示的 LD 连锁不平衡与其开花期变异性具有相关性。在 *DgCO1* 基因的第一个内含子中有一个具有显著性差异的 33bp 片段的插入缺失(InDel)，其存在于这 150 个单株中的 144 个单株里。另外，在 *DgMADS* 中 SNP168、SNP431 和 SNP700 均与开花期变异呈显著性相关，并且相互间也具有显著性 LD 连锁不平衡现象(图 4-9)。

四个候选基因的检测中，*DgCO1* 基因含有最多的显著性差异多态性位点，在等剂量模型和四倍体模型分析中对鸭茅开花期有最大贡献。特别是 SNP189、SNP401、SNP717 和 SNP1855 与开花期呈显著相关性，其中位于第一个外显子的多态性位点 SNP189 引起了谷氨酸转变为赖氨酸的氨基酸变异；贡献率最高的多态性位点 SNP401 引起了第一个外显子中的同义变异；SNP717 则位于锌指 B-box2 结构域第一个外显子下游(Griffiths et al.，2003)，群体单株中此位点呈现的杂合基因型比纯合基因型关联到开花期更晚；在等剂量模型与四倍体模型中均检测出 SNP1855 具有加性效应，其位于靠近第二个外显子侧的内含子中。

DgMADS 基因同样检测出数个与开花期呈显著相关性的多态性位点 SNP 及 INDELs，但与 *DgCO1* 基因相比具有较小的贡献且相互存在连锁不平衡效应。经过比对检测，本研究扩增得到的 *DgMADS* 基因与多年生黑麦草 *MADS2* 基因具有高度同源性，但同时又与 *VRN1* 基因呈现出相似的表达谱，通过系统发育比较分析发现，它们在相邻系统发育树上(Petersen et al.，2004)。因此，本研究扩增出的 *DgMADS* 基因可能会在开花期中起到一定作用，并且作用可能会与丰富的 *VRN1* 基因相似。有意思的是，除了其中一个 SNP 位于第二内含子，剩余所有的多态性位点均位于第一个内含子中，有研究表明在其他牧草的 *VRN1* 的第一个内含子区域在调控中起到重要作用(Andersen et al.，2006)。

DgPPD1-like 和 *DgFT1* 均只有一个与开花期显著相关的多态性位点 SNP。*DgFT1* 的 INDEL 出现在第一个内含子上，不是影响开花期的主要因素，与开花期的关联效应也相对较小。在 *DgFT1* 基因中具有显著性差异的多态性位点较少且贡献率较低，表明相对于上游光周期与春化反应，*FT1* 基因

对鸭茅开花期的成花产物及调控方面起到了相对较小的作用。而 *DgPPD1-like* 基因中检测到的 INDEL 相对于 *DgFT1* 基因中的 INDEL 对开花期具有更高、更显著的关联效应。有意思的是，小麦 *PPD1*（Díaz et al.，2012）基因被定位到连锁群 LG2 上，而此连锁群与多年生黑麦草 LG2 连锁群存在共线性关系（Jones et al.，2002）。开花期的 QTL 位点同样在多年生黑麦草相同区域被检测到（Wei et al.，2014），同时同源鸭茅的连锁群 LG2 也同样检测到了开花期的 QTL 位点（Xie et al.，2012）。尽管扩增得到的 *DgPPD1-like* 基因结构与小麦族的同源基因具有高度相似性，但相似的基因对于温带多年生牧草的抽穗开花期并没有显著相同的贡献效应。由此可知，*PPD1* 对于一年生或二年生的小麦族植物及其亲缘关系较近的特定草种有一定的影响，而作为 PRR 基因家族的 *PPD1*（Turner et al.，2005）基因，其在冷季型多年生牧草（像鸭茅等草种）中并没有存在特定特征和功能，或者可能在温带的多年生牧草由于其具有较低的同源性及不稳定的基因组信息而导致其进化相对较为落后，从而没有相应的响应机制。

3. 关联分析

1) 等剂量关联分析

运用二倍体模型，四个候选基因中有两个基因共得到四个与开花期有显著相关性的多态性位点（FDR $P<0.05$）（表 4-10）。这四个多态性位点对开花期的贡献效率为 1.2～6.3 天不等，其中三个多态性位点来自候选基因 *DgCO1*，SNP1826 和 SNP1855 两个多态性位点由加性基因模型构成，另外一个在 62bp 位置的插入片段中，为主效效应构成。位于第一个外显子 189bp 位置的 SNP 引起了核苷酸变异，由谷氨酸替换为赖氨酸，与开花期关联性存在显著性差异，差异天数为 4.3d。第四个与开花期具有显著相关性的多态性变异位点为 *DgFT1* 基因第一个内含子中位于 490～491 的一个含有两个碱基的插入片段。这个多态性位点与开花期存在 1.2d 的显著相关性。在 $P<0.05$ 下，通过使用二倍体模型进行关联分析，*DgMADS* 和 *DgPPD1-like* 基因均没有检测到存在

显著性差异的 SNP 位点或者 INDEL 插入位点。

表 4-10　鸭茅开花期相关多态性位点

年限	扩增基因	位置	区域	类型	模型	参考序列 等位基因	变异等 位基因	表型 贡献
Y2013	*DgCO1*	62	5′ UTR	Indel	EqD dominant	—	C	6.38
Y2015	*DgCO1*	189	Exon-1	SNP	EqD additive	G	A	4.27
Y2015	*DgCO1*	1855	Intron-2	SNP	EqD additive	G	A	1.22
Y2014	*DgFT1*	490～491	Intron-1	Indel	EqD dominant(Alt)	—	T	-1.23
2014	*DgCO1*	401	Exon-1	SNP	4x dominant(Alt)	C	T	-7.54
2015	*DgCO1*	401	Exon-1	SNP	4x dominant(Alt)	C	T	-10.91
2014	*DgCO1*	717	Exon-1	SNP	4x dominant(Alt)	A	T	-3.26
2014	*DgCO1*	879～911	Exon-1	Indel	4x dominant(Alt)	TCCATGAC TGCTGGGG TCAGTGCT TACACAGGT	—	-2.59
2015	*DgCO1*	1826	Intron-2	Indel	4x additive	T	—	-1.48
2015	*DgCO1*	1855	Intron-2	SNP	4x additive	A	G	-3.32
2015	*DgMADS*	96	Intron-1	SNP	4x additive	C	T	1.74
2015	*DgMADS*	108	Intron-1	Indel	4x additive	-	C	1.69
2015	*DgMADS*	168	Intron-1	SNP	4x additive	C	T	-1.70
2015	*DgMADS*	431	Intron-1	SNP	4x additive	A	T	-1.78
2015	*DgMADS*	700	Intron-1	SNP	4x additive	C	T	-1.67
2014	*DgMADS*	2773～2775	Intron-2	Indel	4x dominant(Alt)	CTC	—	3.98
2015	*DgPPD1-like*	425～426	Exon-3	Indel	4x additive	—	GCT	-2.76

注：EqD 意为等剂量分型或二倍体模型，4x 意为四倍体模型。

2) 四倍体模型(tetraploid models)关联分析

经过等位基因剂量模型分析得到的高覆盖率的序列信息数据，运用 R 语言中的 GWASpoly 包进行关联分析，以及四倍体加性效应和主效效应模型分析。由表 4-10 可知，基因共有 5 个多态性位点与开花期显著性相关，其中有 3 个位于第一个外显子上，剩余 2 个位于内含子中。位于 401bp 位置的 SNP 为同义突变，并与观测到的两年开花期(7.5d～10.9d)呈显著性相关性，碱基 T 相对 C 呈主效效应；位于 717bp 处的 SNP 位点引起核苷酸变异，由丝氨酸变异为半胱氨酸，变异后的半胱氨酸呈主效应，与开花期呈 3.3d 的显著性相关；其中一个位于 879bp 位置、长度大小为 33bp 的插入片段也呈主效应，与开花期存在 3.3d 的显著性差异，与第一个外显子末端的 11 个碱基插入片段呈同样的主效应。位于 1826 和 1855 的两个内含子多态性位点均呈加性效应，增加了等位基因与开花期显著相关变异的剂量。通过四倍体模型检测出了 *DgMADS* 基因 6 个与开花期显著相关的变异位点（表 4-10）。前五个变异位点存在于第一个内含子中，并与变异的 1.5～3.3d 开花期呈显著相关性，第六个变异位点为 3 个碱基组成的插入，位于第二个内含子中，并呈主效应。对于基因 *DgPPD1-like*，只检测出一个由单碱基构成的插入缺失与开花期呈显著性相关，此插入缺失位于第四个外显子上，并引起一个精氨酸核苷酸的插入，呈现加性四倍体模型效应。由于在同源四倍体中每个单株的每个位点均可能存在五个基因型，上位互作效应具有较低的检测率，因此可基于四倍体基因型的显著性位点来进行双向互作检测。*DgCO1* 基因的 SNP189 与 INDEL62 存在显著性互作作用，且只有在其他位点均为纯合基因型的条件下这两个位点才会出现均为杂合基因型的现象。另外，两个位点若均为纯合基因型则与早熟开花期有相关性。

4.2.4 鸭茅产量相关性状的 QTL 分析

1. 产量相关性状变异分析

表 4-11 对双亲和含 214 个材料的 F_2 群体在两个试验点的性状表型进行了汇总。可以看出，除了茎粗在洪雅试验点表现无差异外，其余 8 个性状在两个亲本间均达到了显著差异（$P<0.05$），故可用该作图群体获得控制这些性状的 QTL。总体而言，母本'楷模'各产量的相关性状表现优于父本'01436'，但'01436'在洪雅试验点的旗叶宽和宝兴试验点的茎粗的表型值略优于'楷模'。从 9 个性状在群体中的变异幅度看，都存在明显的超亲分离，其分布范围均在双亲差异的范围之外。由于洪雅试验点当年遭遇的虫

害，整体长势较宝兴差。各性状表型值在两地略有不同，其中，洪雅试验点的旗叶宽、茎粗和宝兴试验点的旗叶宽、倒二叶宽的群体平均值低于'01436'，表现出负向超亲优势；而宝兴试验点的花序长、茎粗的群体平均值高于'楷模'，表现出明显的超亲优势；株高、旗叶长、倒二叶长、花序长、干重和分蘖数的群体均值在两地均介于双亲之间。除洪雅试验点花序长和宝兴试验点倒二叶宽以及株高偏差较大外，其余性状在群体中分布的峰度和偏度绝对值均小于1，这是因为多基因控制的数量性状遗传的典型分布，正态分布检验也表明 9 个农艺性状在群体中基本呈连续的正态分布，能够进行QTL 定位分析。

表 4-11　鸭茅亲本及群体产量及其相关性状表型值

环境	性状	亲本		F₂代群体			
		楷模	'01436'	均值±标准误	变异系数	偏度	峰度
洪雅	株高(PH)	108.20	89.70	93.20±14.29	0.16	-0.63	0.47
	旗叶长(FLL)	38.40	30.10	31.11±5.80	0.19	1.00	0.83
	倒二叶长(SLL)	43.20	35.40	37.73±7.23	0.19	-0.07	0.39
	旗叶宽(FLW)	9.30	9.60	9.02±1.53	0.17	0.14	-0.38
	倒二叶宽(SLW)	10.20	9.80	9.09±1.41	0.15	-0.09	0.07
	茎粗(SD)	4.30	4.30	3.86±0.45	0.12	-0.22	-0.02
	花序长(IL)	28.40	20.00	21.95±4.24	0.19	0.68	1.62
	分蘖(TN)	98.00	64.00	64.19±18.63	0.29	0.54	0.42
	干重(DW)	128.50	82.90	83.72±23.12	0.28	0.63	0.80
宝兴	株高(PH)	122.20	105.70	106.83±17.88	0.17	-1.09	0.93
	旗叶长(FLL)	54.20	40.20	42.92±8.82	0.21	0.26	0.69
	倒二叶长(SLL)	57.10	43.10	50.17±9.01	0.18	-0.16	0.28
	旗叶宽(FLW)	10.40	9.20	8.37±1.60	0.19	0.77	0.76
	倒二叶宽(SLW)	11.80	8.70	7.70±1.37	0.18	1.14	2.97
	茎粗(SD)	40.20	4.40	4.58±00.55	0.12	0.10	0.64
	花序长(IL)	290.10	23.40	29.60±6.04	0.20	0.45	0.92
	分蘖(TN)	141.00	102.00	112.91±37.62	0.33	0.40	-0.20
	干重(DW)	293.20	203.30	234.02±59.92	0.26	-0.13	-0.22

2. 鸭茅产量相关性状间的相关性

相关性分析表明，两地单株干重、株高、旗叶长、倒二叶长、花序长和分蘖都存在极显著正相关性（$P<0.01$，表 4-12）。总体来看，与单株干重相关性较高的是株高和分蘖，相关系数分别为 0.559、0.459（株高）和 0.424、0.431（分蘖）。其次，与产量密切相关的依次为倒二叶长和旗叶长，表明分蘖、株高和叶长是鸭茅最为重要的产量构成因素，在日后的育种工作中应加以重视。与单株产量相关性最高的株高同其他性状的相关性在两地表现略有差异，与倒二叶长、茎粗和花序长都表现出显著的正相关，与旗叶宽、倒二叶宽表现出一定程度的负相关，并在宝兴试验点达到极显著水平；在宝兴试验点与其达到极显著正相关的旗叶长在洪雅试验点却并未表现出明显相关性。值得注意的是，同样与产量密切相关的分蘖与株高却存在一定程度的负相关，在宝兴试验点甚至达到极显著水平（表 4-11）。此外，分蘖除了在宝兴试验点与株高、旗叶长、倒二叶长、旗叶宽表现出正相关外，与其他性状的相关性都不高。

表 4-12　鸭茅 F_2 群体产量及其相关性的相关系数

环境	性状	株高	旗叶长	倒二叶长	旗叶宽	倒二叶宽	茎粗	花序长	分蘖
洪雅	株高(PH)								
	旗叶长(FLL)	0.086							
	倒二叶长(SLL)	0.283**	0.796**						
	旗叶宽(FLW)	-0.105	0.353**	0.266**					
	倒二叶宽(SLW)	-0.007	0.199**	0.198**	0.822**				
	茎粗(SD)	0.405**	0.360**	0.414**	0.387**	0.421**			
	花序长(IL)	0.389**	0.621**	0.579**	0.311**	0.233**	0.494**		
	分蘖(TN)	0.1	0.124	0.135	0.171*	0.085	0.057	0.175*	
	干重(DW)	0.559**	0.231**	0.400**	0.112	0.116	0.325**	0.336**	0.424**
宝兴	株高(PH)								
	旗叶长(FLL)	0.305**							
	倒二叶长(SLL)	0.431**	0.884**						
	旗叶宽(FLW)	0.289**	0.283**	0.216**					
	倒二叶宽(SLW)	0.219**	0.098	0.111	0.740**				

环境	性状	株高	旗叶长	倒二叶长	旗叶宽	倒二叶宽	茎粗	花序长	分蘖
宝兴	茎粗(SD)	0.311**	0.384**	0.351**	0.310**	0.290**			
	花序长(IL)	0.431**	0.740**	0.708**	0.138*	0.02	0.370**		
	分蘖(TN)	0.241**	0.214**	0.192**	0.243**	0.098	-0.171*		
	干重(DW)	0.459**	0.377**	0.433**	0.043	0.008	0.124	0.292**	0.431**

注：*和**分别表示 0.05 和 0.01 显著水平。

鸭茅的干物质产量与株高、叶长和分蘖数呈显著正相关，这些性状对牧草产量贡献最大（张成林等，2017）。其他有关禾本科牧草的研究也得出了相似结论，如柳枝稷的干物质量与株高呈极显著正相关（Lowry et al.，2015）。而逯晓萍等（2005）则得出了在不同生境下高丹草的产量与株高、分蘖、茎粗、叶长、叶宽均呈现极显著正相关的结论。本研究利用两个四倍体鸭茅基因型'楷模'×'01436'组合而成的作图群体，对在两个不同生境下的产量及其相关性状的相关性进行了探讨。相关性分析表明，在两个不同的生境下，大多数农艺性状都与单株产量呈极显著正相关，与前人研究结果相一致。因此，从理论上讲，提高株高、分蘖数，增加花序长度和叶片长度，以及增大茎粗，可以提高单株产量。但由于性状之间的相互联系并非彼此独立，因此在实际育种中，尤其是在有限的自然资源条件下，过于追求某些优良性状可能会增加育成品种的种植风险。例如，有相关研究表明，与单株产量相关性最高的株高和分蘖，呈负相关，在本研究中也得出了同样的结论，在宝兴试验点甚至达到了极显著负相关水平。且株高与叶宽也呈负相关，所以，不可过于追求植株高度的提高，要考虑性状之间的相互联系，选育植株高大且分蘖多、叶片宽大、叶量丰富的综合品种。

3. 鸭茅产量相关性状 QTL 定位研究

1) 鸭茅 9 个产量相关性状 QTL 定位

对两个不同环境下鸭茅的 9 个与产量相关的性状进行 QTL 分析发现，控制这 9 个农艺性状的 QTL 一共 60 个，其中洪雅 38 个，宝兴 22 个（表 4-13），这些 QTL 分别定位于分子连锁图谱的 1、2、3、4、5 共 5 个连锁群中，单个 QTL 的贡献率为 5.7%～24.7%，贡献率大于 10%的 QTL 有 16 个，单个性状 QTL 个数为 2～15 个。

表 4-13　不同环境下定位到的鸭茅 9 个产量相关性状 QTL

性状	位点	环境	连锁群	标记区间		峰值标记	LOD 值	贡献率/%
PH	*qPH-1-1*	HY	1	139.933	139.933	marker13934	3.08	8.1
	qPH-4-1	HY	4	4.753	7.125	marker221607	3.47	7.7
	qPH-4-2	HY	4	9.017	14.686	marker91400	3.47	7.7
	qPH-4-3	HY	4	16.101	16.573	marker91137	3.09	6.9
	qPH-4-4	HY	4	17.516	23.195	marker19658	3.52	7.8
	qPH-4-5	HY	4	28.392	32.166	marker65751	3.67	8.1
	qPH-4-6	HY	4	34.529	41.169	marker65034	3.63	8.1
	qPH-4-7	HY	4	46.834	47.777	marker96987	3.08	6.9
	qPH-2-1	BX	2	86.278	87.394	marker189822	3.55	7.8
	qPH-2-2	BX	2	87.669	88.257	marker107071	3.32	8.5
	qPH-4-4	BX	4	17.516	23.195	marker19658	3.52	7.8
	qPH-4-5	BX	4	28.392	32.166	marker65751	3.67	8.1
FLL	*qFLL-1-1*	HY	1	31.471	31.471	marker92569	3.05	7.4
	qFLL-1-2	HY	1	61.953	62.687	marker72360	3.49	8.1
	qFLL-1-3	HY	1	72.965	73.045	marker81657	4.24	9.9
	qFLL-1-4	HY	1	73.618	73.618	marker70770	3.63	8.1
	qFLL-1-5	HY	1	73.878	73.878	marker222915	3.74	8.3
	qFLL-1-6	HY	1	74.411	76.171	marker196828	4.52	10.1
	qFLL-1-7	HY	1	82.686	82.686	marker47156	4.09	9.1
	qFLL-1-8	HY	1	83.391	83.451	marker161575	3.17	7.5
	qFLL-5-1	HY	5	21.728	21.728	marker46094	3.19	7.1
	qFLL-5-2	HY	5	24.052	24.052	marker63849	3.28	7.4
	qFLL-5-3	HY	5	27.566	27.566	marker250156	3.22	7.3
	qFLL-1-9	BX	1	63.316	63.316	marker23263	5.1	11.3
	qFLL-1-10	BX	1	82.214	82.214	marker119522	5.63	12.3
	qFLL-1-11	BX	1	82.472	82.472	marker119538	5.67	12.1
	qFLL-1-12	BX	1	83.482	83.482	marker223296	5.42	11.6
SLL	*qSLL-1-1*	HY	1	41.326	41.476	marker195298	3.09	8
	qSLL-1-2	HY	1	109.316	109.316	marker203870	3.1	7.5
	qSLL-5-1	HY	5	21.441	21.441	marker85181	3.12	7.3

性状	位点	环境	连锁群	标记区间		峰值标记	LOD 值	贡献率/%
SLL	qSLL-1-3	BX	1	82.472	82.472	marker119538	5.6	12.1
FLW	qFLW-3-1	HY	3	35.727	37.319	marker69889	6.47	16.5
	qFLW-3-2	BX	3	5.006	5.006	marker33554	2.68	7.2
SLW	qSLW-3-1	HY	3	35.727	40.157	marker69889	8.58	20.9
	qSLW-3-2	BX	1	106.798	106.798	marker143003	3.84	24.7
SD	qSD-3-1	HY	3	11.123	11.123	markerB04C12N4	3.94	8.8
	qSD-3-2	HY	3	24.305	24.305	marker164986	3.91	11
	qSD-3-3	BX	3	0	0	marker176467	3.67	8.3
	qSD-3-4	BX	3	5.006	5.006	marker33554	3.18	7.8
IL	qIL-1-1	HY	1	14.401	14.401	markerOGA148N2	3.27	12.1
	qIL-1-2	HY	1	62.943	62.943	marker218299	3.03	9.5
	qIL-3-1	HY	3	0	1.878	marker176467	4.38	10.3
	qIL-3-2	HY	3	5.006	5.006	marker33554	3.06	8.6
	qIL-3-3	HY	3	8.05	8.05	markerFOG515N1	3.13	9.9
	qIL-3-4	HY	3	11.123	11.123	markerB04C12N4	3.45	7.8
	qIL-5-1	HY	5	21.441	21.441	marker85181	3.2	7.6
	qIL-1-3	BX	1	103.872	106.685	marker133359	3.89	8.7
	qIL-1-4	BX	1	108.149	112.693	marker135545	5.73	17.9
	qIL-1-5	BX	1	114.104	114.104	marker128575	6.22	13.7
	qIL-5-2	BX	5	25.264	25.264	marker196497	3.68	8.1
	qIL-5-3	BX	5	27.845	27.845	marker247330	3.56	11.1
TN	qTN-5-1	HY	5	25.264	25.264	marker196497	3.03	6.7
	qTN-1-1	BX	1	63.273	63.273	marker61908	4.15	10.4
	qTN-1-2	BX	1	84.948	85.997	marker168377	3.68	9.9
DW	qDW-4-1	HY	4	12.323	12.323	marker107759	3.16	7
	qDW-4-2	HY	4	29.807	29.807	marker47049	3.11	6.9
	qDW-4-3	HY	4	30.751	30.751	marker65751	3.11	6.9
	qDW-4-4	HY	4	36.42	36.892	marker31785	3.03	6.7
	qDW-2-1	BX	2	119.344	119.344	markerFOG365N3	2.11	7.4
	qDW-2-2	BX	5	24.052	25.118	marker163339	2.3	5.7

注："HY"和"BX"分别表示崇州和雅安基地。

2) 洪雅产量相关性状 QTL 定位

洪雅试验地共检测到 9 个性状的 38 个 QTL，分布于除连锁群 6、连锁群

7 以外的其余 5 个连锁群，LOD 值为 3.03～4.52，解释的表型变异贡献率为 6.9%～16.5%，其中表型贡献率大于 10% 的 QTL 有 6 个。第 1、第 4 连锁群上共检测到 8 个影响株高的 QTL，其中 1 个位于第 1 连锁群，其余 7 个位于第 4 连锁群。检测到位于第 1、第 5 连锁群控制旗叶长的 QTL 共 11 个，8 个位于第 1 连锁群，3 个位于第 5 连锁群，其中 *qFLL-1-6* 的 LOD 值为 4.52，贡献率较高，为 10.1%。控制倒二叶长的 QTL 共 3 个，同样位于第 1、第 5 连锁群。与旗叶宽、倒二叶宽相关的 QTL 都只有一个，皆位于第 3 染色体上的重复标记区间 35.727～40.157 内，且两个 QTL 的贡献率都较高，其中 *qFLW-3-1* 为 16.5%，*qSLW-3-1* 为 20.9%，表明该区间内极有可能存在控制叶宽的主效 QTL。控制茎粗的 QTL 有 2 个，位于第 3 连锁群上的不同区间，贡献率分别为 8.8% 和 11%。检测到 7 个影响花序长的 QTL，位于第 1、第 3、第 5 连锁群，其中贡献率大于 10% 的有 2 个。与分蘖相关的 QTL 检测到 1 个，位于第 5 连锁群，LOD 值为 3.03，贡献率较低，为 6.7%。检测到位于第 4 连锁群上控制单株干重的 QTL 一共 4 个。

3）宝兴产量相关性状 QTL 定位

宝兴试验地检测到的 22 个 QTL 中，表型贡献率大于 10% 的有 10 个，其中第 1 连锁群上与倒二叶宽相关的 QTL 贡献率最高，为 24.7%。在第 2、第 4 连锁群上分别检测到 2 个与株高相关的 QTL，并且检测到两个重复的 QTL，即 *qPH-4-4* 和 *qPH-4-5*。控制旗叶长的 QTL 一共有 4 个，都位于第 1 连锁群上，且 4 个 QTL 的贡献率都较高，介于 11.3%～12.3%。与倒二叶长、旗叶宽、倒二叶宽相关的 QTL 都只检测到一个，分别位于第 1、第 3 连锁群，其中 *qSLL-1-3* 贡献率较高，为 12.1%，而 *qSLW-3-2* 贡献率高达 24.7%。影响茎粗的 2 个 QTL 位于第 3 连锁群的 0cM 及 5.006cM 处，这两个位置分别含有 5 个和 3 个标记。宝兴试验地与花序长相关的 QTL 共检测到 5 个，第 1 连锁群 3 个、第 5 连锁群 2 个，其中有 3 个 QTL 贡献率大于 10%，即 *qIL-1-2* 为 17.9%，*qIL-1-5* 为 13.7 和 *qIL-5-3* 为 11.1%。影响分蘖的 QTL 共检测到 2

个，均位于第 1 连锁群。与单株干重相关的 QTL 有 2 个，分别位于第 2、第 5 连锁群。

4. QTL 定位稳定性及多效性

大量研究表明，微效多基因控制的数量性状极易受外界环境的影响，通常控制同一性状的 QTL 的数目、位置、效应及稳定性在不同遗传背景群体中表现不同，同一群体在不同年际、不同生境下的定位效果也不尽相同（Trejocalzada and O'Connell，2005；曾兵等，2007）。本研究中，同一群体在不同环境下检测到的 QTL 差异很明显。9 个农艺性状在两个地方共检测到 60 个 QTL，遗憾的是重复检测到的仅有控制株高的 *qPH-4-4* 和 *qPH-4-5*，两个地方的贡献率为 7.8%、8.1%，表明该 QTL 在不同条件下表现较为稳定，这些对环境不敏感且效应较大的 QTL 对分子标记辅助育种有较大利用价值。但从实际应用角度来讲，贡献率都较低，该位点对鸭茅高产育种的应用价值有待进一步研究。其余 8 个性状在两地都没检测到相同的 QTL，表明这些性状的遗传稳定性不高，受环境影响较大，也可能是由于控制这些性状的 QTL 分布较广，数量较多，在不同环境条件下起作用的 QTL 不同。想要找到稳定控制性状的主效 QTL，还需设计多年多点试验，或者构建不同遗传背景的群体材料加以验证分析。

本研究的结果证实了多效性 QTL 的存在，如第 3 连锁群上的 *qFLW-3-2*、*qSD-3-4* 和 *qIL-3-2* 均在 5.006cM 处，表明 marker33554 很有可能存在一个同时控制旗叶宽、茎粗、花序长的 QTL；第 1 连锁群上的 *qFLW-3-1* 和 *qSLW-3-1* 都分布在区间 35.727～40.157cM 处，且两者的贡献率都较高，分别为 16.5%和 20.9%，表明该位点可能存在一个效应值较大的多效性主效 QTL；第 3 连锁群上的控制茎粗与花序长的 *qSD-3-1*、*qIL-3-4* 也存在同样的效应。此外，从本研究的结果来看，洪雅基地所检测到的 38 个 QTL 中，有 21 个分布于第 1、第 3 连锁群，占所检测到的 QTL 的 55.3%。同样，宝兴试验点检测到的 22 个 QTL 中，有 14 个主要集中在第 1、第 3 连锁群，占所检测到的

QTL 的 63.7%，其余 8 个 QTL 分散在其他 3 个连锁群上。本书中，这些成簇分布的多效 QTL 同时调控的几个性状都呈显著正相关，恰好也为性状间的相关性提供了一定的解释。相关性状的 QTL 通常定位于同一连锁群上相同或者相近的区域，这可能是"一因多效"或基因紧密连锁于同一区间或基因重叠造成的 (Li et al.，2014)。近年来，QTL 的成功克隆与功能研究也验证了 QTL 的"一因多效"性，例如水稻中的 *QTL-Ghd7* 同时调控抽穗期、株高和每穗粒数；小麦中的 *QTL-Gpc-B1* 等对小麦蛋白质、锌、铁含量均有影响；调控玉米株型相关性状的 *QTL-Zm GA3ox* (Liu et al.，2013；Distelfeld et al.，2010；腾峰，2013)。这些与产量相关的性状的 QTL 富集区域的发现，对鸭茅分子育种有重要作用，尤其是本书检测到的第 1 连锁群上控制旗叶长和第 4 连锁群上控制株高的 QTL 富集区域，数量多，且贡献率较高，如果对这些遗传区域进行深入研究，挖掘与主效 QTL 紧密连锁的分子标记，就可以直接用于鸭茅产量相关性状的分子标记辅助选择。

QTL 分析可以找到控制重要农艺性状的主效遗传位点，可为分子标记辅助选择提供重要的信息。我们利用已经构建的鸭茅高密度遗传图谱(密度为0.3cM)和作图群体，进行鸭茅开花相关性状和产量相关性状的 QTL 分析，找到了与相关性状紧密连锁的标记 56 个。后期，将这些标记应用于分子育种中，可以把相关优势性状聚合到优良品种中，培育突破性品种。

4.3 鸭茅重要性状候选基因的挖掘

与农作物相比，牧草生产与利用主要集中于边际土地和土壤条件、水肥条件相对较差的生长环境。同时，由于大量使用禾本科牧草与豆科牧草进行混播，我们需要禾本科牧草的生育期能够与豆科牧草营养价值和收获价值最高的时期协调。因此，在农艺性状筛选过程中有针对性的提出要求。在过去几年的育种过程中，针对逆境胁迫性状(耐热、耐寒、耐旱和耐盐碱等)和生育期(开花时期)性状相关的候选基因挖掘和品种选育，一直是鸭茅分子聚合育种研究的重点方向。在有全基因组数据的背景下，通过对这些具有重要利用价值的农艺性状的调控机制进行转录水平分子机制的解析，为后期培育具有不同适应性和不同生育时期的鸭茅新品种提供理论基础。

4.3.1　鸭茅重要功能基因挖掘进展

关于鸭茅重要功能基因的挖掘主要通过基因探针捕获、RNA-seq 技术等方式，相关报道见表 4-14。Xie 等 (2012) 通过查询近缘物种开花基因的保守序列，设计基因探针，进行了鸭茅基因组开花基因序列的捕获，最终通过序列同源比对找到了与开花相关 (*VRN1*、*VRN3*) 基因的同源序列。Huang 等 (2015) 通过 RNA-seq 技术对两份重要的鸭茅资源'宝兴'(耐热) 和 '01998'(热敏感) 进行了研究，通过 Illumina HiSeq 2000 测序分别得到了 3527 个 (宝兴) 和 2649 (01998) 个差异表达基因，并通过 qRT-PCR 对随机挑选的 8 个 DEG 进行了验证，挖掘到大量与耐热相关的候选基因，并正在对 *ZFP*、*PIP* 及 *XTH* 这 3 个候选基因进行功能验证研究。Feng 等 (2017) 对鸭茅开花前后 6 个不同时期的 RNA-seq 数据进行了分析，发现春化期间有 4689 个基因的表达明显增加，3841 个基因的表达下降，同时挖掘到与春化及花芽发育过程相关的候选基因 (CCAAT 基因家族)，同时发掘到相关转录因子 WRKY、NAC、AP2/EREBP、AUX/IAA、MADS-BOX、ABI3/VP1 和 bHLH，其中 MADS-BOX 可能参与春化调控。Zhou 等 (2017) 通过分析处理前、5h 水处理及 5h 秋水仙素处理的根尖转录组信息，发现 3381 个基因在 5h 水处理后进行了差异表达，而 3582 个基因在 5h 秋水仙素处理后差异表达。比较两个处理的转录组信息，共筛选出 2247 个表达显著差异的基因，这些基因参与了苯丙素生物合成、苯基丙氨酸代谢、植物激素信号转导、淀粉蔗糖代谢、细胞凋亡、化学致癌等通路。随着高通量测序技术的飞速发展，挖掘功能基因的方法将更加便捷快速，但如何在数以百万计的测序结果中进行高效的生物信息学分析，筛选出重要的目标基因，则还需要不断地深入探讨。

基因挖掘、定位的最终目的是克隆目标性状基因并将其应用于育种实践。

鸭茅基因克隆及表达分析等工作虽然已经起步,但研究内容还比较零散,系统性差。Alexandrova 和 Conger(2002)通过表型克隆的方式,分离克隆了两个跟体细胞发育相关的基因(*DGE1* 和 *DGE2*)。董志等(2007)通过 RT-PCR 技术从鸭茅斑驳病毒(fCMV)总 RNA 中获得了外被蛋白(CP)基因,转化大肠杆菌后,表达产物经 SDS-PAGE 和 Western blot 分析证明,CP 基因在大肠杆菌中获得了高效表达。季杨等(2013)通过同源克隆的方式,首次克隆了鸭茅中调控抗氧化酶(SOD、CAT 和 POD)的相关基因。此外,鸭茅基因克隆研究大多关注于抗逆性基因,相关研究工作为鸭茅抗逆育种奠定了重要基础。

表 4-14　已报道的鸭茅重要功能基因挖掘

采用方式	性状及处理	差异表达基因数目	生物学功能	候选基因	参考文献
DNA 探针	开花	—	开花	*VRN1*、*VRN3*	Xie et al.，2012
RNA-seq	高温	3527/2649	高温、抗旱、耐热、植物激素代谢等	*ZFP*、*PIP*、*XTH*	Huang et al.，2015
RNA-seq	春化	4689/3841	抗旱、休眠、高盐、低温等	*MADS-BOX*	Feng et al.，2017
RNA-seq	秋水仙素处理	2247	植物激素信号转导、细胞凋亡	—	Zhou et al.，2017

4.3.2　基于转录组学挖掘鸭茅开花调控基因

在农作物中,开花时间是一个与环境适应紧密相关的农艺性状(Simpson and Dean,2002)。正确的开花时间能够使植物成功产生种子,从而传递遗传信息。开花时间受多种遗传和环境因素的影响。基因控制的植物开花是通过气候和环境条件的同步来实现的,因此,开花时间根据气候和纬度或海拔梯度而变化。对于作物生产而言,最重要的是协调开花时间与环境的变化,以避免在花的形成和分化过程中遭受不利的自然条件(Amasino,2010)。随着分子生物学的发展,水稻、小麦、大麦等一年生作物,特别是模式植物拟南芥中控制开花时间的途径已被鉴定,主要属于四个相互作用的途径,包括光周期途径、GA 途径、春化途径和自主途径(Metzger,1990;Levy et al.,2002;

Mouradov et al.，2002；Amasino，2010）。对于冬季谷物而言，低温和低温之后的长日照是植物开发和开花的主要驱动因素。

早在 1986 年，Lysenko 等就首次定义了春化，当时的观测结果表明许多小麦品种需要一定的低温胁迫才能够引起后期的茎伸长和开花反应（Flood and Halloran，1986）。具有越冬习性的禾谷类作物的春化取决于一个高度集成和复杂的内在分子系统，涉及复杂信号通路网络中的众多调控基因和植物形态的改变。春化过程中，一些物种的开花时间与日照时间和温度密切相关（Huang et al.，2012）。在小麦中，已经证明染色体 5A 和 5D 对春化的反应起着重要的作用（Law et al.，1976）。在大麦中，7 号染色体上也发现了与抽穗期有关的一系列数量性状位点（QTL）（Hayes et al.，1993）。在其后的研究表明，小麦中染色体 5A、5B 和 5D 的其他共线区域的基因同样对春化有一定的调控作用（Galiba et al.，1995；Iwaki et al.，2002）。这些调控植物开花时间的基因已经被克隆，并且由于它们广泛地参与了春化反应，因而被命名为春化家族（VRN）。后来的研究证明了 *VRN3* 与拟南芥中的开花基因 *T*（*FT*）具有高度的同源性（Yan et al.，2006）。研究确立了一个调控模型用于进一步阐明 *VRN1*、*VRN2* 和 *FT* 基因在春化过程中的关系；在低温诱导之前，*VRN2* 抑制 FT 的表达；在低温诱导期间，*VRN1* 的表达增加，导致 *VRN2* 的表达受到抑制，从而在长日照条件下激活 *FT*，进而诱导开花（Woods et al.，2016）。在拟南芥中，春化途径集中在 MAD-box 转录调节因子 *FLOWERING LOCUS C*（*FLC*）上。*FLC* 的激活因子 *FRIGIDA* 通过增加 *FLC* 的转录丰度来抑制开花（Johanson et al.，2000；Choi et al.，2011）。而 *FRIGIDA* 上游基因 *WRKY34* 和 *CULLIN3A*（CUL3A）则通过对 *FRIGIDA* 的调节来影响春化（Hu et al.，2014）。转录组测序（RNA sequencing，RNA-seq）和染色质免疫沉淀测序（chromatin immunoprecitation sequencing，ChIP-seq）的最新结果表明，*VRN1* 结合 *FLOWERING LOCUS T-like* 的启动子，并且靶向 *VRN2* 和 *ODDSOC2*（Deng et al.，2015）。这些研究为禾谷类作物开花调控提供了更多信息。由于清楚遗传背景和大量的自然变异，拟南芥往往被用作研究植物复杂春化调控的有力工具。目前，人们对拟南芥开花的网络调控认识较为完善。通过对水稻、大麦和小麦的研究，认识到开花调控在不同物种中具有复杂性。更为重要的是，目前的研究大多集中于一年生的物种。相对于一年生的物种，多年生的物种由于生命周期的差异必定会导致开花调控机制存在很大的区别。在禾本科牧草的生产中，开花和抽穗时间对牧草产量和质量起至关重要的作用（Sheldrick et al.，2010；Bushman et al.，2012）。由于广泛的地理分布，鸭茅在开花和抽穗时间这一农艺性状上展现出了极大的变异（Jensen et al.，2014；Xie et al.，2015），因此，需要投入更多精力用于探究调控鸭茅开花的分子机制。

1. 转录组学技术研究进展

转录组是某个物种或者特定细胞类型产生的所有转录本的集合。转录组研究能够从整体水平研究基因功能以及基因结构，揭示特定生物学过程。转录组测序技术（Morin et al.，2008），就是对 mRNA、小 RNA 和 non-coding RNA 等进行序列测定，并反映出它们的表达水平。RNA-seq 可用于揭示 RNA 在特定生物样品中的存在和数量（Wang et al.，2009）。RNA-seq 有助于查看不同基因剪接转录物、转录后修饰、基因融合、突变/SNP 以及随时间推移的基因表达变化或不同基因表达的差异（Maher et al.，2009）。除了 mRNA 转录物之外，RNA-seq 还可以查看不同的 RNA 群体，包括总 RNA、小 RNA，例如 miRNA、tRNA（Ingolia et al.，2012）。RNA-seq 也可用于确定外显子/内含子的边界，并验证或修改之前注释的 5′ 和 3′ 基因边界。目前，RNA-seq 多使用第二代测序技术进行，即使第三代技术已经成熟并且开始商业化，但由于第二代测序技术具有成本低和准确性高的优势，因而依然被广泛使用。

全长转录组，即利用 PacBio 三代测序平台对某一物种的 mRNA 进行测序研究。它以平均超长读长 10~15kb 的优势，结合多片段文库筛选技术，实现了无需拼接的转录本分析，克服了传统第二代转录组 Unigene 拼接较短、转录本结构不完整的缺陷，同时可直接获得单个 RNA 分子从 5′ 端到 3′ 端的高质量全部转录组信息。转录本多样且复杂，绝大多数基因不符合"一基因一转录本"的模式，这些基因往往存在多种剪切形式。通过第二代测序，我们可以很准确地进行基因的表达及定量的研究，但是受限于读长的限制，不能得到全长转录本的信息。基于二代测序平台的转录组测序，由于读长的限制(PE150)，在转录本组装的过程中会存在较多的嵌合体，并且不能准确地得到完整转录本的信息，从而会大大降低表达量、可变剪接、基因融合等分析的准确性。相比于第二代转录组测序，全长转录组具有超长读长(平均读长 10～15kb，最长读长 80kb)，可一次将真核生物的全长转录本信息读取完整，无需进行片段打断和拼接，避免出现组装错误。转录组和全长转录组测序技术既可以用于有参考基因组的物种，同时也可以用于无参考基因组的物种，极大地提高了该技术的推广和在实际生产中的使用。近几年，我们针对鸭茅做了大量关于开花性状的研究，包括开花基因 QTL 定位和同源基因克隆。但是由于鸭茅基因组高度的杂合性和基因背景不清晰，极大地限制了对鸭茅开花调控分子机制的研究。转录组测序技术的出现，为鸭茅开花调控提供了有效的研究手段。

2. 基于转录组数据研究鸭茅春化的分子机制

为了全面研究鸭茅关键调控时期的转录表达动态和内在分子机理，我们选择了 6 个关键调控时期(春化前、春化期、春化后、春化后营养生长期、孕穗期和抽穗期)进行全面而连续的鸭茅转录组测序，以阐明不同阶段基因表达的动态变化，最终构建与春化和开花调控相关的基因共表达网络，为鸭茅开花调控提供信息支撑。

1)差异基因的动态表达

为了鉴定与低温诱导的春化和从营养生长到生殖生长的转变有关的主要转录动态，我们使用 SOM 聚类对基因进行分组(图 4-10)。共定义了 6 大共集群共 30 个子集的表达趋势集合。大多数子集群在这 6 个采样点显示出了不同的表达高峰(Subcluster_5_5 和 Subcluster_5_6 为双峰)。结合基因表达动态和环境因素，以及植株的生长条件，选择这些子群进行分析。

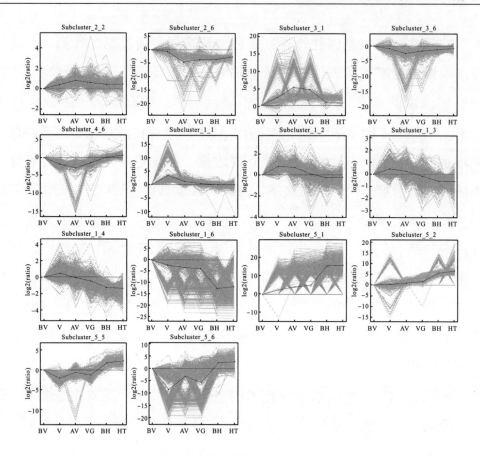

图4-10　不同clusters在鸭茅不同发育时期的表达趋势分析

注：横坐标表示不同发育时期，纵坐标表示相对表达量。BV表示春化前；V表示春化期；

AV表示春化后；VG表示营养生长期；BH表示孕穗期；H表示抽穗期。

Subcluster 1 包括 5 个基因集，主要包含在春化阶段最高表达的基因中。Subcluster_1_1 主要涉及运输、转录调控、代谢过程、脂质和脂肪生物合成过程，以及信号转导途径。其中信号转导这一类别包含许多参与蛋白质磷酸化、氧化还原过程，以及对冷、氧化应激和其他非生物胁迫响应的基因。Subcluster_1_2 子集中鉴定到了大量与 ATP-ADP 蛋白结合、氧化磷酸化和转录因子活性功能相关的类别，主要涉及 DNA 转录与能量相关的代谢。Subcluster_1_3 中的基因显著富集于植物激素信号转导、光合作用天线蛋白和植物昼夜节律途径，包括编码参与生长素信号传导的转录因子的 *ARF18* 和 *ARF22*。与 Subcluster_1_2 相比，光合作用和植物激素信号途径在该基因集中的富集更为显著。在基因集 Subcluster_1_4 中，蔗糖代谢过程、淀粉代谢过程和脂质代谢过程中的大部分基因可能存在一定的内在联系。同时，与钙离子结合相关的基因的表达显著提高，有可能涉及参与光系统和晚期胚胎发生。

在春化阶段，一些基因集出现最小表达峰值，但在随后的发育阶段中表现出逐渐提高的趋势。基因集 Subcluster_2_2、Subcluster_2_6、Subcluster_3_1、Subcluster_3_6 和 Subcluster_4_6 在低温胁迫后出现表达峰，但在其他发育阶段表达量相对较低。这些基因涉及信号转导、蛋白磷酸化、光合作用、氧化还原过程以及一些其他防御反应过程。在 Subcluster_2_6 和 Subcluster_3_6 中，与氧化还原过程中相关的基因出现最低表达峰。氧化还原过程、运输、蔗糖代谢、碳水化合物代谢过程和淀粉代谢过程等相关基因在春化阶段变动较为明显。参与细胞形态发生和胚胎形态发生的基因在 Subcluster_4_6 中出现最小的表达峰，并且对植物生长素、还原和氮化合物代谢过程的响应相关的基因在春化期变化明显。

在抽穗期，我们主要关注 Subcluster_1_6、Subcluster_5_1、Subcluster_5_2、Subcluster_5_3 和 Subcluster_5_4。整体而言，Subcluster_5_2 中的 290 个基因呈上调表达，但在春化期和孕穗期两个阶段中存在多个表达峰。值得注意的是，与蛋白质活性相关的转录因子和与转录活性相关的基因家族在这个阶段的表达急剧下降。同时，*bHLH35*、*bHLH92*、*BIM2*、*WRKY40*、*WRKY70*、*ERF2* 和 *MADS-box34* 也在这一时期出现较高表达峰值。在 Subcluster_1_6 中有与应激反应、细胞增殖和形态发育以及铁离子吸收相关的基因，如 σ-70 和 σ-54。细胞色素 P450、细胞色素氧化酶 C、细胞色素 B6-F 和细胞色素 b562 也在该基因集中被检测到。

基因集 Subcluster_5_1 和 Subcluster_5_2 从春化前期到孕穗期一直呈上升趋势，并在孕穗期达到最大表达峰。编码热激蛋白(Hsp)的基因在这个子集中显著富集，如 *Hsp70*、*Hsp71*、*Hsp83*、*Hsp90* 和 *Hsp98*。Subcluster_5_3 和 Subcluster_5_4 在春化阶段表现出低表达峰，随后表达量迅速提高至孕穗阶段。为了评估与春化后形态改变有关的转录本，我们通过在 GO 和 KEGG 中富集来检查这些子集中的基因。这些基因主要富集于苯丙素和淀粉以及蔗糖代谢，同时也涉及植物激素信号转导途径。通过 GO 富集表明这些基因的功能涉及蛋白质结合、转移酶活性和催化活性，包括 AUXIN（AUX）/吲哚-3-乙酸（IAA）家族基因 *IAA6*、*IAA13*、*IAA21*、*IAA31* 和 *AUXIN RESPONSE FACTOR1*（*ARF1*），以及 WRKY 转录因子家族基因 *WRKY27*、*WRKY30*、*WRKY40*、*WRKY46* 和 *WRKY50*。另外，胚胎和花发育中的原基相关转录因子——NAM 也包含在这些基因集中。相对于其他子集，Subcluster_5_5 和 Subcluster_5_6 表达模式较为特殊，这些基因在春化阶段和营养生长阶段呈负调控，在孕穗阶段则呈正调控。这些子集包含大量参与内质网和苯丙素生物合成蛋白质过程的基因，并且可能在细胞形态发生和结构分子活动中发挥作用。

2) 权重共表达网络

为了进一步研究候选基因的共表达关系，我们采用加权相关网络分析（Weighted Gene Co-Expression Network Analysis，WGCNA）构建基因表达矩阵。基于所有样品中的成对相关性和基因表达趋势，使用来自所有 18 个样品的 25 071 个探针（六个时间点的三个生物学重复）的归一化微阵列表达数据，通过 R 文库构建共表达网络。不同的颜色代表一个特定的模块，包含一组高度相关的基因。分析产生的 14 个不同的共表达模块[图 4-11（a）]。值得注意的是，在这 14 个共表达模块中，有 6 个包含了在单个阶段高度表达的基因[图 4-11（b）]。例如，Brown 模块包含了在抽穗阶段显着富集的 14 121 个基因。这些基因在 GO 分类中对应于信号转导、转录调节、碳水化合物代谢和光合作用有关的生理过程。花芽发育和抽穗涉及的内部生理过程很多，如细胞壁合成和重塑、细胞壁果胶生物合成、细胞壁大分子分解代谢和细胞壁修饰。在这个模块中，与细胞形态发生、细胞增殖、细胞生长和细胞分裂相关的基因也显著富集。这些基因可以进一步用于预测参与花芽发育的关键调控网络。Red 模块包含许多在孕穗阶段表达的基因，本模块中的 GO 富集结果与 Brown 模块相似，可能表明这两个模块共享一个基因调控网络，从而对类似的生理过程产生调控[图 4-11（c）]。以这样的方式，我们可以确定显著受低温诱导的春化基因。

Saddlebrown 模块和 Sienna3 模块中的基因表达量低于其他模块，而 Skyblue 模块在春化阶段含有较高表达的基因，可为春化过程中关键调控提供信息。

　　此外，我们还探寻了不同模块之间的相关性，并在 14 个模块中确定了 7 个广泛进化枝(图 4-11c)。热图显示 Darkgreen 模块、Royalblue 模块和 Skyblue 模块之间有高度的相关性。这些模块中的基因在春化前和春化阶段大量表达。GO 分析表明这些基因涉及应激、信号转导和蛋白质磷酸化等一系列功能，表明这些基因可能参与响应刺激的过程，并且可以指导春化。一些基因在 Grey60 模块、Darkorange 模块和 Orange 模块中共表达。在这些模块中鉴定了许多转录因子，例如锌指转录因子家族(MIZ 型，C2H2 型和 C3HC4 型)，WRKY 转录因子家族和 NRT1/PTR 家族。特别值得注意的是，我们发现了一系列编码 YABBY 蛋白的基因，这些转录因子可能在生殖发育中起重要作用。

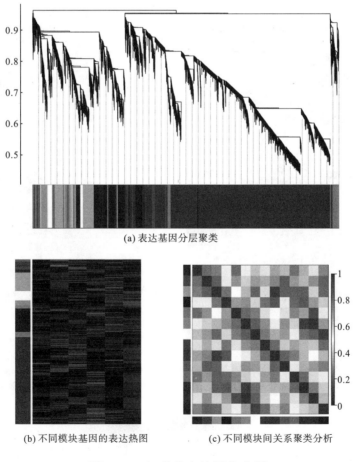

(a) 表达基因分层聚类

(b) 不同模块基因的表达热图　　　　(c) 不同模块间关系聚类分析

图 4-11　权重共表达网络分析

3）转录因子表达动态

在春化的关键调控时期，我们鉴定了 74 个转录因子家族总共 3079 个转录因子。其中 WRKY、NAC、AP2/EREBP、Alfin-like、AUX/IAA、MADS-BOX、bHLH、ABI3/VP1 和 CCAAT 较为值得关注。根据我们的数据，一些转录因子家族在特定时期表达。例如，Alfin-like 转录因子家族在抽穗期出现表达峰值，而在其他阶段则表达较低（图 4-12D）；bHLH 家族在拟南芥的成花发育过程中被证明是十分活跃的，我们的结果则表明这一家族的转录因子的表达在抽穗期达到峰值（图 4-12G）（Zhou et al.，2014）。核转录因子 Y 包含三个亚基，即 NF-YA、NF-YB 和 NF-YC，并与 CCAAT 元件特异结合。我们发现这些转录因子在抽穗阶段出现较高表达（图 4-12I）。除上述三个转录因子家

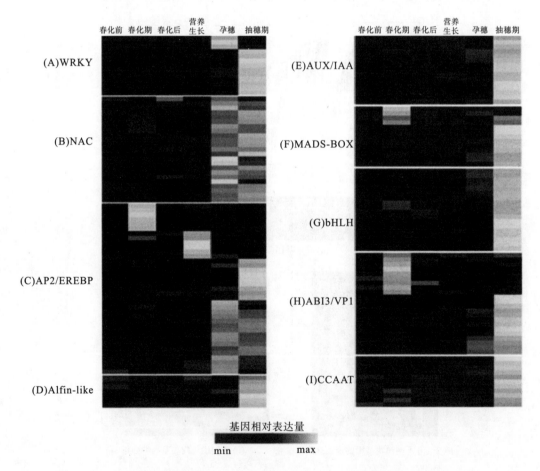

图 4-12　基于转录数据的转录因子家族表达分析，横坐标代表不同时期。

族外，AUX(AUXIN)/IAA(吲哚-3-乙酸)转录因子在抽穗期出现表达峰值，在其他阶段表达水平较低(图 4-12E)。此外，一些转录因子家族在发育阶段有两个表达高峰。ABI3/VP1 转录因子家族编码含有 B3 结构域的蛋白，是生长素信号传导的关键组分，包括 AUX/IAA 共同受体和 ARF 转录因子。结果显示，这类型的转录因子和 MADS-box 转录因子表达类似，都是在春化阶段和抽穗期有较高表达(图 4-12H、F)。WRKY 转录因子家族广泛调控胁迫的转录应答。结果表明，WRKY 转录因子在不同时期均有表达，尤其是在孕穗期和抽穗期(图 4-12A)，并且与 NAC 转录因子家族有类似的表达模式(图 4-12B)。与其他转录因子家族不同，AP2/EREBP 在春化阶段(冷胁迫)、春化后、VG_DON(热胁迫)以及孕穗期和抽穗期(花发育)均具有较高表达(图 4-12C)。

4) 基于转录组数据的鸭茅开花基因鉴定

由于开花对植物繁殖十分重要，许多研究报道了拟南芥开花调控的基因功能和遗传网络(Amasino and Michaels，2010)，并且鉴定和描述了超过 200 个与开花相关的调控基因(Fornara et al.，2010；Srikanth and Schmid，2011)。通过同源比对，我们鉴定了鸭茅不同开花途径中的候选基因，以了解这些基因在发育转换过程中的动态变化。结果表明，鸭茅转录数据中共有 77 个与开花有关的基因，其中绝大多数处于春化和光周期的途径(图 4-13)。根据以前的研究，VRN1、VIN3、FRI、SVP、VIP1、VIP2 和 SUF4 等 24 个潜在的基因与春化有关。此外，22 个候选基因参与了光周期途径，包括 MAF1、CDF2、NF-YB1、NFYB2、TIC、COL 和 FD。另外，生理节律途径、自主途径、赤霉素和年龄途径分别鉴定得到了 10 个、8 个、6 个和 4 个候选基因。在春化阶段和抽穗阶段，大多数与春化途径相关的基因(包括 VRN1 和 FRI)都表现出较高的表达水平。VRN1 是春化途径的关键调控基因。VRN1 在春化阶段的高水平表达符合低温诱导 VRN1 的结果(Campoli and Korff，2014)。在拟南芥中，FRI 是一个上游调控因子，通过激活 FLC 抑制整合子 FT 的表达，从而导致晚花。数据显示，在春化期间 FRI 具有高表达，在春化后表达急剧下降。这个结果与前人的研究一致，表明冷胁迫导致 *FRI* 降解，引起表达下降（Hu et al.，2014）。在光周期途径中，候选基因在短日照条件和长日照条件下均有富集，表明该途径中的基因可能会对不同长度的日照时间作出响应。

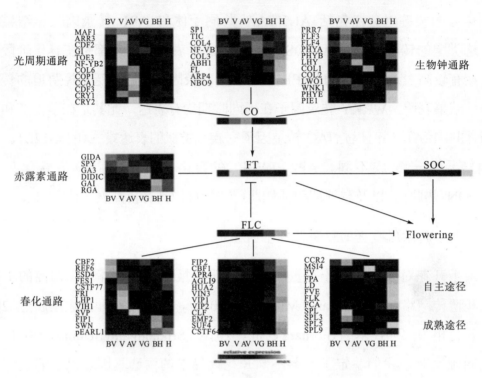

图 4-13 鸭茅中潜在的开花基因预测

注：热图表示候选开花基因在不同时期的表达。

4.3.3 基于基因组数据和转录组数据挖掘鸭茅重要的开花基因

虽然转录组和全长转录组能够解决无参考基因组物种转录分析有无的问题，但是由于缺乏全基因组数据作为背景，通过转录组技术获取的数据仅仅是转录调控过程中的一小部分。在获取鸭茅全基因组序列的基础上，我们整合数量性状定位和混合分组分析法（bulk segregant analysis，BSA）的数据，对鸭茅开花调控关键基因进行深入挖掘。通过比对鸭茅基因组，鉴定出 209 个开花基因的 603 个直系同源和旁系同源基因，相对于转录组同源比对查找到的 77 个基因，极大的丰富了鸭茅开花调控的候选基因。结合转录组数据，我们发现光周期关键调控基因 *CO1*，春化相关基因 *VRN1* 和 *VRN2*，生理节律基因 *LUX1* 和开花通路整合基因 *FT* 在早花和晚花鸭茅中呈现差异表达。通过检测，*CO1*、*VRN1*、*LUX1* 和 *FT* 在早花鸭茅中有不同的可变剪切形式，这可能是导致早/晚花鸭茅中这些关键开花基因表达差异的可能原因之一。选择五个关键开花时期早/晚花鸭茅的差异基因，进行权重基因共表达网络分析，结果表明，有 3 个表达模块与鸭茅春化响应紧密相关(图 4-14)，其中包括 5 个 *CONSTANS-LIKE* 和 3 个 *FT-LIKE* 基因。此外，我们发现春化关键调控基因 *VRN2* 与 176 个基因共表达于洋红色模块中。在这个模块中，我们发现了一些已经被证明的与开花性状相关的基因，例如 *ARR9/3/1*、*CONSTANS/CONSTANS-LIKE*、*LHY* 和 *PRR37*。在这 176 个基因中，我们发现其中有 38 个基因在春化诱导后在早花和晚花鸭茅中出现差异表达，包括一些已经在其他物种中被报道的与开花相关的植物激素相关基因，例如 *GA20ox1D*、*GA20ox2*、*PYL5* 和 *ABI5*。这些结果可以为鸭茅开花机制的解析提供一定的线索(Bezerra et al.，2004)。在此基础上，我们绘制了一张鸭茅开花调控的简要模式图(图 4-15)。

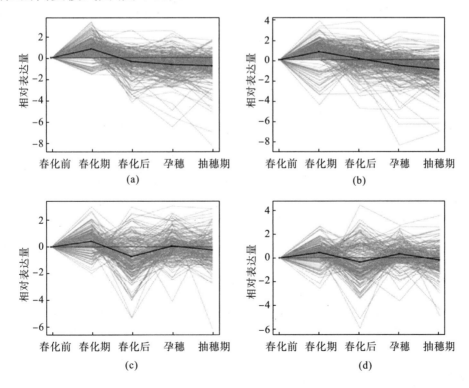

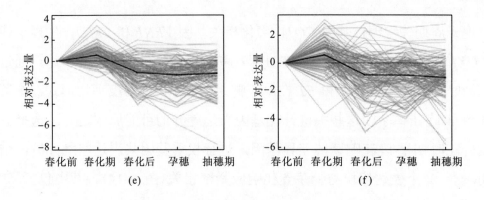

(e)　　　　　　　　　　　　　(f)

图 4-14　关键基因模块在早/晚花鸭茅中的表达趋势

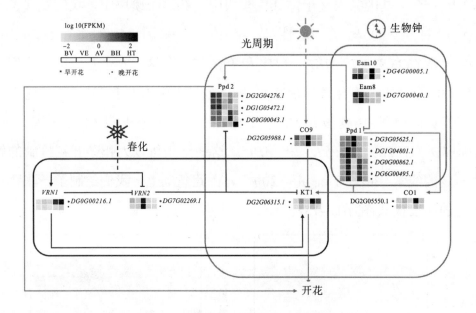

图 4-15　鸭茅中开花简略调控网络

　　同时，我们结合 QTL、BSA 和转录组数据快速鉴定鸭茅中与开花相关的候选基因。BSA 结果表明，Δ(SNP index)的峰值位于 6 号染色体 154.344～156.231Mb 和 157.05～159.599Mb 的区间内［图 4-16(a)］。同时，QTL 信号也在 157.639Mb(np6325)处出现峰值。这些结果表明这段 4.426Mb 的共同区域可能隐藏着与鸭茅开花调控有关的关键候选基因。在这段区间内，我们鉴定到了 59 个候选基因，在移除低表达基因后剩下 30 个候选基因。通过聚类分析，我们发现位于 cluster 2(9 个基因)和 cluster 4(7 个基因)的基因可能与春化反应和抽穗期相关［图 4-16(b)］。cluster 2 的基因在春化后期具有表达峰值，但在抽穗期表达量较低。这个集合涉及一些与植物发育相关的基因，包括三个具有 MADS-box 原件的基因，即 *AGL61 和 AGL62* 以及一个 *FT* 基因的同源基因 *FLOWERING LOCUS T-like*（*FT-like*）。MADS-box 是一个涉及植物开花调控、花器官形成和花序结构调控的保守基因家族（Schilling et al.，2018）。转录数据表明，*AGL62* 和 *FT-like* 在春花诱导后表达急剧上升。相对于早花鸭茅，晚花鸭茅中 *AGL62* 基因的表达则出现一定程度的延迟。5 个发育时期中，*AGL61* 的表达趋势与 *AGL62* 的表达趋势类似，但其在晚花鸭茅中表达量较低［图 4-16（c）］。cluster 4 的基因在抽穗期具有表达峰值。这一集合中基因的功能大多数并未在植物中得到确认。但是其中一个含 jmjC 结构域的基因 *JMJ706* 则被证明与甲基化调控的开花过程有关（Sun and Zhou，2008）。以上结果可以为鸭茅开花调控提供一些候选基因。

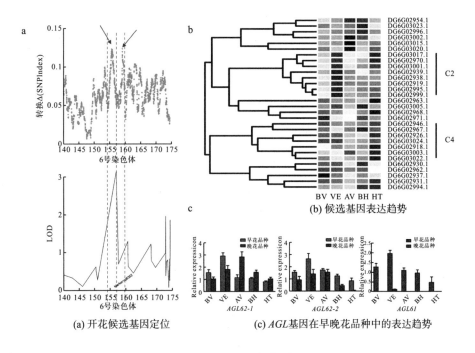

图 4-16　BSA 定位结果

通过转录组技术、BSA 技术、QTL 技术以及全基因测序技术，我们从不同层面探究和解析了调控鸭茅开花的相关机制。转录组数据为关键调控基因在鸭茅不同发育阶段提供动态的表达模式，并为我们提供筛选线索。BSA 和

QTL 相结合的研究方法，可以极大的提高开花相关区域和候选基因的筛选效率，加速分子育种进程。全基因组数据的获取，加深了我们从基因组水平对鸭茅进行全面和深入的了解。基因组测序奠定了鸭茅优良性状筛选和分子聚合育种的基础。更为重要的是，通过不同层面不同方法的联合使用，丰富了我们利用新技术进行育种的手段，进一步促进了鸭茅分子聚合育种技术的发展。

分子聚合育种可将优良性状聚合到一个品种中，一般有两条途径：一是克隆控制优良性状的基因，利用转基因等生物技术把这些基因聚合到一个品种中，克隆功能基因需要首先利用 QTL 技术进行基因定位，然后进行进一步克隆；二是利用分子标记辅助选择技术(MAS)结合杂交技术，快速把优良基因聚合到一起，同样需要利用 QTL 技术找到控制重要农艺性状的遗传位点。近十年来，我们在"973"项目的资助下开展了分子聚合育种的基础研究，构建了世界第一张二倍体遗传图谱，同时构建了高密度遗传图谱。利用高密度遗传图谱对鸭茅重要农艺性状进行 QTL 分析，找到了 56 个主效遗传位点。利用三代测序等技术构建了世界首个二倍体鸭茅基因组序列，利用该序列结合转录组数据和 QTL 分析，挖掘得到了控制鸭茅开花的 4 个重要功能基因。今后，我们将在这些研究的基础上，进一步开展鸭茅分子育种研究：一是利用与重要农艺性状紧密连锁的分子标记，开展分子标记辅助选择，快速地把重要农艺性状聚合到一个品种中；二是利用基因组序列和 QTL 数据，克隆重要的功能基因，利用转基因技术和基因编辑技术把这些基因聚合到一起，加快突破性品种选育的进程。

饲草新品种选育与应用

第五章 玉米及近缘种属选育饲用作物品种与应用

　　饲用作物与粮食作物最大的差别在于饲用作物主要是以收获营养体为主，以饲草玉米为代表的营养体农业生产就是充分利用了植物的"S"形曲线生长规律，在其完成对数生长期和直线生长期时刈割收获，避免了生长速度下降直至停滞的衰老期的营养物质消耗，从而获得最高生长效率和生产效率。玉米是公认的第一大饲用作物，其籽粒和植株茎叶都是优质的饲料和饲草。玉米茎秆直立抗倒、生长迅速、生育周期短、生物量高，但对寒敏感、不耐阴湿，一年生。玉米近缘材料如大刍草、摩擦禾具有根系发达、生长茂盛、耐寒耐瘠、再生性强、高抗多种病害等特点。玉米是最早利用杂种优势的作物，玉米与其近缘野生材料杂交的杂种 F_1 具有强营养体杂种优势。因此，集合玉米和玉米近缘野生材料各自的优点，开展集玉米和大刍草或摩擦禾等近缘野生材料优良特性于一体、收获营养体为主的饲用作物选育与利用，是拓展饲用作物育种的新途径。因而，四川农业大学玉米研究所提出"通过玉米与其近缘种(属)间远缘杂交和系统生物学技术等手段创制突破性育种新材料，利用杂种优势、倍性和基因组聚合重组效应的多重优势产生营养体优势，选育新型饲草玉米"的育种策略，构建玉米与其近缘种(属)间杂交、多倍化，以及利用系统生物学技术实现优良性状、基因组和基因的聚合育种技术体系，创制突破性新种质，选育多分蘖、耐刈割、生长快、多抗高抗、生物产量高、品质优的一年生和多年生饲草玉米。

5.1　玉米与大刍草杂交选育饲草玉米

5.1.1　玉米与大刍草杂交选育饲草玉米育种策略

大刍草(Teosinte)为玉蜀黍属内除栽培玉米外所有物种的统称，包括墨西哥大刍草(墨西哥类玉米亚种)、小颖类玉米亚种、韦韦特南戈类玉米亚种、繁茂类玉米种、二倍体多年生类玉米种和四倍体多年生类玉米种，它们的性状各具特色(表 5-1)。其中，1979 年我国首次从国外引进墨西哥类玉米亚种，在生产推广中称墨西哥类玉米或墨西哥大刍草，该饲草能迅速生长，覆盖地表防止杂草生长，生物产量高，具有再生性，供青期较长，叶量丰富，茎秆脆甜，为家畜喜食，被广泛用作饲草，为饲草界所熟知。墨西哥大刍草可作为牛(石传林等，2002；马明星和马全瑞，2001)、羊(吕见涛等，2004)、猪(徐成等，1996)、鱼(李素芳，2013)、兔(陈学智等，2006)等的青饲料，也可调制青贮(麻文济等，2007)和制作干草(王宝维等，2004)，为优质的禾本科牧草。其后，国内相继引进或选育如'金牧 1 号'、'8493'、'优 12'、'华丰 3 号'和'鲁牧 2 号'等墨西哥大刍草新品种(黄武强，2015；贾春林等，2009)。

墨西哥大刍草作为新型饲草在我国推广已近 40 年，然而它在我国的大规模应用推广极其有限。原因有三：其一，墨西哥大刍草具有较强的光敏反应，在四川及以北地区进入秋季后，短日照诱导才开花结实，后期低温导致种子难以成熟；其二，种子成熟后自然落粒，种子采收困难，产量低，导致种子价格昂贵，我国长期依靠从美国进口；其三，种子包被坚硬的壳斗，发芽率低，使种植墨西哥大刍草的经济效益进一步降低。

因此，如何破解大刍草种子生产难、种子价格贵、发芽率低等难题，是促进墨西哥大刍草大面积推广利用的关键。

表 5-1 玉米近缘种属优异性状

	性状	种属	参考文献
农艺性状	高产、多分蘖、高生物量、株高	墨西哥玉米（*Z. mays* spp. *mexicana*）	Pasztor and Borsos（1990）；Wang et al.，（2008）
	无融合生殖	摩擦禾（*T. dactyloides*）	Petrov（1984）；Savidan and Berthaud（1994）；Leblanc et al.，（1995，1996）；Kindiger et al.，（1996）
品质性状	优质青贮饲料	大刍草（Teosinte）	Sidorov and Shulakov（1962）
	高蛋白、氨基酸平衡	墨西哥玉米（*Z. mays* spp. *mexicana*）	Pasztor and Borsos（1990）；Wang et al.，（2008）
	降血压	墨西哥玉米（*Z. mays* spp. *mexicana*）	Wang et al.，（2014）
生物胁迫	炭疽病、大小斑病、青枯病、锈病	摩擦禾（*T. dactyloides*）	Bergquist（1979，1981）；Hooker and Perkins（1980）
	大斑病	摩擦禾（*T. floridanum*）	Hooker and Perkins（1980）
	大、小斑病	二倍体多年生大刍草（*Z. diploperennis*）	Wei et al.，（2003）
	大斑病	大刍草（Teosinte）	Ott（2008）
	玉米瘤黑粉病	大刍草（Teosinte）	Chavan and Smith（2014）
	霜霉病	墨西哥玉米（*Z. mays* spp. *mexicana*）二倍体多年生大刍草（*Z. diploperennis*）	Ramirez（1997）
	穗腐病	墨西哥玉米（*Z. mays* spp. *mexicana*）	Pasztor and Borsos（1990）
	玉米褪绿矮缩病	二倍体多年生大刍草（*Z. diploperennis*）	Findley et al.，（1983）
	玉米螟	墨西哥玉米（*Z. mays* spp. *mexicana*）	Pasztor and Borsos（1990）
	亚洲玉米螟	墨西哥玉米（*Z. mays* spp. *mexicana*）四倍体类玉米（*Z. perennis*）二倍体多年生大刍草（*Z. diploperennis*）	Ramirez（1997）
	玉米根虫	摩擦禾（*T. dactyloides*）	Eubanks（2002，2006）；Prischmann et al.，（2009）
非生物胁迫	盐害	摩擦禾（*T. dactyloides*）	Pesqueira et al.，（2003，2006）；Shavrukov and Sokolov（2015）
非生物胁迫	涝害	繁茂类玉米（*Z. luxurians*）墨西哥玉米（*Z. nicaraguensis*）韦韦特南戈类玉米亚种（*Z. mays* ssp. *huehuetenangensis*）	Ray et al.，（1999）；Mano et al.，（2005）；Mano and Omori（2007，2013）
	冷害	四倍体类玉米（*Z. perennis*）摩擦禾（*T. dactyloides*）	本实验室未公布数据

注：此表改编自 Hossain 等（2016）。

　　研究证实，玉米与大刍草杂交其杂种 F_1 表现出极其强大的种间杂种优势，杂种 F_1 聚合了玉米茎秆粗壮、生长快和大刍草多分蘖、抗病等优点，表现出生物产量高、品质优、抗性强等强营养体杂种优势。可见，玉米与大刍草杂交选育优良饲草品种具有巨大应用潜力(冯云超等，2011；杨秋玲等，2015)。玉米与大刍草种间杂种 F_1 表现出的杂种优势要在生产中应用，就要求玉米×大刍草应具有较高的种子生产力和发芽率。研究表明，玉米与墨西哥大刍草、小颖玉米、二倍体多年生玉米、四倍体多年生玉米都可以杂交结实，但其结实率和杂交种子的形态差异较大(唐祈林等，2006)。*Z. mays×Z. parviglumis* 和 *Z. mays×Z. mexicana* 容易进行，结实率可以达到 50%以上，F_1 籽粒与普通玉米籽粒无异；*Z. mays×Z. diploperennis*，结实率约为 20%，F_1 籽粒与普通玉米相似，但是体积变小；*Z. mays×Z. perennis*，结实率较低，仅为 5%～8%，F_1 籽粒主要位于果穗顶部、形态细小、粒硬、胚小而皱缩。发芽试验表明，*Z. mays×Z. perennis* 组配 F_1 种子发芽率较低，而其他组合的 F_1 种子发芽率较高。

　　为了提高玉米与大刍草杂交结实率，提高种子生产力，制定了如下技术路线：其一，广泛进行不同类别玉米与大刍草的杂交结实研究，筛选杂交结实率高的玉米亲本；其二，利用染色体工程技术合成系列玉米——四倍体多年生类玉米代换系和附加系材料，合成一个玉米型且与四倍体多年生大刍草杂交结实率高的玉米——四倍体多年生大刍草代换系 '068' (Tang et al., 2005)；其三，研制"以筛选的杂交结实率高的普通玉米种质和 '068' 为母本、大刍草为父本，利用云南等低纬度地区条件、调整大刍草光周期，杂交时尽可能剪短母本花丝、多次重复授粉"的杂交方法。通过上述技术路线，利用 '068' 作为亲本培育饲草玉米新品种 4 个。以 '068' 作为亲本与四倍体多年生大刍草杂交培育出了第一个通过四川省饲草玉米新品种审定、全国草品种审定委员会认定的多年生饲草玉米新品种 '玉草 1 号'。多年生饲草玉米在南方免耕免种，在整个生长期内任何时候都可以收获而获得经济产量，利用多年生作物的快速生长期多次刈割，可以获得最大营养体的产量。其后，以 '068' 作为亲本或中间材料，与不同类型的大刍草杂交育成了生长快速、高产优质、多分蘖、营养体杂种优势强、经过省级审定的一年生饲草玉米新品种 3 个；以墨西哥大刍草为父本杂交育成'玉草 2 号'，以繁茂类大刍草为父本杂交育成'玉草 3 号'，以尼加拉瓜耐涝大刍草为父本杂交育成耐涝饲草玉米'玉草 4 号'（图 5-1）。

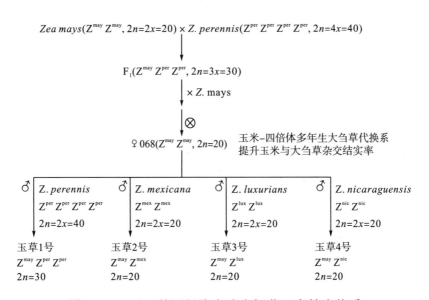

图 5-1 二元亚基因组聚合选育饲草玉米技术体系

以'068'为核心亲本与大刍草组配的杂交种具有超过大刍草亲本的产草潜力。大刍草为异花授粉，并非纯系，但以'068'为母本组配的杂交种田间性状表现整齐一致。选育的饲草玉米具有玉米生长迅速、产量高，大刍草多分蘖、耐刈割、抗病抗逆性强、适口性好等优点，是一类极具饲用价值的新型饲草。通过材料创新和杂交制种技术研究，目前'玉草 1 号'制种产量为 $1.5\sim2.25t/hm^2$，'玉草 2 号'、'玉草 3 号'和'玉草 4 号'则为 $3.0\sim4.5t/hm^2$ 甚至更高，具备了良好的产业化开发潜力。

5.1.2 玉米与大刍草杂交选育的新品种

1. 玉草 1 号

'玉草 1 号'父本为四倍体多年生大刍草（Z. perennis），母本为玉米-四倍体多年生大刍草代换系'068'（图5-2）。'玉草1号'种子繁殖、植株生长繁茂、根系发达、分蘖力强、茎秆粗壮，成株草长2.8m以上，不刈割时株高可达3m以上，叶长90～106cm，叶宽6～8cm，平均分蘖10～13个。其粗蛋白含量为12.9%～15.0%，茎叶嫩绿多汁，适口性好；生态适应性广；再生性强，每年可刈割3～4次；具有多年生特性，营养生长期约90d。2007年，'玉草1号'在四川省农业厅粮油处和四川农业大学玉米研究所主持实施的"不同饲草玉米品种比较试验"多点试验中，鲜草产量居参试品种第一位，其中阆中市试验点平均鲜草产量125t/hm²，比对照品种墨西哥玉米增产46t/hm²，增幅52.8%，高产记录144t/hm²（李长江，2008）。在雅安地区鲜草产量可达133t/hm²（陈柔屹等，2009）。'玉草1号'于2009年通过全国草品种审定委员会审定，品种登记号：374。'玉草1号'是我国热带、亚热带地区饲用价值很高的多年生饲草作物。

图5-2　以玉米四倍体多年生大刍草代换系'068'为桥梁亲本选育'玉草1号'

2. 玉草2号

'玉草2号'母本为四川农业大学玉米研究所选育的玉米-四倍体多年生大刍草代换系(068)与玉米(48-2)的回交种(48-2×068)，父本为从美国引进的墨西哥大刍草($Z.$ $mexicana$)。'玉草 2 号'聚合了墨西哥大刍草分蘖能力强、抗病等优良特性和玉米生长迅速、生育期短的特性，展现出种间杂交的异杂种优势。生育期平均为 65～70d，平均株高 2.6m，平均分蘖 2～3 个，平均鲜产 82.5～97.5t/hm^2。'玉草 2 号'是以收获青绿茎叶为主要目的，因此在西南广大丘陵旱地，因地制宜地发展'玉草 2 号'进行晚秋生产，不仅减少了因晚秋种植生长季节不足的作物复种风险，而且对推进畜牧发展、调整农业产业结构、助农增收具有十分重要作用。'玉草 2 号'于 2008 年通过四川省农作物品种审定委员会审定，审定编号：川审玉 2007020。'玉草 2 号'植株生长快速、枝叶繁茂，在我国四川以及其他地区都适宜种植，是我国热带、亚热带地区饲用价值很高的饲草作物。

3. 玉草 3 号

'玉草 3 号'母本为玉米-四倍体多年生大刍草代换系(068)与玉米('川单 14')的杂交种('川单 14×068')，父本为繁茂类大刍草($Z.$ $luxurians$)。通过玉米-四倍体多年生大刍草代换系的应用，有效地解决了繁茂类大刍草与玉米杂交结实率低的难题，提升了制种产量，'玉草 3 号'制种产量可达 4.5t/hm^2。与'玉草 2 号'相比，'玉草 3 号'展现出更为强大的种间杂种优势。'玉草 3 号'种子黄色，千粒重约 200g。种子发芽最低温度在 12℃左右，最适温度为 24～26℃，生长适温为 25～35℃。植株生长繁茂，根系发达，茎秆粗壮，茎直立，不刈割时株高可达 4m 以上，主茎粗 2.13～2.78cm，叶片长 80～118cm，宽 8.8～12.5cm；雄花属圆锥花序，主轴长 44.2cm，分枝 34.7 个左右；雌花属穗状花序，雌穗多而小，着生在距地面 8～15 节及以上的叶腋中，雌、雄配子的育性较高，分蘖 3～5 个。'玉草 3 号'生长快速，抗寒、抗旱能力强，生态适应性广，在北方可复种 2 次，南方可复种 3 次，鲜草产量 90t/hm^2 以上，茎叶嫩绿多汁，适口性好，是牛、羊、鹅、兔等动物喜于采食的优良饲草。'玉草 3 号'于 2013 年通过四川省农作物品种审定委员会审定。'玉草 3 号'对土壤要求不严，荒山、沟沿、撂荒地均可种植，且以收获青绿茎叶为主要目的，对播种期无严格要求，北方地区一般在 4～5 月，南方地区在 3～4 月播种。'玉草 3 号'在我国具有广泛的适应性，南至海南岛，北至内蒙古、新疆均能栽培种植，各地引种和大面积栽培均获得了高产，据报道，在新疆、甘肃、西藏其单季产量为 120～150t/hm^2。

4. 玉草 4 号

'玉草 4 号'是以川单 29×068 为母本，以尼加拉瓜大刍草(*Z. nicaraguensis*)为父本选育而成。尼加拉瓜大刍草是近年来发现的一个玉米近缘野生材料，突出的特点是耐涝性强。用它与玉米杂交，杂种表现出植株生物学产量较大的杂种优势，耐涝性强，是选育突破性耐涝饲草新品种的优良材料。以玉米-四倍体多年生大刍草代换系'068'作为核心材料，显著提升了与尼加拉瓜大刍草杂交的结实性。'玉草 4 号'种子为黄色，千粒重 225g 左右。种子发芽的最低温度为 12℃左右，最适温度为 24～26℃，生长适温为 25～35℃。植株生长繁茂，根系发达，茎秆粗壮，形似玉米，茎直立，不刈割时株高可达 4m 以上，主茎粗 2.20～2.84cm，叶片长 105～120cm，叶宽 9.3～12.5cm；雄花属圆锥花序，主轴长 41.8cm，分枝 30.8 个左右；雌花属穗状花序，雌穗多而小，着生在距地面 7～16 节及以上的叶腋中，雌、雄配子的育性为 67.1%，分蘖 3～5 个。'玉草 4 号'为一年生饲草作物，生长快速，耐涝性强，生态适应性广，一年可以复种 2～3 次，鲜草产量在 75t/hm^2 左右，茎叶嫩绿多汁，适口性好，是牛、羊、鹅、兔等动物喜于采食的优良饲草，于 2013 年通过四川省农作物品种审定委员会审定。'玉草 4 号'生态适应性强，对栽培土壤要求不严，并且抗逆性强，具有较好的耐涝能力，我国南至海南，北至内蒙古、甘肃的耕地、坡地、良田均可种植，特别适合光热条件较好的南方地区。'玉草 4 号'具有的耐涝特性很适合在西南农牧区的闲田进行大规模种植。

5.2　利用玉米、大刍草和摩擦禾多系杂交、多倍化聚合育种选育饲草玉米

在玉米×大刍草选育品种取得成功后，利用多系杂交、多倍化等技术手段聚合玉米、大刍草和摩擦禾(表 5-1)的优良特性，选育产量高、抗寒性强、多年生耐刈割更强的饲草玉米。多基因聚合的目的是将三个及以上亲本所含优良性状聚合到一个品种中，即(A×B)×C 或(A×B)×(A×C)的杂交方法。如(大白×长白)×杜洛克模式组配的三元杂交猪具有生长速度快、抗病力强、生活力强、饲料转化率高等特点(施启顺，2005)。又如，通过远缘杂交将海岛棉(*Gossypium barbadense* L.)、亚洲棉(*G. arboreum*)和野生瑟伯氏棉(*G. thurberi*)的优异性状导入陆地棉(*G. hirsutum*)中，选育出了我国第一个三元杂交新品种'石远 321'，其集早熟、高产、稳产、高抗多种病害于一体，该品种成果获得了国家科技进步二等奖。同时，通过构建棉属间杂交育种的新体系，使我国棉花育种的基因库扩展到属间，该育种体系的创立获得了中国科学院技术发明特等奖(刘根齐，2000)。

5.2.1　玉米、大刍草和摩擦禾三系杂交和多倍化选育多年生饲草玉米育种策略

1. 选育多年生饲用作物的作用与意义

多年生饲用作物的作用与意义主要表现在：①多年生作物一旦种植之后，免耕、免种，长期可以提供产品收成；②其根系更为发达，资源利用效率更高、抗病虫能力更强；③多年生可最大限度地减少能量、水、农药、化肥、草种和劳动力的投入；④这种接近自然的多年生饲用作物生产系统有利于土壤的修复和保护，有利于生物多样性的稳定，有利于农业生态系统的平衡(李华雄等，2018)。

2. 多年生饲用作物杂交育种与营养繁殖法

多年生植物营养繁殖是普遍现象。以一个个体为基础由营养体增殖的个体群叫营养系，也称无性系或无性繁殖系(clone)。营养繁殖可以用分蔸、嫁接、枝条腋芽插条、根插等方式繁殖。除无融合生殖外，营养繁殖对于原样保存、增殖含有杂合基因位点和保持固定杂种优势是一种很好的繁殖方式，即不仅可以繁殖同一基因型的纯合个体，也可以繁殖杂合基因型的杂合个体。

多年生饲用作物杂交育种与营养繁殖法具体方法如下：首先，多年生饲用作物进行多系间杂交产生杂合型多的遗传变异，在杂交获得种子后，把获得的种子培育成 F_1 个体植株，即获得杂交后代的原群体；其次，把原群体各个单株进行无性繁殖，增殖扩成无性繁殖系，这种无性繁殖系具有固定杂合基因型杂种优势和提供一个整齐一致杂合基因型群体的优势；最后，再从中选择优良的无性繁殖系，把超过比较品种或具有特异性状的无性系挑选出来作为新品系。我们把这种利用有性杂交产生新的遗传变异和利用无性营养繁殖固定保持杂种优势相结合的多年生饲用作物选育理论方法，定名为"多年生饲用作物杂交育种与营养繁殖法"，并利用这套理论方法成功地育成了多个玉米-四倍体多年生大刍草-摩擦禾多年生饲草玉米的优良品种。

3. 利用玉米、四倍体多年生大刍草和摩擦禾三物种选育多年生饲草玉米新思路

如何把一年生玉米的优良性状多年生化和把一年生与多个多年生植物的优势进行聚合一直是多年生作物遗传育种研究的热点和难点。玉米的近缘野生材料四倍体多年生大刍草和摩擦禾具有多年生特性，无疑是选育多年生饲草玉米的重要资源。玉米具有茎秆直立、品质优等特点，四倍体多年生大刍草具有耐寒、多年生、多分蘖、耐刈割等特性，四川农业大学玉米研究所利用创制的代换系'068'选育出了多年生饲草玉米——'玉草 1 号'，并推广利用，促进了草食畜牧业优良饲草的发展。'玉草 1 号'具有产量高、品质优和易于种子生产等优点，其耐寒性、再生性和耐刈割等特性却又弱于玉米

近缘材料——摩擦禾。摩擦禾是一种多年丛生优质牧草，比四倍体多年生大刍草具有更强的抗寒、耐刈割能力。因此，在'玉草 1 号'优良特性的基础上，整合了摩擦禾强抗寒性、耐瘠薄和耐刈割的优良特性，对改良多年生饲草玉米的抗寒性、耐瘠薄和耐刈割等特性具有重大作用。然而，摩擦禾与玉米和大刍草不仅不同属，并且染色体基数和倍性也不同，两两杂交就极其困难，杂交聚合三物种的遗传物质就显得更加困难。

我们通过多年的探索，利用多系杂交与有性多倍化及其染色体工程技术成功创制出了玉米、大刍草和摩擦禾的异源六倍体 MTP（见第三章），该异源多倍体为新型多年生饲草玉米品种选育开辟了新的途径。这为利用多系远缘杂交、多倍化等系统生物技术聚合多物种、多基因组和多基因，利用无性繁殖或多年生特性固定杂种优势，提供了巨大空间。为了培育生物产量更高、品质优良、耐寒能力更强的多年生饲草玉米，四川农业大学玉米研究所提出了利用玉米、四倍体多年生大刍草和摩擦禾三物种"多系杂交、有性多倍化基因组聚合育种，无性繁殖、多年生固定杂种优势繁殖利用"选育新型多年生饲草玉米的新思路。

4. 多年生饲草玉米新品种选育

在突破性材料创制和遗传育种理论方法构建取得成功的基础上，创新集成 "五圃一园法"（图 5-3）的多年生饲草玉米育种体系，选育出了营养体杂种优势、抗寒性更强和适应性更广、多分蘖、耐刈割的多年生饲草玉米——'玉草 5 号'和'玉草 6 号'（图 5-4）。

通过四倍体多年生大刍草（$Z^{per}Z^{per}$）调配三物种的染色体构成，以此创制变异。筛选多年生饲草玉米品种已经取得成功（'玉草 5 号'和'玉草 6 号'），并创制出了一系列饲草新品系（图 5-4）。MTP（$Z^{may}Z^{may}T^dT^dZ^{per}Z^{per}$）进一步与墨西哥玉米（$Z^{mex}Z^{mex}$）、繁茂类玉米（$Z^{lux}Z^{lux}$）、尼加拉瓜类玉米（$Z^{nic}Z^{nic}$）和二倍体多年生类玉米（$Z^{dip}Z^{dip}$）通过 n+n 有性生殖方式合成 $Z^{may}T^dZ^{per}Z^{mex}$、$Z^{may}T^dZ^{per}Z^{lux}$、$Z^{may}T^dZ^{per}Z^{nic}$ 和 $Z^{may}T^dZ^{per}Z^{dip}$ 等异源多倍体，

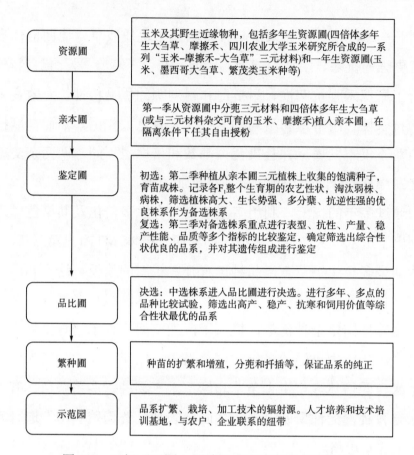

图 5-3   田间"五圃一园法"选育多年生饲用玉米

Z. mays($2n=2x=20$, $Z^{may}Z^{may}$)
    ↓(染色体加倍)
Z. mays($2n=4x=40$, $Z^{may}Z^{may}Z^{may}Z^{may}$) × *T. dactyloides*($2n=4x=72$, $T^dT^dT^dT^d$)
                            ↓$n+n$
        F_1($2n=56$, $Z^{may}Z^{may}T^dT^d$) × *Z. perennis*($2n=4x=40$, $Z^{per}Z^{per}Z^{per}Z^{per}$)
                            ↓$2n+n$
            MTP($2n=74$, $Z^{may}Z^{may}T^dT^dZ^{per}Z^{per}$) × *Z. perennis*
        ↓$2n+n$ ↓$n+n$
MTP94($2n=94$, $Z^{may}Z^{may}T^dT^dZ^{per}Z^{per}Z^{per}Z^{per}$) × *Z. perennis* 玉草5号、玉草6号 ($Z^{may}T^dZ^{per}Z^{per}Z^{per}$)
                            ↓$n+n$
                新品系($Z^{may}T^dZ^{per}Z^{per}Z^{per}$)

图 5-4   '玉草 5 号'和'玉草 6 号'选育简图

然而四物种亚基因组聚合后会呈现何种表型仍不清楚。玉米 - 摩擦禾 - 四倍体多年生大刍草给予的期许不仅如此,摩擦禾携带的不减数分裂配子,让 $Z^{may}T^dZ^{per}Z^{mex}$ 复合体进一步通过 $2n+n$ 方式与尼加拉瓜大刍草($Z^{nic}Z^{nic}$)合成

$Z^{may}T^{d}Z^{per}Z^{mex}Z^{nic}$ 等五元杂种成为可能。对玉蜀黍属各物种间亚基因组间杂交的研究，有助于玉米进化、育种和饲草玉米育种的进一步发展。

5.2.2 玉米、大刍草和摩擦禾多系杂交和多倍化选育的新品种

1. 玉草 5 号

'玉草 5 号'（附图 2）母本为通过远缘杂交与多倍化人工创制合成的玉米-摩擦禾-大刍草异源多倍体（MTP），父本为四倍体多年生大刍草。植株直立丛生，分蘖形似玉米。抽雄期平均株高为 295.2cm，最高可达 326.0cm，主茎周长 5.0～6.4cm。叶色深绿，单个茎秆叶片数为 21～30，叶缘有锯齿状细毛。植株茎顶端着生圆锥状的雄花，6～11 个雄穗分枝，花序长 34～48cm，花粉高度不育；茎秆节点上着生 7～10 个分枝，分枝顶端为穗状花序的雌花，6～18 个小穗在穗轴上呈双行互生排列，雌穗部分可育。植株分蘖和再生性强，第一年春种植的植株分蘖数（抽雄期）达 28 个以上，第二年再生单株分蘖平均达 46 个以上。'玉草 5 号'抗寒性强，营养生长期约 150d，年均鲜草产量为 110t/hm^2，比对照'玉草 1 号'的稳产性好，植株抽雄始期粗蛋白含量为 10.48%，适口性好。'玉草 5 号'于 2016 年通过四川省草品种审定委员会审定，品种登记号：2016007。'玉草 5 号'可直接分蔸种植或分蔸、茎秆扦插培育健壮幼苗后移栽，一般在 3～4 月移栽为宜。作青饲利用时，宜在抽雄始期前刈割，依据长势和利用需求每年一般可刈割 1～3 次或更多，留茬高度为 10～15cm。'玉草 5 号'适宜种植在我国气候温暖湿润的长江流域及其以南的年降水量超过 450mm 的大部分区域。

2. 玉草 6 号

'玉草 6 号'为'玉草 5 号'的姊妹系，母本为通过远缘杂交与多倍化人工创制合成的玉米 - 摩擦禾 - 大刍草异源多倍体（MTP），父本为四倍体多年生大刍草。植株直立丛生，单个分蘖形似玉米（图 5-5）。抽雄期平均株高为 301.6cm，主茎粗 2.09～3.34cm，平均分蘖 21.3 个。叶色深绿，叶长 90～

110cm，叶宽 8～13cm（图 5-5）。植株茎顶端着生圆锥状雄花，1～10 个雄穗分枝，花粉高度不育；茎秆上部节点上着生穗状花序的雌花，小穗在穗轴上呈双行互生排列，雌穗极小部分可育。'玉草 6 号'生长繁茂，具有较强的抗寒性、抗病性，丰产稳产性好，年均鲜草产量为 116t/hm^2，比对照的'玉草 1 号'增产 46.3%，叶量丰富，抽雄始期植株粗蛋白含量为 9.52%，适口性佳，饲用价值较高。2017 年通过四川省草品种审定委员会审定，品种登记号：2017001。作青饲利用时，对播期无严格要求，南方地区一般在 3～6 月为宜，抽雄始期前刈割，之后待株高达 1.5m 左右即可刈割，全年可刈割 1～3次或更多。'玉草 6 号'具有较强的光敏反应，第二年越冬以后的再生植株最好在 5 月中旬前刈割一次。'玉草 6 号'对土壤要求不严，具有广泛的适应性，在我国气候温暖湿润的长江流域及其以南的年降水量超过 450mm 的大部分区域均可种植。

'玉草 5 号'和'玉草 6 号'的显著特点如下：多年生，一年种植、多年利用；再生性，多次刈割和收获；绿期为(3～12 月)；无性繁殖，种植者仅需一次购种便可自行繁种，分株或茎节扦插繁殖均可。'玉草 6 号'虽与'玉草 5 号'为姊妹系，但'玉草 5 号'分蘖更多，'玉草 6 号'茎秆更为粗壮。'玉草 6 号'苗期生长较'玉草 5 号'迅速，建植成功率更高。

图 5-5   '玉草 6 号'植株形态

第六章 鸭茅、黑麦草新品种选育与应用

6.1 '滇北'鸭茅品种选育及应用

6.1.1 前言

鸭茅（*Dactylis glomerata* L.）又名鸡脚草（Cocksfoot grass）、果园草（Orchardgrass），系禾本科鸭茅属多年生疏丛型草本植物，原产欧洲，是温带和北亚热带地区著名的优良牧草。鸭茅具有草质柔嫩、高产、优质、耐荫且适应性强等特点，在北美已有 200 多年的种植历史，是目前美国大面积栽培的主要牧草之一。此外，在大洋洲的新西兰、澳大利亚和欧洲的英国、法国、意大利等地其亦为重要的牧草资源。我国野生鸭茅主要分布于四川的峨眉、二郎山、邛崃山脉、大凉山及岷山山脉、云贵乌蒙山、高黎贡山、新疆天山、伊犁河谷、江西庐山、湖北神农架，散见于大兴安岭等地。自然界中鸭茅存在二倍体和四倍体及稀有的六倍体类型。

近年来，鸭茅在我国的四川、重庆、山西、甘肃、黑龙江、新疆等地广泛栽培应用，为草地畜牧业和生态环境治理建设作出了重要贡献。目前，我国各地推广应用的鸭茅品种多引自美国、澳大利亚、新西兰、丹麦、德国等地，但普遍表现为不适应当地的生态环境条件。国内审定登记的鸭茅仅有'古蔺'、'宝兴'和'川东'3 个野生驯化品种及引进品种'安巴'、'瓦纳'、'德娜塔'、'大使'和'波特'等，且 3 个国内培育品种皆系由四川的野生鸭茅栽培驯化而来，其遗传基础相对狭窄，推广应用和适应性受到限制，无法满足草地畜牧业发展和生态建设需求。因此，急需选育出产量

高、品质优、抗逆性强的鸭茅新品种。国内外对鸭茅的大量研究表明，鸭茅具有丰富的遗传多样性，不同生态型鸭茅的产量及抗逆性存在较大差异，而我国野生鸭茅分布区域广泛，生境条件多样，蕴藏着丰富的遗传基因，具有极大的研究价值和应用前景。因此，在更广泛的种质资源中发掘优良性状和基因，培育更多、更好的能满足生产不同需求的优良品种对于推动草地畜牧业的可持续发展、传统农业结构的调整及生态环境恢复与重建具有重要的现实意义。

四川农业大学自 20 世纪 90 年代开始对野生鸭茅种质资源展开调查、收集和研究，并于 1999 年成功选育了"宝兴"鸭茅。在此基础上，进一步加大了对野生鸭茅收集研究的范围和力度，特别是在野生鸭茅分布的中心区域——西南和西北地区，进行了深入而广泛的收集，获得了不同海拔、不同生境的野生鸭茅近 300 份，同时展开资源评价与品种选育研究，以期培育出更高产、优质和抗逆性强的鸭茅新品种，为草地畜牧业的发展提供丰富的优良种源，同时亦为牧草育种研究奠定理论基础。在科技部"973"项目的资助下，经群体连续多年改良混合选择，聚合优良性状基因，最终选育出了综合性状表现优良的"滇北"鸭茅新品种。

6.1.2　选育目标、方法及过程

1. 材料来源

材料来源：2000 年 7 月，滇北鸭茅原始材料采自云南昆明寻甸(至会泽途中)高山地区灌木丛中，海拔 2250m，属暖温带气候。

采集地群落特征：野生群落植被为温性灌草丛，优势种主要有野艾蒿、知风草、黑穗画眉草、刺芒野古草等，常见种主要有白茅、砖子苗、匍匐风轮菜。灌木优势种主要有火棘、棣梨、白刺花、金丝桃、马桑等。

2. 选育目标

收集评价西南地区野生鸭茅种质资源，筛选适应性强、产量高、叶量丰富、分蘖数多、使用年限长的品种，为西南山区生态治理和种草养畜提供优良牧草品种。

3. 选育方法与过程

1）选育方法

对收集的野生资源在综合评价的基础上，筛选优良材料。对优良材料进行开放授粉混合选择，选优去劣，即经过多次混合选择后将性状一致的材料混合收种形成新品系，以该新品系进行品比、区域和生产试验。

2）选育过程

自 20 世纪 90 年代起，四川农业大学对我国乡土草鸭茅资源进行了系统的调查、收集和研究，先后收集野生鸭茅种质共计 300 余份。

资源圃建立（1998～1999 年）：对收集的乡土草鸭茅资源进行筛选，通过初评后，将优良资源建立资源圃。

资源评价与筛选（1999～2000 年）：鸭茅优良种质资源筛选和遗传多样性研究表明，不同鸭茅材料间，形态特征、生长发育特性、物候期、牧草及种子生产性能、适应性等方面存在广泛变异。根据花序形状分为花序直立类群和花序下垂类群；根据鸭茅生长速度及生育期长短，可分为早熟型、中熟型、晚熟型和缓慢生长型。通过对以上性状的综合评价，初步筛选出'02-116''01-103''90-70''02-105''01-101'和'91-7'共计 6 个高产型鸭茅类群。'02-116'类群是产量和适应性表现最为突出的乡土草优异种质（彭燕等，2007）。

优良群体开放授粉与选择（2000～2005 年）：'02-116'群体存在较大的形态差异，因异花传粉特性，单株间具有一定的遗传差异。为缩短目的基因聚合的时间，最大程度聚合产量、适应性、抗病性等多个优良性状，通过在隔离区内开放授粉，将适应当地的优良单株材料间进行自由传粉杂交，穿梭育种，通过 4 次开放授粉-混合选择，保优去劣，选择生长速度快、分蘖能力强、再生性好的单株，混种扩繁。通过异地穿梭育种淘汰耐热性和农艺性状较差的植株，最终得到了综合性状优良、表型稳定的新品种——'滇北'鸭茅新品系，并结合分子标记辅助选择，把不同亲本上的多个目的基因聚合在新品系之中。由于这些优良性状都是显性性状，其适应能力强，产量稳定性好。

品比试验(2005～2008 年)：以国内品种'宝兴'鸭茅和国外引进品种'安巴'鸭茅为对照，在四川雅安开展了品比试验。结果显示，'02-116'(滇北)鸭茅早春生长速度快，分蘖能力强，再生性好，牧草产量高，干草产量比'宝兴'鸭茅增产 17.59%，比'安巴'鸭茅增产 33.30%。该品系草质柔嫩，叶量丰富，适口性好，牧草品质优良，在试验区生长良好，耐热、抗旱、耐荫，对锈病有较好的抗性。

国家区试(2009～2012 年)：国家区域试验结果表明，'02-116'(滇北)鸭茅在西南区海拔 600～2500m 的区域适应性强，在云南寻甸(2011 年优于对照的'安巴'和'宝兴'鸭茅)、贵阳(2011 年优于对照的'安巴'和'宝兴'鸭茅，2012 年优于对照的'宝兴'鸭茅)、四川洪雅(2010 年、2011 年、2012 年连续三年均优于对照的'安巴'鸭茅)、重庆(2010 年优于对照的'安巴'鸭茅)、湖南邵阳(2010 年优于对照的'宝兴'和'安巴'鸭茅)10 个年点表现出不同增产幅度(8.17%～55.1%)。总体来看，随着种植年限延长，增产趋势越来越明显。

生产试验(2009～2012 年)：为研究'02-116'(滇北)鸭茅在不同地区的适应性和大田生产性能，在四川雅安、重庆巫溪、云南寻甸开展了生产试验。历时 3 年的大田生产试验结果表明，'02-116'鸭茅新品系生长旺盛，适应性强，表现出优良的生产性能，可正常完成整个生育期。'02-116'(滇北)鸭茅 3 年的平均鲜、干草产量比'宝兴''安巴'增产 10%以上。

在开展'02-116'鸭茅相关研究的同时，于四川雅安、云南昆明、重庆垫江等地进行了新品种的大面积示范和推广，截至目前，累计推广种植面积4000 余亩，对当地的草地畜牧业发展起到了一定的促进作用。2013 年，正式将其定名为'滇北'鸭茅。

繁种与推广(2012～2015 年)：在四川、重庆、云南等地开展了大面积应用推广，主要用于混播草地、草山草坡改良，林下种养结合，发展草食畜牧业。

6.1.3　选育结果与分析

1. 品比试验结果

'滇北'鸭茅与对照相比，早春生长、分蘖速度快，分蘖能力较强且不同时期生长速度相对平稳。各品种的分蘖数与其再生性和生产性能息息相关。对各鸭茅品种刈割后测得的分蘖数统计分析表明，'滇北'鸭茅的分蘖数较高。

连续三年的品比试验表明，'滇北'鸭茅生长速度快，分蘖能力强，刈割后再生性好，牧草产量高，稳定性较好，三年干草平均产量比'宝兴'鸭茅增产 17.59%，比'安巴'鸭茅增产 33.30%。品比试验牧草产量见表 6-1。

表 6-1　参试鸭茅三年鲜草、干草产量

品种名称	观测指标	2005～2006 年	2006～2007 年	2007～2008 年	平均值
滇北	鲜草产量/(t/hm^2)	162.343	127.103	72.637	120.69
	比'宝兴'增产%	30.75	14.69	9.36	18.27
	比'安巴'增产%	62.21	22.99	17.96	34.39
	干草产量/(t/hm^2)	36.25	28.43	24.01	29.56
	比'宝兴'增产%	31.34	16.09	5.35	17.59
	比'安巴'增产%	60.90	20.67	18.33	33.30
宝兴(对照)	鲜草产量/(t/hm^2)	124.16	110.83	66.42	100.47
	干草产量/(t/hm^2)	27.60	24.49	22.79	24.96
安巴(对照)	鲜草产量/(t/hm^2)	100.08	103.34	61.58	88.33
	干草产量/(t/hm^2)	22.53	23.56	20.29	22.13

2. 区域试验结果

'滇北'鸭茅是四川农业大学于 2009 年申请参加国家草品种区域试验的新品系，申报材料通过专家审核，符合参加国家区域试验的条件。为了客观、公正、科学地鉴定'滇北'鸭茅的牧草产量、适应性和品质特性等综合性状，为国家草品种审定和推广提供科学依据，选用'宝兴''安巴'为对照分别在北京、邵阳、重庆、贵阳、寻甸、洪雅开展区域试验。2012 年底，专家对各试验点 2010 年、2011 年和 2012 年的数据进行核查、整理、统计，分析如下：

1)'滇北'鸭茅适应区域分析

'滇北'鸭茅及对照品种在四川洪雅、贵州贵阳和云南寻甸均表现出较好的适应能力和生产性能。'滇北'鸭茅及对照品种 2009 年在北京种植时当年不能越冬，说明其在北方的适应性差。在湖南邵阳、重庆种植时第二年越夏率低于 30%，说明其在南方低海拔高温地区越夏困难。故'滇北'鸭茅适宜在西南丘陵山地温凉湿润地区种植，海拔 600～2500m 为最适区。

2)干草产量分析

在不同年份，'滇北'鸭茅和对照的'宝兴'和'安巴'的干草产量结果见表 6-2。由表可知，区域试验结果表明'滇北'鸭茅在西南区海拔 600～2500m 的区域适应性强，在云南寻甸(2011 年优于对照的'安巴'和'宝兴'鸭茅)、贵阳(2011 年优于对照的'安巴'和'宝兴'鸭茅，2012 年优于对照的'宝兴'鸭茅)、四川洪雅(2010 年、2011 年、2012 年连续三年均优于对照的'安巴'鸭茅)、重庆(2010 年优于对照的'安巴'鸭茅)、湖南邵阳(2010 年优于对照的'宝兴'和'安巴'鸭茅)9 个年点表现出不同增产幅度(8.17%～55.1%)。

从总体产量来看，随着种植年限的延长，增产趋势越来越明显。如在贵阳点，'滇北'鸭茅第一年较'安巴'鸭茅减产 39.33%，但第二年就较'安巴'鸭茅增产 30.71%，第三年产量与'安巴'相当；'滇北'鸭茅第一年较'宝兴'增产 5.46%，第二年、第三年增产幅度分别达到了 23.36%、22.00%。在洪雅点，三年产量数据表明，'滇北'鸭茅较'安巴'的增产幅度分别为 8.17%、26.68%、34.19%，增产幅度逐年上升。'滇北'鸭茅第一年、第二年较'宝兴'鸭茅均减产，但第三年较'宝兴'鸭茅增产 2.18%。

从总体评价来看(表 6-3)，"滇北"鸭茅综合评价为"好"，对照品种为"较差"。从稳定性来看，"滇北"鸭茅稳定性最好。从适应地区来看，"滇北"鸭茅在贵州贵阳、四川洪雅、云南寻甸等区试点都比较适应。因此，"滇北"鸭茅适宜在西南温凉湿润丘陵山区种植。

表 6-2　品种区域试验产量结果表(国家草品种区域试验结果)

地点	年份	品种	均值/(kg/100m²)	增(减)产百分点/%	显著性(P 值)
寻甸	2011	滇北鸭茅	88.1		
		安巴鸭茅	56.77	55.18	0.0059
		宝兴鸭茅	76.93	14.52	0.1753
	2012	滇北鸭茅	33.6		
		安巴鸭茅	35.27	-4.74	0.8185
		宝兴鸭茅	34.89	-3.71	0.8543
贵阳	2010	滇北鸭茅	116.1		
		安巴鸭茅	191.36	-39.33	0.0318
		宝兴鸭茅	110.08	5.46	0.67
	2011	滇北鸭茅	68.05		
		安巴鸭茅	52.06	30.71	0.3467
		宝兴鸭茅	55.16	23.36	0.3562
	2012	滇北鸭茅	41.68		
		安巴鸭茅	41.87	-0.46	0.9773
		宝兴鸭茅	34.16	22	0.0665
洪雅	2010	滇北鸭茅	114.11		
		安巴鸭茅	105.49	8.17	0.0902
		宝兴鸭茅	119.24	-4.3	0.1625
	2011	滇北鸭茅	62.89		
		安巴鸭茅	49.65	26.68	0.0027
		宝兴鸭茅	70.22	-10.44	0.2228
	2012	滇北鸭茅	109.83		
		安巴鸭茅	81.85	34.19	0.0001
		宝兴鸭茅	107.49	2.18	0.3502
邵阳	2010	滇北鸭茅	40.83		
		安巴鸭茅	28.33	44.13	0.0804
		宝兴鸭茅	36.68	11.32	0.3997

地点	年份	品种	均值/(kg/100m²)	增(减)产百分点/%	显著性(P值)
重庆	2010	滇北鸭茅	62.98		
		安巴鸭茅	54.32	15.93	0.2178
		宝兴鸭茅	65.92	-4.46	0.6532

表 6-3　品种丰产性及其稳定性分析

品种	生产性参数		稳定性参数		适应地区	综合评价
	产量	效应	方差	变异度		
安巴鸭茅	87.045	2.799	356.519	21.692	贵阳	好
滇北鸭茅	85.442	1.196	47.382	8.056	贵阳；洪雅	好
宝兴鸭茅	80.252	0.994	143.957	14.951	贵阳；洪雅	较差

3. 生产试验结果

2009～2012 年，为研究'滇北'鸭茅在不同地区的适应性和大田生产性能，在四川雅安、重庆巫溪、云南寻甸开展了生产试验。历时 3 年的大田生产试验结果表明，'滇北'鸭茅新品系生长旺盛，适应性强，表现出优良的生产性能，可正常完成整个生育期。'滇北'鸭茅 3 年平均鲜、干草产量分别比'宝兴''安巴'增产 10%以上。

4. 鸭茅不同品种 DUS 测定

为系统探明我国主栽鸭茅品种(系)在表型和分子水平上的多态性及变异规律，应用 14 个 DUS 性状和 22 个农艺性状对 32 个鸭茅品种(系)的单株进行表型系统研究和综合评价，对 32 个鸭茅品种(系)开展了基于 SCoT 分子标记的遗传变异分析，并进一步结合 SSR 和 SCoT 标记构建了 21 个我国主栽鸭茅品种(系)的 DNA 指纹图谱，具体研究结果如下：

1) 鸭茅品种(系)DUS 测试及农艺性状评价

各供试鸭茅品种(系)在生育期、抗锈病能力、越夏率、生长速度、生产性能等方面差异明显，以'滇北''宝兴''01472''Cristobal'表现较为突出。供试的 12 个表型性状在品种(系)间差异均达极显著($P<0.01$)水平(表 6-4)，性状间

变异系数的变幅为 23.06%（倒二叶宽度）～321.09%（穗叶距），品种间变异系数的变幅为 26.71%（01472）～179.13%（金牛），且叶片宽大、株高、茎粗、分蘖多的鸭茅，草产量相对较高。主成分分析表明前 3 个因子的累计贡献率达61.746%，鸭茅植株株型的形成和生长速度的动态变化在很大程度上由叶片宽度、叶片长度、穗叶距、茎上部节间长度等共同决定。各品种（系）在 14 个供试 DUS 性状上表现出不同程度的差异，以品系'02-116'特征表现较为突出。隶属函数法分析表明，'滇北''波特''宝兴''01472''川东''Cristobal'在各供试鸭茅品种（系）中表现较为突出。各性状指标差异度为：倒二叶长度<株幅<旗叶长度<节间长度<茎粗<花序宽度<花序长度<旗叶宽度<倒二叶宽度<茎上部节间长度<穗叶距<株高（蒋林峰等，2014）。

表 6-4　供试鸭茅品种各性状的比较分析

品种名称	株高 (PH) /cm	株幅 (CD) /cm	旗叶长度 (FLL) /cm	倒二叶长度 (LL2) /cm	节间长度 (IL) /cm	穗叶距 (DBFI) /cm	旗叶宽度 (FLW) /cm	倒二叶宽度 (LW2) /cm	茎粗 (ID) /cm	茎上部节间长度 (LUI) /cm	花序长度 (IL) /cm	花序宽度 (IW) /cm
古蔺	93.2	81.1	29.6	35.3	10.3	16.6	1.063	1.106	0.529	36.1	22.4	12.1
宝兴	101.4	81.5	29.5	34.5	10.5	21.7	1.247	1.286	0.589	41.5	22.5	11.6
川东	95.2	83.9	30.8	35.1	10.7	16.2	1.217	1.216	0.548	37.5	22.4	13.8
安巴	79.1	66.9	35.8	38.5	6.9	5.3	0.997	0.999	0.457	25.0	21.5	9.7
波特	92.1	79.7	29.2	36.4	11.3	16.3	1.205	1.275	0.543	39.5	24.8	14.6
德纳塔	66.9	70.1	31.6	37.8	6.1	2.8	0.864	0.892	0.422	19.5	17.4	6.9
瓦纳	77.4	72.1	33.1	39.7	8.2	7.9	1.092	1.150	0.544	26.2	22.0	10.7
楷模	86.1	71.4	35.0	37.3	9.3	8.5	0.984	1.005	0.526	27.6	23.2	11.7
滇北	105.7	76.1	33.9	38.9	10.9	15.0	1.169	1.205	0.542	33.5	26.1	11.1
均值	88.6	76.2	32.0	37.0	9.6	13.4	1.097	1.130	0.524	33.0	22.8	11.7
标准差	20.2	17.4	8.0	8.0	3.9	8.8	0.264	0.267	0.146	11.1	6.3	4.8
显著性	0.000**	0.001**	0.000**	0.003**	0.000**	0.000**	0.000**	0.000**	0.000**	0.000**	0.000**	0.000**

此外，王新宇等（2016）结合田间性状观察，通过对鸭茅不同品种性状一致性的 DUS 测试表明，'滇北'与'川东'鸭茅和'古蔺'鸭茅主要的区别如下：

(1)从分蘖数看，'滇北'(159 个)高于'川东'(99 个)、'古蔺'(102 个)；从生长速度看，'滇北'前期生长较快。分蘖等主要表型性状研究表明，品种间的差异达到显著水平。'滇北'与'川东''古蔺'相比，其基生叶叶量更丰富，叶片更宽大。

(2)从抗锈病能力看，'滇北'与'川东''古蔺'相比，其抗性更强；'滇北'前期生长速度较快，株高高于'川东''古蔺'，抽穗开花期时平均约高 10cm。

(3)从抽穗期看，'滇北'比'川东''古蔺'晚 5～7 天。'滇北'较'川东''古蔺'有较深的叶色和较明显的颖片花青甙显色，9 分制研究结果表明，滇北较深(8)、古蔺较浅(4)、川东极浅(1)。

2)DNA 指纹图谱研究

从 180 对 SSR 和 80 个 SCoT 引物中，筛选出 SSR 和 SCoT 引物组合各 24 个。24 个 SSR 引物共检测到 186 个条带，其中多态性条带 175 个，品种特异条带 6 个，平均多态性比率为 94.03%，多态性信息量均值为 0.845，Shannon 指数变幅为 0.4479～0.6549，基因多样性指数变幅为 0.2946～0.4633，可鉴别的品种数为 2～21 个(图 6-1)。24 个 SCoT 引物共检测到 321 个条带，其中多态性条带 249 个，品种特异条带 6 个，平均多态性比率为 76.33%，多态性信息量均值为 0.907，Shannon 指数变幅为 0.2588～0.6329，基因多样性指数变幅为 0.1695～0.4451，可鉴别的品种数为 1～21 个；5 对 SSR 和 5 个 SCoT 引物在 10 个品种上具有唯一特征谱带，最终综合各项指标筛选出 5 个引物(A01E14、A01K14、B03E14、D02K13 和 SCoT23)上的 37 个条带用于鸭茅品种 DNA 指纹图谱构建，数据库中每个品种均具有唯一 DNA 指纹编码(蒋林峰等，2014)。

本研究结果为鸭茅品种(系)的指纹数据库构建和完善奠定了基础，为鸭茅品种的选育、鉴定、管理和利用提供了依据，同时也为我国鸭茅品种定向育种改良提供了优良亲本材料，具有重要的理论和应用价值。

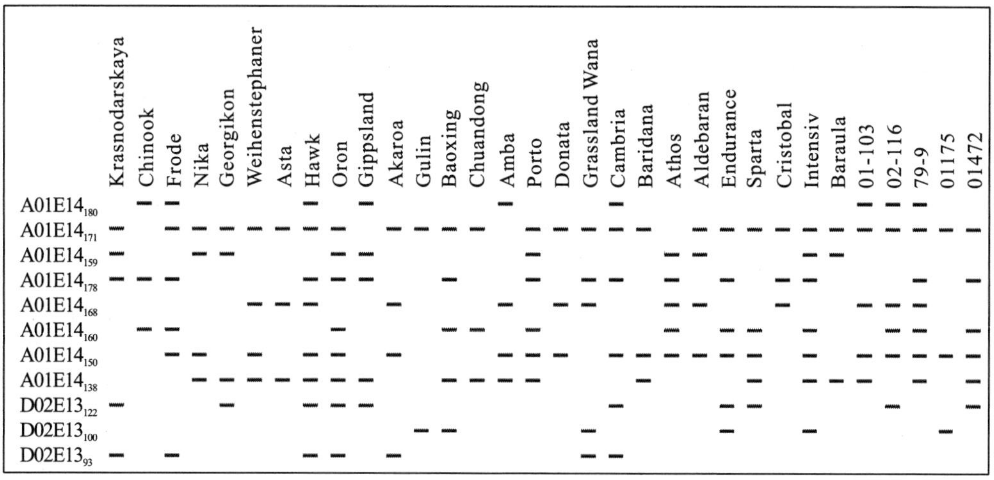

图 6-1 32 个鸭茅品种(系)的 SSR 分子指纹图谱

6.1.4 品种特征特性

'滇北'鸭茅为冷季疏丛型牧草,叶量丰富。成熟植株叶片长 44cm 左右,宽 12～15mm,株高 115～135cm。茎基压缩,呈扁状。其穗状分枝呈 20～30cm 长的圆锥花序,小穗长 6～9mm,每小穗含 2～5 朵小花,小穗单侧簇集于硬质分枝顶端。种子长 2～3mm,宽 0.7～0.9mm,千粒重 0.87g 左右。

该品种秋播,翌年 2 月下旬拔节,4 月中下旬抽穗,5 月下旬或 6 月初种子成熟,生育期 245～264d。喜温凉湿润气候,耐热、抗旱、抗寒、抗病、耐瘠薄、耐荫;春季生长快,分蘖能力强,单株分蘖数可达 150 个,再生性好,耐刈割,年可刈草 4～5 次。

6.1.5 营养成分及利用

国家区域试验测试研究表明,'滇北'鸭茅草质柔嫩,茎叶比低,适口性好,粗蛋白含量高,牧草品质综合表现较好。参试鸭茅的营养成分见表 6-5。

表 6-5 各品种（系）第一次刈割草的营养成分（引自国家区域试验报告）

品种	年度	粗蛋白/%	粗脂肪/%	中性洗涤纤维/%	酸性洗涤纤维/%	粗灰分/%	钙/%	磷/%
滇北鸭茅	2010	16.14	2.76	60.30	38.85	9.77	0.24	0.16
	2011	16.82	2.08	61.76	31.77	7.00	0.54	0.25
安巴鸭茅	2010	19.00	2.56	55.82	35.33	10.78	0.34	0.19
	2011	19.55	2.61	57.70	27.74	6.59	0.51	0.26
宝兴鸭茅	2010	12.77	2.55	64.04	41.49	9.57	0.23	0.14
	2011	20.06	2.46	50.74	24.26	8.30	0.50	0.20

注：数据由农业部全国草业产品质量监督检验测试中心提供；各指标数据以干物质为基础。

6.1.6 栽培管理技术

长江流域适宜秋播，以 9～10 月为最佳播种期。播种 5 天后出苗，幼苗生长较为缓慢，苗期应注意防除杂草。播前精细整地。种子繁殖，条播行距 25～30cm，播幅 3～5cm，播深 1～1.5cm，细土拌草木灰覆盖种子。盖后浇水，让种子与土壤充分接触，以利发芽。播种量为 15～18kg/hm²。在瘠薄的土壤上，除施足基肥外，每利用 1～2 次后，还应结合灌溉施 60～90kg/hm² 尿素。注意早期合理的施肥和灌溉，以及选用无病虫害的种子进行播种。温暖潮湿时注意预防锈病，以抽穗期刈割较好。延期收割会影响牧草品质和牧草再生，留茬高度 5cm。

西南山地丘陵区混播补播改良草地往往选择多年生黑麦草、鸭茅和白三叶建植禾、豆混播草地。多年生黑麦草、鸭茅、白三叶的比例为 4∶3∶3，播种方式一般为条播或撒播，条播时，行距 25～30cm，播深 1～2cm，播量为 1.5～2 公斤/亩；撒播的播量为 2.5～3 公斤/亩。播前翻耕平整土地并施有机肥 2000～3000 公斤/亩，分蘖（分枝）期和每次刈割后施磷肥 15 公斤/亩和尿素 5 公斤/亩作追肥。

6.2 '川农 1 号'多花黑麦品种选育及应用

6.2.1 前言

多花黑麦草(*Lolium multifolium* Lam.)是世界知名的优良牧草，种植范围广泛。原产于地中海沿岸，分布于欧洲南部、非洲北部及亚洲西南部，在我国长江流域有较大栽培面积。在畜牧业发达的欧美及亚洲的日本和韩国等地，已根据本国的自然条件和生产需要，选育出了一系列优良多花黑麦草品种。我国多花黑麦草育种起步较晚，主推品种主要从国外引进。20 世纪 80 年代末期，随着草地农业在我国南方地区的兴起，急需大量的优质牧草，多花黑麦草因其生长周期短、速生、优质、高产等优势在混播人工草地建植、稻-草轮作、玉米-黑麦草轮作等多种牧草生产模式中发挥了巨大作用。

20 世纪 90 年代，课题组在研究中发现多花黑麦草品种'赣选 1号'（*Lolium multifolium* cv. Ganxuan No.1）和'牧杰'（*Lolium multifolium* cv. Major）在通过杂交后，其后代中出现超亲优良变异植株，为选择培育新品种创造了有利条件。在科技部"973"项目资助下，经品种群体间杂交、连续多年改良混合选择，聚合双亲优良性状基因，最终选育出综合性状表现优良的'川农 1 号'多花黑麦草新品种，并于 2016 年经国家草品种审定委员会审定登记为育成品种。

6.2.2　选育目标、方法及过程

1. 育种目标

聚合优良性状基因，选育冬春生长速度快、高产优质、适应性强、种子产量高的品种。主要用于冬春季粮草轮作，为发展种草养畜和促进农业结构调整提供更多优良牧草品种。

2. 亲本来源

20 世纪 90 年代初，本课题组对四川省推广的多花黑麦草品种及国外引进的多花黑麦草种质资源进行初步评价后，发现'赣选 1 号'和'牧杰'是本地区表现较为优良的多花黑麦草品种，'赣选 1 号'冬春生长速度快、叶量丰富、结实性好，'牧杰'耐湿抗病性好、适应性广、再生性好、综合评价营养价值高、利用期长。为此，确立这两个多花黑麦草品种作为原始亲本材料, 以 '赣选 1 号' 为母本群体、'牧杰' 为父本群体, 经品种群体间杂交、连续多年混合选择, 最终聚合双亲优良性状基因, 选育出 '川农 1 号' 多花黑麦草新品系。

3. 选育方法及过程

1) 亲本筛选(1993~1995 年)

对收集的黑麦草资源进行亲本筛选与评价, 通过种质资源综合评价, 发现 '赣选 1 号' 和 '牧杰' 两品种农艺性状综合表现较好, 遗传距离适当, 均为四倍体, 优良性状互补, 因此将其确定为杂交育种的原始亲本。

2) 人工杂交及鉴定(1996 年)

从优良多花黑麦草品种 '赣选 1 号' 和 '牧杰' 中选取优异单株 30~50 株分别作为母本和父本, 在隔离条件下进行授粉杂交。

3) 杂种后代选育(1997~2002 年)

F_1 代选育(1997~1998 年)。将 '赣选 1 号' 上收获的杂交种子育苗移栽。因多花黑麦草为异花传粉植物, 杂种亲本通常遗传背景较为杂合, F_1 代出现性状分离。根据苗期长势对各植株进行单株初选, 冬季拔节期前后将生长快、植株高大、结实性好、分蘖多、叶片宽大、叶色深、无病虫害的植株定株插杆作标记。开春到夏初进行复选淘汰, 开花结实期进行终选, 选择植株高大、分蘖多、结实性好的单株, 每个单株单独收种, 从杂种后代共获得 65 个优良单株后代材料。

F_2 代选育(1998~1999 年)。将上年收获的 65 个优良株系材料各种植成小区或株行, 继续进行株系选择, 选择标准与第一次株选相同。首先对明显较差的单株予以淘汰和拔除, 再对剩余优良单株组成的群体混收种子, 整体表现较差的小区(株行)予以全部淘汰, 最终选择出 23 个新的优良群体。

F_3 代选育(1999~2000 年)。将上年收获的 23 个优良群体在隔离条件下混合种植, 进行混合选择, 获得 18 个优良株系群体。

F_4 代选育(2000～2001 年)。对上年获得的 18 个优良群体再次进行隔离混合选择，最终获得 13 个优良群体。

F_5 代选育(2001～2002 年)。对上年获得的 13 个优良群体继续进行隔离混合选择，进一步聚合优良性状基因，最终获得 5 个优良群体。

四川农业大学王绍飞等(2014)对连续混合选择下的多花黑麦草杂交群体的 SSR 多样性变化进行了系统研究，采用 20 对 SSR 引物在 12 个育种群体中共扩增出 217 个条带，多态性条带比率为 92.2%。从带型分析来看，杂交改良群体中双亲共有的条带比例增多，同时缺失双亲特异性条带的比例减少。随着混合选择世代的增加，多态性条带百分率、Shannon 遗传多样性指数及 Nei's 基因多态性都呈递减趋势，表明群体内的遗传差异随着选择世代的增加呈下降趋势，群体遗传稳定性增强，研究结果为多花黑麦草聚合育种提供了重要信息。

4) 品系比较初步试验(2003～2004 年)

对终选的 5 个优良群体分别分出部分种子种植成小区进行农艺性状、产草量的初步测定，发现 YA-17 品系(原编号 YA2002-2)性状聚合效果最佳、遗传性状稳定、综合性状表现最优。

5) 品种比较试验(2004～2007 年)

在四川农业大学草学育种基地开展了为期三年的品比试验，试验结果表明，YA-17('川农 1 号')多花黑麦草的平均鲜、干草产量为 133 546kg/hm^2 和 15 468kg/hm^2，其中干草产量与对照的'赣选 1 号'和'牧杰'相比分别增产 13.14%和 15.28%，达到了显著差异水平($P<0.05$)。

6) 国家区域试验(2010～2012 年)

'川农 1 号'多花黑麦草以国审多花黑麦草品种'赣选 1 号'和'安格斯 1 号'为对照，分别在南京、南昌、武汉、广州、贵阳、新津、独山和西昌 8 个试验点开展区域试验。在区域试验的 16 个年点中，有 10 个年点表现出增产，且丰产性及稳定性分析综合评价为"很好"。

7) 生产试验(2011～2013 年)

将'川农 1 号'新品系在四川雅安、洪雅、资阳和贵州等地进行大田生产试验。结果表明，'川农 1 号'多花黑麦草新品系表现出根系发达、叶片宽大、冬春生长速度快、适应性强、无明显病虫害的优良特性，具有优良的生产性能。各试验点鲜草平均产量达 85 422.5kg/hm^2，干草平均产量达 10 333.9kg/hm^2，且鲜、干草产量均显著高于对照。

8)'川农 1 号'繁种、示范推广(2014～2015 年)

'川农 1 号'多花黑麦草选育程序如图 6-2 所示。

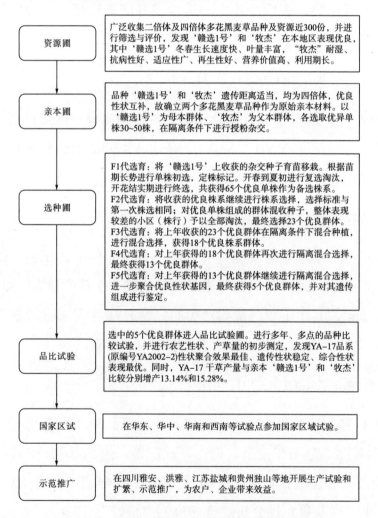

资源圃	广泛收集二倍体及四倍体多花黑麦草品种及资源近300份，并进行筛选与评价，发现'赣选1号'和'牧杰'在本地区表现优良，其中'赣选1号'冬春生长速度快、叶量丰富，'牧杰'耐湿、抗病性好、适应性广、再生性好、营养价值高、利用期长。
亲本圃	品种'赣选1号'和'牧杰'遗传距离适当，均为四倍体，优良性状互补，故确立两个多花黑麦品种作为原始亲本材料。以'赣选1号'为母本群体、'牧杰'为父本群体，各选取优异单株30~50株，在隔离条件下进行授粉杂交。
选种圃	F1代选育：将'赣选1号'上收获的杂交种子育苗移栽。根据苗期长势进行单株初选，定株标记。开春至夏初进行复株淘汰，开花结实期进行终选，共获得65个优良单株作为备选株系。 F2代选育：将收获的优良株系继续进行株系选择，选择标准与第一次株选相同；对优良单株组成的群体混收种子，整体表现较差的小区（株行）予以全部淘汰，最终选择23个优良群体。 F3代选育：将上年收获的23个优良群体在隔离条件下混合种植，进行混合选择，获得18个优良株系群体。 F4代选育：对上年获得的18个优良群体再次进行隔离混合选择，最终获得13个优良群体。 F5代选育：对上年获得的13个优良群体继续进行隔离混合选择，进一步聚合优良性状基因，最终获得5个优良群体，并对其遗传组成进行鉴定。
品比试验	选中的5个优良群体进入品比试验圃。进行多年、多点的品种比较试验，并进行农艺性状、产草量的初步测定，发现YA-17品系(原编号YA2002-2)状聚合效果最佳、遗传性状稳定、综合性状表现最优。同时，YA-17 干草产量与亲本'赣选1号'和'牧杰'比较分别增产13.14%和15.28%。
国家区试	在华东、华中、华南和西南等试验点参加国家区域试验。
示范推广	在四川雅安、洪雅、江苏盐城和贵州独山等地开展生产试验和扩繁、示范推广，为农户、企业带来效益。

图 6-2　'川农 1 号'多花黑麦草选育程序图

6.2.3　选育结果与分析

1. 品种比较试验结果

2004～2007 年每年对'川农 1 号'多花黑麦草新品系进行品比试验。每年 9 月中旬～10 月中旬播种，分别于播种当年 12 月中旬、次年 1 月下旬、3 月上旬、4 月中旬、5 月中下旬刈割。2004～2007 年'川农 1 号'干草产量分别是 15269kg/hm², 16376kg/hm² 和 14760kg/hm², 2005～2006 年度增产幅度最大，比'牧杰'和'赣选 1 号'分别增产 19.1%和 14.3%。

2. 国家区域试验结果

'川农 1 号'多花黑麦草参加了 2010 年国家草品种区域试验的新品系，分别在南京、南昌、武汉、广州、贵阳、新津、独山和西昌 8 个试验点开展区域试验，选择'赣选 1 号'和'安格斯 1 号'多花黑麦草作为对照品种。2013 年初，对 2011 年、2012 年 8 个试验点的数据经核实后进行整理统计。

2010 年'川农 1 号'多花黑麦草申报并参加国家草品种区域试验，以国审多花黑麦草品种'赣选 1 号'和'安格斯 1 号'为对照，在全国 8 个试验点进行为期 2 年的区域试验。在国家区域试验的 16 个年点(年度试验点)中，有 10 个年点(华东：江苏南京 2011、2012，江西南昌 2012；华中：湖北武汉 2011、2012；华南：广东广州 2011；西南：贵州贵阳 2011，贵州独山 2012，四川西昌 2012，四川新津 2012)表现为比'赣选 1 号'多花黑麦草增产，其中 3 个年点(江西南昌 2012、湖北武汉 2011、贵州贵阳 2011)增产超过 10%，7 个年点增产超过 7%，最高增产高达 14.9%。在区域试验的 16 个年点中，有 7 个年点(江苏南京 2012、湖北武汉 2011、2012，广东广州 2011、2012，贵州独山 2012，四川西昌 2012)表现为比'安格斯 1 号'多花黑麦草增产，其中 3 个年点(湖北武汉 2012，广东广州 2011、2012)增产幅度超过 14%。

根据区域试验报告的丰产性和稳定性分析结果，'川农 1 号'丰产性和稳定性总体评价最优，其次为'赣选 1 号'，'安格斯 1 号'较差。'川农 1

号'多花黑麦草在华中湖北、华南广东等地增产稳定性较好,适宜在湖北(华中)、广东(华南)及江西、贵州(西南区)等地推广应用(表6-6)。

表6-6　"川农1号"多花黑麦草丰产性及稳定性分析(引自国家区试报告)

品种	丰产性参数		稳定性参数		适应地区	综合评价(供参考)	排名
	产量/(kg/100m^2)	效应	方差	变异度			
川农1号	114.803	0.973	15.085	3.383	E1～E8	很好	1
赣选1号	114.543	0.713	27.293	4.561	E1～E8	很好	2
安格斯1号	112.144	-1.686	9.11	2.691	E1～E8	较差	3

注:①用新复极差法进行多重比较;②E1-南京;E2-南昌;E3-武汉;E4-广州;E5-贵阳;E6-新津;E7-独山;E8-西昌。

3. 生产试验结果

2011～2013年将'川农1号'新品系在四川洪雅、资阳和贵州独山等地进行大田生产试验,并结合栽培技术进行种子丰产技术试验。同时在四川雅安、重庆和贵州等地推广种植'川农1号'多花黑麦草,并辐射周边各地,累计推广利用约5000亩。在历时3年的大田生产试验中,'川农1号'多花黑麦草新品系表现出根系发达、叶片宽大、冬春生长速度快、适应性强、无明显病虫害的优良特性,具有优良的生产性能。各试验点鲜草平均产量达85 422.5kg/hm^2,比对照平均增产12.09%;干草平均产量达10 333.9kg/hm^2,比对照平均增产12.99%;种子平均产量为873.4kg/hm^2,增产4.39%。通过对适应性、生产性、抗逆性等的观测,考查了'川农1号'多花黑麦草新品系在不同地区种植的鲜、干草产量和种子产量,明确了'川农1号'多花黑麦草在更大范围、多种生产条件下的生产表现、生产力水平和栽培技术要求,从而确定了其利用价值和最适生产区域。

4. 多花黑麦草不同品种DUS测定

1) 多花黑麦草DUS测试性状分析

本试验首次对7个多花黑麦草品种的30个数量性状进行了概率分级,结果表明变异系数最大的是分蘖数，建议将其列为多花黑麦草 DUS 测试规程中的加测指标；变异系数最小的是千粒重，在进行 DUS 特异性鉴定时可将其改为备选测试性状。根据各数量性状的 K-S 检验及 χ^2 检验，发现仅少部分性状不符合 χ^2 分布。最终将 28 个数量性状分为 5 个等级，另外，将抽穗期(春化后)和分蘖数分为 3 个等级。通过 13 个多花黑麦草材料的 DUS 性状分析发现，多花黑麦草部分数量性状指标分布范围接近，因此可减少材料间差异不显著性状的关注度，在多花黑麦草 DUS 测试标准规程中将其列为备选性状。如基部小穗长等等级分布集中于中间等级的性状应减少等级数，改为 3 级，或者在数据差异小、较为密集的区增加中间等级(4 或 6)来补充描述性状(孕穗期株高等)；对于孕穗期旗叶宽等性状在品种间具有明显差异性，但在多花黑麦草材料间 DUS 性状没有出现等级 1 的性状，可考虑删除性状指标的等级 1，简化等级数。

'川农 1 号'新品系与亲本品种'赣选 1 号''牧杰'相比，形态-农艺性状有相似性，但有超亲优良性状，如'川农 1 号'表现为植株更为高大、分蘖多、叶片长而宽大、叶色深、叶量丰富、冬春生长速度快的特点。具体见表 6-7。

表 6-7　川农 1 号多花黑麦草与对照亲本品种农艺性状比较

品种(系)	川农 1 号	赣选 1 号	牧杰
茎叶比	1 : 1.08	1 : 0.97	1 : 1.02
叶宽/cm	1.72±0.42	1.45±0.37	1.56±0.46
叶长/cm	38.4±4.66	35.9±5.15	37.0±5.87
叶色	深绿	绿	深绿
茎粗/cm	0.55±0.18	0.51±0.23	0.47±0.29
株高/cm	160-180	150-170	150-180
分蘖数/个	66.7±5.8	62.5±7.6	60.3±7.2
穗长/cm	48.5±7.2	42.5±6.6	48.0±7.5
冬春季(12 月～次年 4 月)生长速度	快	一般	一般
抗病性(锈病)	高抗	高抗	中抗

2)多花黑麦草品种(系)DNA 指纹图谱研究

多花黑麦草品种鉴定中常用的方法包括 DUS 鉴定法和 DNA 指纹图谱鉴定法,但由于 DUS 鉴定成本高,且易受环境因素和人为测量因素影响,因此在不断完善多花黑麦草 DUS 测试指南的同时,DNA 指纹图谱在多花黑麦草的品种鉴定中的应用也不可忽视。国际植物新品种保护联盟(International Union for the Protection of New Varieties of Plants,UPOV)已批准在已有 DNA 指纹图谱的基础上,DNA 分子标记技术可以应用于近似品种的辅助筛选。Hirata 等研究表明 SSR 分子标记可以有效鉴定多花黑麦草和与其相似的品种;黄婷等(2015)通过 20 对 SSR 引物对 6 个多花黑麦草品种进行了鉴定分析;罗永聪等(2013)通过 12 对日本畜产草地所开发的多花黑麦草 SSR 引物构建的指纹图谱区分了 21 个多花黑麦草品种(系),基于每个品种群体对 20 个单株混合取样的策略,初步构建了'川农 1 号'及国内主推的多花黑麦草品种的 SSR 指纹图谱(图 6-3)。研究表明,'川农 1 号'品种群体与亲本品种群体具有较近的遗传关系,但又具有各自独特的遗传组成。

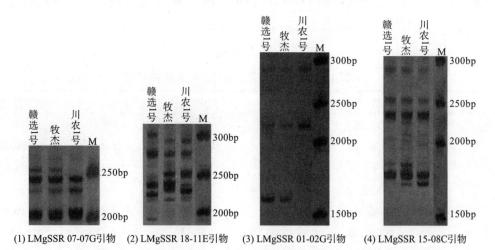

(1) LMgSSR 07-07G引物　(2) LMgSSR 18-11E引物　(3) LMgSSR 01-02G引物　(4) LMgSSR 15-08C引物

图 6-3　'川农 1 号'与亲本品种群体的 SSR 指纹扩增

刘欢等(2017)从 200 对多花黑麦草 EST-SSR 引物中筛选出 30 对引物,采用 200 个多花黑麦草单株,通过 EST-SSR 荧光标记毛细管电泳构建 10 个材料的 DNA 指纹图谱来进行品种鉴定(图 6-4)。由多花黑麦草品种(系)指纹图谱可知，10 个多花黑麦草材料在不同位点检测到等位基因，可明显区分不同材料。聚类分析和后期分子标记鉴定也表明，'川农 1 号'多花黑麦草、'长江 2 号'多花黑麦草均表现出与亲本较近的亲缘关系。

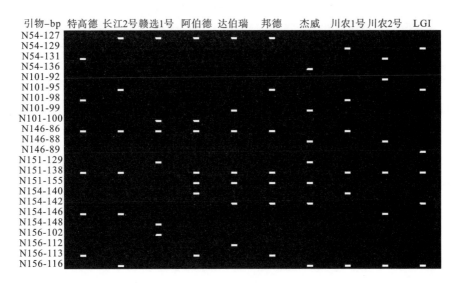

图 6-4　10 个多花黑麦草品种(系)指纹图谱

综合农艺-形态性状 DUS 测定和 DNA 指纹图谱研究表明，'川农 1 号'与亲本品种存在较大的形态差异，同时分别具有各自独特的遗传背景。为缩短目的基因杂交聚合的时间，最大程度聚合产量、适应性、抗病性等多个优良性状基因，参考美国哈兰教授的"聚敛杂交"法：'赣选 1 号'和'牧杰'已经是分别聚合多个亲本选育出来的品种，再次将适应当地环境的这两个品种的植株进一步杂交，在杂种第五代就得到了综合性状优良、表型稳定的新品种'川农 1 号'。该方法率先用杂交法，并结合分子标记辅助育种，把不同亲本上的多个目的基因聚合到了'川农 1 号'之中。这些优良性状都是显性性状，适应能力强，产量稳定性好。

5.'川农 1 号'新品系特征特性

1)品种特征特性

系禾本科黑麦草属一年生草本植物。其根系发达致密，分蘖多，茎干粗壮，直径 0.53～0.62cm，圆形，株高为 160～180cm。叶片长 34～50cm，宽1.3～2.2cm，叶色深绿，叶量大。花序长 37～53cm，小穗数可多达 46 个，每小穗有小花 14～23 朵，芒长 4.5～11.0mm。种子千粒重 2.7～3.8g。体细胞染色体 $2n=4x=28$。

其生育期为 250～260 天，再生力强，抽穗成熟后整齐一致；喜壤土或砂壤土，亦适于黏壤土，在肥沃、湿润而土层深厚的地方生长极为茂盛，鲜草产量高；耐湿和耐盐碱能力较强。再生性强，耐多次刈割；寿命较短，通常为一年生，播后第二年抽穗结实后则大多数植株即行死亡。'川农 1 号'多花黑麦草为生长较为迅速的禾本科牧草，冬春季生长快是本品种的主要特点之一，在初冬或早春即可供应鲜草；产量高、品质好，每公顷可产鲜草80 000～120 000kg，每公顷种子产量 800～1 000kg。

2) 营养成分及利用

'川农 1 号'多花黑麦草具有较高的饲草品质和营养价值，据国家区域试验报告提供的数据，其头茬饲草的粗蛋白质含量比对照'安格斯 1 号'略高，粗脂肪比对照'赣选 1 号'略高，粗纤维、酸性洗涤纤维和中性洗涤纤维的含量均低于"赣选 1 号"（表 6-8）。据观察，'川农 1 号'比'赣选 1号'、'阿伯德'等主推的多花黑麦草品种叶量丰富、叶片宽大、冬季生长速度快，并且在冬春干旱条件下生长良好，草质柔嫩，适合于牛、羊、鱼等各种畜禽饲喂。

表 6-8　川农 1 号第一次刈割草的营养成分（2011 年）（引自国家区域试验报告）

品种	粗蛋白/%	粗脂肪/%	粗纤维/%	中性洗涤纤维/%	酸性洗涤纤维/%	粗灰分/%	钙/%	磷/%
川农 1 号	20.89	2.27	17.1	33.98	20.78	12.01	0.71	0.29
赣选 1 号	21.9	1.92	17.37	36.25	22.33	12.62	0.91	0.27
安格斯 1 号	20.17	2.56	16.95	33.15	20.39	11.37	0.84	0.32

注：数据由农业部全国草业产品质量监督检验测试中心提供；各指标数据以干物质为基础。

6.2.4　栽培管理技术

长江中上游亚热带气候地区一般为秋播，在寒温地区宜春播，温凉地区可春播也可秋播。播种前选择适宜的土壤，先精细整地，施足有机肥。试验结果表明，每亩播种量为 1.5～2kg，收种田应稀播，每亩播种量 1～1.5kg。与紫云英、白三叶或红三叶等豆科牧草混播，可提高其产草量和品质，豆科牧草的播种量为单播的 1/3～1/2；9 月中旬至 10 月中旬播种最佳，过早播种虫害严重，苗期生长将受到影响；分蘖-拔节期酌情施速效氮肥。每次刈割后也要追施尿素 70～90kg/hm^2。有灌溉条件的地区，遇干旱注意浇水。

收种田应注意施磷钾肥，速效氮肥不宜过多，否则会倒伏，影响种子产量、质量。收种田最好不要同时作割草用。适宜的收种方法和时间，是生产高产优质种子的重要环节。可用下列方法检查决定：蜡熟期将穗子夹在手指间，轻轻拉动，多数穗尖有 1～2 粒种子脱落时即可收获。

6.2.5　推广应用情况

依据国家区试试验结果及大田生产试验情况，‘川农 1 号’多花黑麦草在西南、华中湖北、华南广东等地增产稳定性较好，适宜在四川、贵州、湖北、广东、江西、贵州等地推广应用，主要用于粮草轮作和生态治理。

育种组还与四川、重庆和贵州的一些县市畜牧局、草业公司等单位通力合作，推广应用‘川农 1 号’多花黑麦草，主要用于粮草轮作、退耕还草、林地和果园种草等。近几年，持续推广利用新品种及配套技术，因本新品系表现出根系发达、叶量丰富、植株高大、生长速度快、耐刈割、适口性好等特点，多种牲畜喜欢采食，受到广大养殖户和养殖场的喜爱。

6.3　'劳发'羊茅黑麦草品种选育

6.3.1　前言

黑麦草属物种基本为二倍体物种(2n=14)，根据授粉行为和杂交难易性可以分为自花授粉型和异花授粉型。一年生自花授粉型物种，如毒麦(*Lolium temulentum* L.)、欧黑麦草(*L. persicum* Boiss.)、疏花黑麦草(*L. remotum* Schrank)和异花授粉型物种硬直黑麦草(*L. rigidum* Gaud.)常被认为是小麦、燕麦和亚麻等的伴生杂草。其他异花授粉型物种还包括多花黑麦草(*L. multiflorum* L.)、多年生黑麦草(*L. perenne* L.)、杂交黑麦草(*L. hybridum* Housskn)、加那利黑麦草(*L. canariense* Steud.)(Terrell，1968；Cai et al.，2011)。其中，多花黑麦草和多年生黑麦草是温带地区的重要饲草。黑麦草属牧草的适口性好、产量高、生长迅速，但对不良环境的适应能力较差。

羊茅属物种数量巨大，它包括了 600 多个物种，拥有丰富的倍性(二倍体到十二倍体)，其分布几乎覆盖全球(Clayton and Renvoize，1986)。羊茅属物种可以分为两类，一类是"宽叶型"羊茅，其中草地羊茅(*Festuca pratensis* Huds)和苇状羊茅(*F. arundinacea* Schreb)是广泛栽培的牧草，羊茅属牧草具有良好的耐热、抗寒和耐旱能力，并且抗病耐践踏，但适口性较差。

羊茅黑麦草(*Festulolium*)是羊茅(耐寒的草地羊茅或耐热的苇状羊茅)与黑麦草(一年生或多年生黑麦草)杂交得到的人工杂交种，结合了羊茅与黑麦草的优点，同时具备较高的牧草品质和良好的抗性，扩展了优质牧草可种植的气候区(苏加楷，1987)。羊茅黑麦草品种有苇状羊茅型、意大利黑麦草型和多年生黑麦草型等几种。羊茅黑麦草是气候寒冷、干旱或炎热的地区获得利用时间更长的优质牧草的新选择。'劳发'羊茅黑麦草属于黑麦草型品种，亲本是二倍体黑麦草和六倍体苇状羊茅，晚熟多年生品种，可利用三年以上。其兼具了两个亲本的优点，分蘖更多，品质更好，同时又具有苇状羊茅的适应能力强的特性。总之，'劳发'羊茅黑麦草产量高，耐寒性出色，冬春生长迅速，粗脂肪含量高，适口性好，是南方亚热带温凉地区退耕还林还草、草山植被恢复、种草养畜的理想牧草。

'劳发'羊茅黑麦草是在科技部"973"项目资助下，利用草地羊茅和一年生黑麦草，经种间杂交、连续多年改良混合选择，聚合双亲优良性状基因（黑麦草的高产优质基因，草地羊茅的优异抗逆基因），最终选育出的综合性状表现优良的'劳发'羊茅黑麦草，并于2016年经国家草品种审定委员会审定登记为品种。现将'劳发'羊茅黑麦草选育研究情况进行简述。

6.3.2　选育目标、方法及过程

1. 育种目标

聚合黑麦草高产优质及草地羊茅抗旱、耐热等特点，创制高产、优质和适应能力强的羊茅黑麦草新品种。

2. 材料来源

'劳发'是丹麦丹农种子股份公司与四川农业大学合作选育的四倍体羊茅黑麦草晚熟品种。'劳发'的育种种子于1993年获得，1997年被捷克列为登记品种，之后又在欧美多个国家进行了登记，品种所有权人为丹麦丹农种子股份公司（DLF Seeds A/S）。

3. 选育方法与过程

'劳发'的亲本是二倍体黑麦草和六倍体苇状羊茅，杂交开始于20世纪60年代末，杂交后代表型多样，可育性低，经过7代的选育，才找到具有可育性和产量高的基因型。所选单株合成的群体表现出偏向黑麦草的性状。

1）种间杂交

黑麦草具有高产优质，草地羊茅具有抗旱、耐热等特点，从中选取优异单株30～50个分别作为母本和父本，在隔离条件下进行授粉杂交，获得杂交材料。

2) 杂种后代选育

利用混合选择连续 7 代对杂交材料群体进行选择，选择种子结实率高、植株高大、适应能力强的植株混合收种，形成稳定的群体。

3) 登记(1997～2000 年)

'劳发'于 1997 年在捷克列为登记品种，之后又在欧美多个国家进行了登记，品种所有权人为丹麦丹农种子股份公司。

4) 生态适应研究(2005～2008 年)

2005 年四川农业大学和丹农种子股份公司联合将'劳发'羊茅黑麦草引到西南区四川雅安、洪雅和重庆，以国审品种'凯力'为对照品种，综合考察'劳发'的生产性能和适应能力。研究表明，'劳发'年干草产量达到 10t/hm^2 以上，平均比对照品种高 10%以上。

5) 品比试验(2008～2011 年)

以两个国审品种('凯力'多年生黑麦草、'法恩'苇状羊茅)为对照，综合评价'劳发'的生产性能和适应性，经连续 3 个年度的品种比较试验表明：'劳发'羊茅黑麦草适宜在试验点生长，未发现严重病虫害；在生产性能方面，'劳发'的成熟期更晚，生育期达到 298 天，并表现出明显的总产量优势，年均干草产量较对照'凯力'增产 14.28%(P<0.01)，较'法恩'增产 17.83%(*P*<0.01)。

6) 国家区域试验(2011～2016 年)

2013～2016 年，国家区试表明'劳发'在 5 个试验点 3 年的产草量平均为 10 655kg/hm^2，极显著高于对照'麦迪'，增产 11.90%。较对照'凯力'增产 6.96%。30 个年点中有 23 个年点表现出不同程度的增产(0.72%～73.81%)，平均增产为 19.51%。从丰产性和稳定性评价来看，'劳发'综合评价为'很好'。

7）生产试验（2011～2016 年）

2013～2016 年，以'凯力'为对照，在 4 个试验点进一步考察了'劳发'在不同地区实际生产中的表现，结果表明：'劳发'在试验点适应性强，未发现严重病虫害；在生产性能方面，其冬春生长迅速，产量优势明显，平均干草产量 9 858kg/hm²，平均比对照品种显著增产 10.64%。

8）'劳发'繁种、示范推广（2014～2016 年）

在四川、重庆、云南和贵州等地开展了大面积应用推广，主要用于混播草地、草山草坡改良，林下种养结合，发展草食畜牧业和生态建设。

4. 技术路线

'劳发'羊茅黑麦草选育的技术路线如图 6-5 所示。

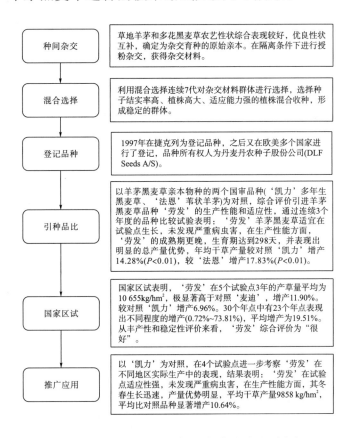

图 6-5　'劳发'羊茅黑麦草选育程序图

6.3.3　选育结果与分析

1. 生态适应性初步试验

2005 年秋天将'劳发'与对照'凯力'种植于四川洪雅，进行了为期三年的引种试验。试验数据详见表 6-9。由表 6-9 可知，'劳发'羊茅黑麦草在四川洪雅试验点均表现出较强的适应性和产量优势。三年年均干草草产量为 10 792kg/hm^2，比对照'凯力'增产 19.04%。此外，'劳发'羊茅黑麦草的抗倒伏能力强，综合抗病性高，抗寒性突出，冬春生长比其他品种明显迅速，每年春天第一茬产量比其他品种增产 20%以上。

表 6-9　引种试验干草产量表(2006～2008 年)　　　　　(单位 kg/hm^2)

年份	对照'凯力'	'劳发'	'劳发'比对照增产
2006	8812	11032	25.19%
2007	8923	10931	22.50%
2008	9461	10412	10.05%
平均	9065	10792	19.04%

2. 品种比较试验

2008 年完成引种试验之后，发现'劳发'在三个羊茅黑麦草新品种(系)中表现最好，且适应性、产量、生长期等农艺性状都好于对照品种，特别是三年平均干草产量比对照增产 10%以上，于是决定开展品种比较试验和推广种植。

试验于 2006 年开始，9 月 10 日播种，7～8 天后各品种相继出苗，10 月中旬进入分蘖期，次年 4 月中下旬进入拔节期，5 月孕穗，7 月进入完熟期，生育期约 298 天。试验结果表明，'劳发'羊茅黑麦草的成熟期较对照'凯力'晚 8 天，比对照'法恩'晚 7 天。在试验中'劳发'还表现出出苗更快更整齐、密度更高等特性。

对各品种抗逆性的观察结果表明，'劳发'羊茅黑麦草在试验期间没有发现明显的病虫害，并表现出更好的耐寒性，冬春生长迅速，对土壤的适应性更强。

在抽穗期，'劳发'平均株高较对照品种'凯力'高 37.14cm，比对照'法恩'高 36.1cm。在株丛分蘖数测定中，'劳发'达到每丛平均 70.3 个，比对照'凯力'少 3 个，比对照'法恩'多 14 个。在茎叶比测定中，'劳发'的茎叶比达到 1∶0.93，对照品种分别为 1∶0.78（'凯力'）和 1∶0.78（'法恩'），这充分体现了'劳发'品种叶量大、植株高大、品质好的优势。上述结果可以说明劳发具有更好的牧草品质和更好的长势（表 6-10）。

表 6-10 羊茅黑麦草品种的平均株高和分蘖数测定结果（2008～2010 年）

品种名称	植株高度/cm	分蘖数/(个/丛)	茎叶比/(茎∶叶)
劳发	126.3	70.3	1∶0.93
凯力(CK)	89.16	73.3	1∶0.78
法恩(CK)	90.2	56.3	1∶0.79

连续 3 个年度的品种比较试验表明：'劳发'多年生黑麦草适宜在试验点生长，未发现严重病虫害；在生产性能方面，'劳发'的成熟期更晚，生育期达到 298 天，持久性更好，并表现出明显的总产量优势，三年年均干草产量较对照'凯力'增产 14.28%（$P<0.01$），较'法恩'增产 17.83%（$P<0.01$）（表 6-11）。三年中'劳发'头茬草产量都显著高于对照品种，三年的品种比较试验中，其每年头茬产量都比对照'凯力'、'法恩'增产 20%以上，三年中头茬年均产量较对照'凯力'增产 23.07%（$P<0.01$），较'法恩'增产 35.02%（$P<0.01$）。研究结果说明其冬春生长迅速，有利于缓解南方亚热带冬春青饲不足的矛盾。

表 6-11 品种比较试验中的干草产量测定结果表（2008～2011 年）

年份	刈割茬数	'劳发'/(kg/hm²)	'凯力'黑麦草(CK)/(kg/hm²)	干草增产/%	'法恩'苇状羊茅(CK)/(kg/hm²)	干草增产/%
2008	1 茬	2656	2110	25.88	1989	33.53
	2 茬	2479	2168	14.35	2011	23.27

年份	刈割茬数	'劳发' /(kg/hm²)	'凯力'黑麦草 (CK)/(kg/hm²)	干草增产 /%	'法恩'苇状羊茅 (CK)/(kg/hm²)	干草增产 /%
2008	3茬	2426	2221	9.23	2302	5.39
	4茬	2545	2134	19.26	2205	15.42
	年度总计	10106	8633	17.06	8507	18.80
2009	1茬	2789	2285	22.06	2010	38.76
	2茬	2516	2287	10.01	1990	26.43
	3茬	2456	2241	9.59	2400	2.33
	4茬	2510	2254	11.36	2200	14.09
	年度总计	10271	9067	13.28	8600	19.43
2010	1茬	2686	2215	21.26	2023	32.77
	2茬	2477	2252	9.99	2045	21.12
	3茬	2647	2405	10.06	2519	5.08
	4茬	2467	2251	9.60	2322	6.24
	年度总计	10277	9123	12.65	8909	15.36
平均		10218	8941	14.28	8672	17.83

经过三年试验，对'劳发'羊茅黑麦草的物候期、生长发育特性、产草量和茎叶比的观察及测定，得出以下结论：

(1)在试验中，'劳发'羊茅黑麦草株高更高，分蘖数更多。茎叶比分析结果显示，'劳发'的叶片比例更高，饲草品质好于对照品种'凯力'。

(2)关于三年平均干草产量，'劳发'极显著高出对照品种'凯力'14.28%（$P<0.01$），达到 10 218kg/hm²，较'法恩'增产17.83%（$P<0.01$），增产明显。

(3)'劳发'每年冬春生长迅速，三年中头茬年均产量较对照'凯力'增产 23.07%（$P<0.01$），较'法恩'增产 35.02%（$P<0.01$）。说明其冬春生长迅速，有利于缓解南方亚热带冬春青饲不足的矛盾。

3. 国家区域试验

2011～2016 年，参加全国畜牧总站组织的国家区域试验，结果表明：

'劳发'羊茅黑麦草在 5 个试验点产草量平均值为 10655kg/hm²，极显著高于对照品种'麦迪'，增产 11.90%。较对照'凯力'增产 6.96%。

各试验站（点）各年度'劳发'羊茅黑麦草和对照'凯力''麦迪'干草产量分析结果表明，'劳发'羊茅黑麦草在总共 30 个年点的品种比较试验中有 23 个年点表现出不同程度的增产（0.72%～73.81%），平均增产幅度为 19.51%。

表 6-12　品种间差异性分析（摘自全国畜牧总站区域试验结果）

处理	均值/(kg/100m²)	5%显著水平	1%极显著水平
劳发	106.55	a	A
凯力	99.62	ab	AB
麦迪	95.22	b	B

从丰产性和稳定性总体评价来看，'劳发'羊茅黑麦草综合评价为"很好"。从适宜区域来看，'劳发'羊茅黑麦草在北京双桥、贵州独山、四川新津、云南小哨、贵州贵阳都比较适应。'劳发'与其他两个对照品种的丰产性及稳定性数据如表 6-13 所示。

表 6-13　品种丰产性及其稳定性分析（摘自全国畜牧总站区域试验结果）

品种	丰产性参数		稳定性参数		适应地区	综合评价（供参考）
	产量	效应	方差	变异度		
'劳发'羊茅黑麦草	106.55	6.09	29.61	5.11	E1～E5	很好
'凯力'多年生黑麦草	99.62	-0.85	0.89	5.58	E1～E5	一般
'麦迪'多年生黑麦草	95.22	-5.24	17.93	4.45	E1～E5	较差

注：①用 DPS 统计软件对干草产量进行方差分析，用邓肯氏新复极差法进行多重比较；
②E1-四川新津，E2-北京双桥，E3-贵州独山，E4-贵州贵阳，E5-云南小哨。

4. 生产试验

在引种和品比试验的基础上，本试验以国审品种'凯力'多年生黑麦草为对照，进一步考察引进品种'劳发'羊茅黑麦草在不同地区实际生产中的表现，为指导大面积生产种植提供必要的技术依据。经连续 3 个年度多个试验点的生产试验表明：'劳发'羊茅黑麦草在试验点适应性强，未发现严重病虫害；在生产性能方面，其冬春生长迅速，持久性更好，总产量较对照品种表现出明显优势，平均干草产量为 9 858kg/hm^2，比对照品种显著增产10.64%。

6.3.4　品种特征特性

'劳发'是四倍体晚熟杂交多年生黑麦草型羊茅黑麦草品种，短期多年生，在气候适宜地区可利用 3~5 年，较多年生黑麦草的产量优势明显，能耐受高强度利用；'劳发'粗脂肪含量特别高，适口性好；耐寒性强，春季返青早，耐受霜冻和雨雪的能力强，密度高，加上对锈病和叶斑病等病害抗性好，所以种植后的持久性较好。'劳发'生育期为 300 天(秋播)，每年可割草 3~5 次，再生快。

'劳发'羊茅黑麦草是多年生疏丛禾草(草本)，须根系，株高 90~110cm，叶量大，分蘖数多，叶片深绿有光泽，长 10~18cm。其总体外观更接近多年生杂交黑麦草，叶片柔软，粗脂肪含量高于常见品种；穗状花序，长 20~30cm，每小穗含小花 7~11 朵；种子长 4~7mm，外稃有短芒，千粒重 2.8~3.0g。

'劳发'多年生黑麦草属冷季型牧草，喜温凉湿润气候，但较耐寒耐热，25℃以下为适宜生长温度，35℃以上生长不良，不耐酷暑，不耐荫；适合在年降雨量为 800~1500mm，气候较温和的地区种植。'劳发'适应多种土壤，略耐酸，适宜土壤 pH 6~7，对水分和氮肥反应敏感。

6.3.5　栽培管理技术

选整地：'劳发'适应多种土壤，种苗活力强，建植快。由于种子较小，播前需精细整地，并除掉杂草，贫瘠土壤施用底肥可显著增产。

播种：'劳发'可春播或秋播，长江流域及以南地区秋播时间依据当地气温以 9～11 月为宜；条播行距 20～30cm，播种深度 1～2cm，播种量为 15～22kg/hm^2，与三叶草等豆科牧草混播时，可撒播，播量酌减 30%左右。

管理：在苗期要结合中耕松土，及时除尽杂草；每 2～3 次刈割或放牧后可施尿素 50～100kg/hm^2；分蘖期、拔节期、孕穗期或冬春干旱时，要适当浇水。'劳发'的病虫害较少。

利用：'劳发'的营养丰富，糖分含量高，割草时间可选择在抽穗前到抽穗期，每年的头茬刈割时间特别重要，适时刈割可有效提高后茬产量和品质，留茬高度为 5cm 左右，放牧须适当控制强度，以维持草地持久性。

适应地区：适宜在我国西南亚热带地区海拔 600～1800m，降水 800～1500mm 的温凉湿润山区及华北冬季气候温和湿润的地区种植。

第七章　饲用薏苡新品种
选育与应用

我国云南、四川、贵州、广西等地是薏苡的起源地之一，薏苡资源十分丰富。薏苡为碳四植物，具备高产的生物学基础，大多分蘖旺盛，植株高大，茎叶繁茂，在广西、云南和湖南等地的农民，多把野生薏苡作为优良饲草直接利用。在广西柳州、云南西双版纳等少数民族地区，至今仍有采摘野生薏苡种子、根、茎等作为中药的习惯，但鲜有利用野生薏苡这一优异资源选育牧草的研究。

7.1　二倍体薏苡品种选育与应用

7.1.1　材料来源

材料来源于一个野生薏苡居群的晚熟变异株，该群体最早收集于云南省景洪市。最初采集到 145 株分兜苗，种植于四川农业大学玉米研究所薏苡种质资源圃，空间隔离条件良好，无外来薏苡花粉，每年都经历一次自由授粉，种子成熟后自然落地，次年会长出新的植株。2009 年，发现该群体内有一变异株，突出特点是生育期长，开花期和成熟期较群体内其余单株推迟约1.5 个月(正常植株每年 9 月上旬开花，10 月上旬成熟，该株 10 月上旬开花，11 月下旬成熟)，株高 2.5 m，营养生长发达，结实性较差。以此变异株为原始材料，多代自由授粉，进行有利基因的聚合，经定向选择，选育出了高产、多抗、优质的二倍体饲用薏苡——大黑山薏苡。

7.1.2 选育方法和选育过程

1. 选育方法

品种选育在云南省景洪市进行，该区光热条件良好，在精细栽培管理下，大多数植物一年四季均可生长。野生薏苡为常异花授粉的多年生短日照植物，自然条件下，薏苡野生居群内植株间或株内授粉后，种子秋季成熟落地，次年春会萌发成新的植株；同时，在老茎基部也会长出新的分蘖，发育为可育分枝。实际上，野生薏苡居群为有性繁殖和无性繁殖的混合体，对于群体内某一植株，通过有性繁殖保留种子后，又可利用无性繁殖将该株快速扩大为遗传一致的群体，这样就可对该植株在结实前的生长阶段进行一次选择，收获种子后快速无性扩繁放大群体，再进行一次选择，即一年内对入选单株进行两次选择和鉴定，该方法将野生薏苡既可有性繁殖又可无性繁殖的特点有机结合，在不同的繁殖阶段，选择不同的性状，选择压力大，有效提高了育种进程和鉴定的准确性。该方法具体为：

第一阶段选择：于每年 8～12 月进行，景洪市在该时间段为短日照，旱季，利于薏苡有性繁殖。将上年度收获的种子单株育苗，鉴定出苗、苗期长势、病虫害、单株分蘖等性状，重点选择苗期长势优异的单株，用专用花粉隔离网将入选株整株套好，以单株内自由授粉的方式自交纯化，并重点鉴定入选单株的种子繁殖性能。

第二阶段选择：于每年 1～7 月进行，景洪市在该时间段为长日照，雨季，利于薏苡营养体生长。将上季收获种子后的单株，通过扦插和分蔸的方式快速无性扩繁到 30 株左右。鉴定无性繁殖系数、饲草生产性能、抗逆性（主要是耐湿性）、耐刈割性和再生性等性状，其中重点选择饲草产量高的株系。

2. 选育过程

(1)对收集于我国西南地区的野生薏苡进行形态、农艺性状、遗传特点、繁殖特性和饲用价值等系统鉴定。发现编号为 YY103 的野生薏苡群体内出现一株晚熟变异株，突出表型是成熟期推迟约 1.5 个月，且种子较小，结实率不高，植株分蘖多，茎秆红色、外有白色蜡质层，根系和营养生长发达，该野生居群最早采集于云南省景洪市勐腊县孟仑镇罗梭江边一沼泽地。

(2)将变异株老蔸整株挖出隔离种植，单株内自由授粉，当年收获种子 14 粒。混收、混种全部种子，株间自由授粉，持续 2 年，共收获 618 粒种子。每年均用专用隔离网隔离，严防杂野生薏苡花粉污染，仅有性扩繁，不进行选择。

(3)全部种子单株育苗，出苗 497 株，第 1 次选择到苗期长势好、无病虫害、单株分蘖多、结实率高的植株 48 株，将入选单株自交，收获种子。利用分蔸和扦插的方法，将各入选单株无性扩繁到 30 株，分行种植，进行无性繁殖系数、饲草产量、抗逆性、耐刈割性等综合评定后第 2 次选择，淘汰 37 个株系。497 个单株经 2 轮选择，最终选择到 11 个单株。

(4)将上年度入选单株的所有种子，按株系单株育苗，选取优异单株自交，并将母株无性扩繁后，进行综合评价。对于优异株系，扩大入选范围，当年选择到 8 个株系；继续采用"单株两阶段选择"法，持续"优中选优"，最终获得表型一致、遗传稳定的优异株系 F13-15。

(5)严格隔离条件下，将株系 F13-15 的所有种子混合种植、混合授粉、扩繁种子，并进行试验、示范及配套种苗繁殖技术、栽培技术研发，于 2016 年通过四川省草品种审定委员会审定，定名为大黑山薏苡。

3. 大黑山薏苡的品种特征特性

大黑山薏苡为禾本科多年生草本植物。植株直立丛生，枝繁叶茂，根系发达，营养生长尤其旺盛，晚熟，在四川雅安地区不易结实，百粒重 12～16g。不刈割时株高 3～4m，主茎粗 1.2～1.5cm，茎秆红色，白色蜡质层厚；叶长 80～105cm，宽 3～6cm；分蘖力强，条件适宜时，单株有效分蘖可达 64 个，每个分蘖 15～25 节。品质优、适口性好。孕穗期全株粗蛋白占 10.7%、淀粉 13.5%、总糖 7.7%、酸性洗涤纤维 27.9%、中性洗涤纤维 48.4%。供草期长，耐湿性强，耐冷性较好(10℃左右仍生长较好)；抗病性、抗虫性好，整个生育期无需防治任何病虫害。

其繁殖方式多样，可通过种子、扦插和分蘖繁殖。繁殖系数高，1 亩地种苗可扦插繁殖 600 亩生产用苗；1 亩制种田生产种子可供种植 1000 亩饲草；1 亩种苗通过分蘖可供 30 亩生产用苗。较好栽培情况下，年产鲜草 10 t/亩以上，2014 年在景洪市高产栽培中，最高年产鲜草 15.2t/亩。

4. 大黑山薏苡的栽培管理

苗期是栽培管理重点，应保证苗齐、苗壮，后期管理较为粗放。整个生育期不需防治病虫害。

大黑山薏苡分蘖力强，单株生产力高，栽培密度为 450 株/亩左右，肥水条件好的可适当降低密度，反之可增加密度。喜肥水，应重施有机肥，移栽前每穴施羊粪等有机肥 1~2kg、复合肥 0.1kg，混匀。待幼苗长至 15cm 以上时，即可移栽。栽后喷施玉米专用除草剂，遇早春低温时，可覆盖地膜。植株长至 20cm 左右时，即进入分蘖期，该期管理的重点是中耕松土，促进分蘖。中耕后，穴施少量尿素水或粪水。植株长至 40cm 左右时，即进入拔节期，该期为生长最旺盛时期，对肥水要求高。降雨前后，穴施尿素 2~3 次，亩用量 20~30kg。

第一次刈割不宜过早，植株长至 1.5m 后方可刈割，留茬高度 0~5cm。之后，可根据生产需要和长势，每 30~40d 刈割一次，刈割后亩穴施尿素 15~20kg。亦可每隔 5~10d，选取各穴中粗壮的 3~5 个主分蘖轮流刈割。冬季最后一次刈割留茬 15cm 以上，春季萌动前从贴近地表处，把越冬残茬去掉。冬季盖土、地膜或稻草，可使春季第一次刈割提前 10~20d。在南方以青饲、青贮利用为主，青贮时宜在开花前后收获，由于抗倒性较好，亦可不刈割，整株保留在田间，利用时再刈割。

5. 推广应用

大黑山薏苡已在四川、重庆、贵州、湖北、湖南、云南和西藏等省(市、区)大面积种植,用来养殖牛、羊、兔、鱼等草食家畜。从种植业主多年的反映看,该品种适口性好,产量高,管理粗放,为大多数草食动物喜食。大黑山薏苡颗粒料饲喂家兔的试验结果表明(鲁院院等,2017;田刚等,2018),全株的消化能为 5.69MJ/kg,能量表观消化率为 30.02%,生长肉兔对大黑山薏苡粗蛋白的表观消化率(60.09%)高于多花黑麦草(30.07%)和羊草(29.33%)。处理组(8%苜蓿草粉+8%大黑山薏苡草粉)和对照组(16%苜蓿)在发病率和商业酮体重等指标上无显著差异,大黑山薏苡可替代家兔饲料中 50%的苜蓿。

7.2　三倍体饲用薏苡的选育与应用

多倍化是生物界普遍存在的一种现象,植物中的多倍体指体细胞中含有三个或三个以上染色体组的个体,不同物种的远缘杂交是产生多倍体的方式之一。植物多倍体的一个特点是个体大,适应能力强,抗病、抗旱、耐寒。多倍体营养体发达和抗逆性突出的特点,使得多倍体育种一直是牧草选育的重要方法,事实上我国南方大面积推广的黑麦草、鸭茅等和北方种植的羊草、苜蓿等也多为多倍体。在本研究中,通过二倍体薏苡和四倍体薏苡的远缘杂交,选育出了聚合双亲优点的三倍体饲用薏苡'丰牧 88',在我国西南地区得到了较大面积的推广应用。

7.2.1　品种选育

1. 杂交亲本

以二倍体大黑山薏苡(2n=20)为母本、四倍体水生薏苡(2n=40)为父本,远缘杂交,选育而成,于 2018 年通过四川省草品种审定委员会,命名为'丰牧 88'。四倍体水生薏苡,于四川农业大学玉米研究所薏苡种质资源库保存,经 6 代自交至稳定纯合,株型紧凑,株高 2.7m,分蘖 22 个,叶长 99cm,叶宽 2cm,茎粗 1.6cm,可正常散粉,但结实率较低,总苞古铜色,呈壶状。抗旱性较好，耐瘠薄，收获时植株含水量较低。大黑山薏苡于 2016 年通过四川省牧草品种审定委员会审定。其余杂交亲本见表 7-1。

表 7-1　各亲本材料植物学特征

亲本名称	编号	染色体数	材料特点
大黑山薏苡	YY1	20	分蘖多、蛋白含量高、植株高大、叶宽，茎粗、不耐寒
澜沧薏苡	YY53	20	分蘖多、植株矮小、叶宽、茎较粗、叶片薄、不耐寒
四倍体水生薏苡	YY12	40	分蘖少、植株高大、品种较差、叶窄、茎叶比大、叶片厚、耐旱、耐瘠薄多
万象薏苡	YY76	40	分蘖多、植株矮小、品质差、叶窄、茎叶比大、叶片厚、耐旱、耐瘠薄

2. 杂交方法

为防止杂花粉污染，于杂交前 48h，用牛皮纸袋将父本雄花序套牢，每个纸袋以套 5 个左右雄花为宜；为防止自交，于杂交前 72h，用牛皮纸袋将母本整个花序套牢，并严格去掉雄花和已长出花丝的总苞。杂交于每天上午 10：00～12：00 进行，此时散粉量大、花粉活性高。轻轻摇动父本株牛皮袋，取新鲜花粉，授于母本柱头，花粉过量，授粉后将母本株牛皮纸袋套牢。每隔 3d 补粉一次，持续 3 次，至母本柱头干枯为止，并于每次授粉时去掉牛皮袋中新长出的雄花。

3. 杂交结果

薏苡种子受精 20d 后总苞会变黑，而未受精种子总苞为白色，因此可根据这一特性来鉴定种子是否受精结实。绝大部分杂交组合在授粉 48h 后，花丝开始萎蔫，逐渐死亡，胚囊内有结实痕迹，说明花粉能萌发，并可生长至胚囊，但在合子发育的早期阶段出现杂种夭亡，仅有少量能发育为成熟的种子。在本研究的 8 个杂交组合中(表 7-2)，各材料间的杂交结实率均很低，其中 YY1×YY76 的结实率仅为 1.5%，说明二倍体薏苡和四倍体薏苡亲缘关系较远，不易杂交成功。将得到的杂交种子育苗，其中仅有 YY1×YY12 杂交组合的种子发育为正常植株，其余杂交组合出苗后均出现生理不协调而死亡。YY1×YY12 正交组合得到 1 个植株，反交组合得到 4 个植株。

表 7-2　各杂交组合实验结果

杂交组合	授粉小花数	收获种子数	杂交结实率/%	成活植株数	杂种染色体数
YY1×YY12	576	22	3.8	1	30
YY12×YY1	472	23	4.9	3	30、40
YY1×YY76	654	10	1.5	0	—
YY76×YY1	830	21	2.5	0	—
YY53×YY12	661	12	1.8	0	—
YY12×YY53	543	32	5.9	0	—
YY53×YY76	671	19	2.8	0	—
YY76×YY53	456	18	3.9	0	—

4. 杂交后代细胞学鉴定和分子鉴定

正常情况下，二倍体薏苡($2n=20$)和四倍体薏苡($2n=40$)有性杂交后代为三倍体($2n=30$)。在 YY1 和 YY12 杂交组合中，当 YY1 为母本时，得到编号为 b1 的杂交苗，染色体数为 $2n=30$，该杂种植株分蘖多、苗期长势尤其旺盛，表现出了很强的杂种优势，草产量表现突出(后审定名为'丰牧 88')；当 YY1 为父本时，得到 4 株杂交苗，其中 3 株染色体数为 $2n=30$，编号分别为 b2、b3、b4，另一株杂交苗染色体数为 $2n=40$，一个可能的解释是二倍体在 YY1 的减数分裂过程中，发生异常，生成了未减数的 $n=20$ 的雄配子，然后与四倍体 YY12 产生的正常减数雌配子 $n=20$ 结合，后代出现了 $2n=40$ 植株，具体原因正在研究之中。

在对各材料染色体数鉴定的基础上，进一步进行了双色荧光原位杂交，以确定其染色体的遗传组成。结果表明，'丰牧 88'根尖染色体数为 30 条，其中 10 条来源于大黑山薏苡，另 20 条源于四倍体水生薏苡。共显性的 SSR 分子标记检测表明，杂种 F_1 具有双亲的典型带型，说明杂交是成功的。

5. 杂种后代的表型鉴定

双亲和杂种 F_1 苗期表型差异较大。F_1 在株高、分蘖、叶型、株型、茎粗、蜡质、表面绒毛、叶缘锯齿、苗期长势等方面均与亲本存在差异(表 7-3)。其中，F_1 苗期长势较快，与父本 YY12 相似；F_1 分蘖期提前，趋向于 YY1；F_1 株型介于 YY1 与 YY12 之间；F_1 分蘖数不及母本 YY1，但优于父本 YY12，匍匐程度介于 YY1 和 YY12 之间；F_1 的叶长、叶宽、高点长、茎粗、叶夹角等性状与亲本 YY1 和 YY12 也存在不同程度的差异。由表 7-3 可知，F_1 株高为 376.56cm，与双亲差异极显著；分蘖数为 34，与 YY12 差异极显著；叶长度为 97.67cm，与母本 YY1 差异极显著，而与父本 YY12 差异不显著；叶宽为 3.53cm，与双亲差异极显著；茎粗为 19.25mm，与母本 YY1 差异不显著，与父本 YY12 差异极显著；叶夹角为 39.67°，与双亲差异均极显著；外露节数 23 个，与双亲差异极显著；高点长为 48.98cm，与双亲差异极显著。

由此可知，双亲不同性状在 F_1 代的遗传力是不同的，F_1 植株聚合了双亲的优异性状，并在株高、分蘖数和茎粗 3 个性状上，表现出了较强的杂种优势。

表 7-3　双亲和杂种 F_1 部分农艺性状的比较

性　状	YY1	YY12	F_1
株高/cm	297.00±8.60Ba	298.00±8.00Ba	376.56±9.07A
分蘖/个	33.00±1.00Aa	23.00±4.00Ab	34.00±1.00Aa
叶长/cm	86.60±1.50B	99.40±1.63Aa	97.67±1.73Aa
叶宽/cm	5.08±0.07A	2.04±0.06C	3.53±0.03B
茎粗/mm	18.81±0.52Aa	16.36±0.11B	19.25±0.52Aa
叶夹角/(°)	59.80±1.24A	31.80±0.97C	39.67±0.58B
外露节数/个	19.00±0.00B	12.00±1.00C	23.00±0.00A
高点长/cm	35.60±2.04C	68.80±2.48A	48.89±0.56B

注：表中 YY1 为二倍体大黑山薏苡；YY12 为四倍体水生薏苡；F_1 为编号为 b1 的杂种植株。大写字母代表 $P<0.01$ 显著，小写字母代表 $P<0.05$ 显著。

本研究中的双亲均为整倍体，母本水生薏苡体细胞染色体为 40 条，父本大黑山薏苡为 20 条，两者均可正常散粉、结实，正常情况下两者的杂种染色体数为 30 条，是非整倍体，表现为不孕、不育。因此，通过杂种后代雄花的散粉特性亦可判断杂交成功与否。从表 7-4 可以看出，父本和母本均能正常散粉，其各自根尖染色体数也和实际的预期相符，在 4 株杂种中 b1、b2 和 b3 颖壳不能张开，不散粉，镜检显示花药发育不正常，根尖染色体数鉴定结果为 30 条，为真实杂种；a1 颖壳能张开，散粉，花药发育正常，根尖染色体数鉴定结果为 40 条，是真实杂种。杂交的双亲都可发育正常的种子，而杂种b1、b2 和 b3 仅有一层珐琅质总苞，没有种子。

表 7-4　双亲和杂种后代的散粉特性及根尖染色体数

植株	散粉特性	根尖染色体数
YY1	正常	20
YY12	正常	40
b1	不正常	30
b2	不正常	30
b3	不正常	30
a1	正常	40

注：表中 YY1 为二倍体大黑山薏苡；YY12 为四倍体水生薏苡；b1、b2、b3 和 a1 为杂交的 F_1 代。

7.2.2　'丰牧 88' 草产量

通过扦插的方法，将各材料扩繁，以大黑山薏苡为对照，分别在贵州、云南、四川进行品比试验。各材料的产量如表 7-5 所示，可以看出在全部参试材料中，'丰牧 88' 在 3 个试验点的产量均最高，平均鲜草产量和干草产量分别为 222.18t/hm^2 和 55.77t/hm^2，较对照的大黑山薏苡分别增产 31.2%和43.8%。值得注意的是'丰牧 88' 的干物质含量为 25.1%，较对照的大黑山薏苡提高了 2.2%，干物质含量的提高使得'丰牧 88' 更利于进行青贮加工，这一特性与父本四倍体水生薏苡类似。

表 7-5　各材料草产量　（单位：t/hm^2）

材料		贵州	云南	四川	平均产量
'丰牧 88'	鲜草产量	226.45	208.31	231.77	222.18
	干草产量	56.67	50.62	60.01	55.77
YY12103	鲜草产量	184.14	167.68	188.75	180.19
	干草产量	44.38	39.57	45.11	43.02
YY45	鲜草产量	195.83	187.71	204.29	195.94
	干草产量	45.43	44.67	46.78	45.63
大黑山薏苡	鲜草产量	170.13	156.25	181.67	169.35
	干草产量	39.12	35.91	41.27	38.77
四倍体水生薏苡	鲜草产量	115.26	103.94	122.48	113.89
	干草产量	30.31	27.23	31.84	29.79

7.2.3　'丰牧 88'种苗无性扩繁

'丰牧 88'植株高大，不刈割时，株高可达 4m 以上，分蘖为 45～70个，每个分蘖枝有 15～25 节，这样每株约有 750 个节，管理较好的条件下，每个节均能扦插成活。按 85%扦插成活率计算，一株苗通过扦插方式繁殖即可种植 1.4 亩(饲草生产一般密度为株 450/亩)，1 亩种苗田，可供 630 亩生产用苗。扦插可在每年立秋前后或次年春季气温回升到 15℃以上时进行。繁殖扦插苗时，一般株行距均为 10cm，此密度下 1 亩地扦插苗，可供 120 亩饲草生产田用苗。

扦插时，选取长势粗壮的茎秆，利刀切成小段(每段至少保证一个节间)，扦插于疏松的育苗圃中，茎秆倾斜 45°，节间入土 3～4cm，株行距均为 15cm。浇透水后，覆盖遮阳网。一周后即可在节间处长出新根和芽，越冬后春季即可移栽。冬季可采用稻草覆盖、加盖简易保温棚等保温措施，降低冻害。

7.2.4　'丰牧 88'特征特性和栽培技术

品种特征特性：为禾本科多年生草本植物；染色体数为 $2n=30$，为大黑山薏苡($2n=20$)和四倍体水生薏苡($2n=40$)远缘杂交选育而成；营养生长旺盛，生育期迟，成都地区一般在 10 月中下旬才进入营养生长期；不孕不育，种子仅有空的总苞，可通过分蔸、扦插无性繁殖；株高可达 4m 以上，主茎粗 1.3～1.6cm，茎秆绿色，白色蜡质层厚；叶长 90～115cm，宽 4～7cm；分蘖力强，单株最高分蘖可达 80 个以上，每个分蘖约 20 节；抗性好，全生育期无需防治任何病虫害；在我国西南地区年可刈割 2～3 次，亩产鲜草 10t 以上；适合饲喂牛、羊、兔、鱼等草食动物。

栽培技术：种植密度一般为 450 株/亩，可采取等行距，即株距、行距均为 1.2m，亦可根据生产实际宽窄行种植。种植前深耕，并做好排水工作。每穴放 1.5kg 左右羊粪或牛粪等有机肥，0.15kg 金正达缓释肥或其他类似养分含量缓释肥，和土混匀，栽后浇透水，喷施耕杰或其他玉米专用除草剂。在分蘖期和拔节期，下雨前后亩撒施尿素 30～45kg；株高 2m 左右即可刈割，刈割留茬 0～5cm，刈割后亩洒施尿素 40kg。入冬前最后一次刈割留茬 15cm 左右，第二年春季萌动前用割草机把地上部分去掉。亦可不刈割，整株保留在田间，越冬后次年春天刈割。种植一次一般可连续利用 3 年，第 4 年，把老蔸挖出，选取幼嫩茎秆原地移栽。可青饲或和其他干草混合青贮。

参 考 文 献

毕晓静.2013. 小麦重要农艺性状的遗传分析与 QTL 定位. 杨凌: 西北农林科技大学.

曾兵, 兰英, 伍莲.2010. 中国野生鸭茅种质资源锈病抗性研究. 植物遗传资源学报, 11(3): 278-283.

曾兵, 张新全, 范彦, 等.2006a. 鸭茅种质资源遗传多样性的 ISSR 研究. 遗传, 28(9): 1093-1100.

曾兵, 张新全, 兰英.2007. 鸭茅种质资源遗传多样性的表型及 RAPD 标记. 中国草学会青年工作委员会
    学术研讨会论文集.

曾兵, 张新全, 彭燕, 等.2005. 野生鸭茅耐热性能评价. 安徽农业科学, 33(12): 2288-2290.

曾兵, 张新全, 彭燕, 等.2006b. 优良牧草鸭茅的温室抗旱性研究. 湖北农业科学, 45(1): 103-106.

曾兵, 左福元, 张新全, 等.2011. 鸭茅种质资源遗传多样性的 SRAP 研究. 植物遗传资源学报, 28(5):
    709-715.

曾兵.2007. 鸭茅种质资源遗传多样性的分子标记及优异种质评价. 雅安: 四川农业大学.

陈默君, 贾慎修.2002. 中国饲用植物. 北京: 农业出版社: 90-91.

陈柔屹, 冯云超, 唐祈林, 等.2009. 种植密度对玉草 1 号产量与品质的影响. 草业科学, 26(6): 96-100.

陈柔屹.2007. 刈割方式对饲草玉米 SAUMZ1 产量和饲用品质的影响. 四川农业大学学报, 25(3): 244-
    248.

陈学智, 施德宁, 赵小明.2006. 墨西哥玉米不同种植方式和喂兔效果试验. 中国养兔杂志, (5): 9-11.

陈学智, 赵小明, 施德宁.2006. 浙南山区种植墨西哥玉米的适应性观察和喂兔效果试验. 浙江畜牧兽医,
    31(6): 1-3.

丁成龙, 刘颖, 许能祥, 等.2010. 日本结缕草抗寒相关性状的 QTL 分析. 草地学报, 18(5), 703-707.

董宽虎, 沈益新.2003. 饲草生产学. 北京: 中国农业出版社.

董志, 张海龙, 张飞云.2007. 鸭茅斑驳病毒 CP 基因克隆、序列分析及原核表达. 自然科学进展, 17(1):
    127-131.

杜逸.1986. 四川饲草饲用作物品种资源名录. 成都: 四川民族出版社: 60-64.

段桃利, 牟锦毅, 唐祈林, 等.2008. 玉米与摩擦禾、薏苡的杂交不亲和性. 作物学报, 34(9): 1656-1661.

段新慧, 钟声, 李乔仙, 等.2013. 鸭茅种质资源营养价值评价. 养殖与饲料, 6: 38-42.

冯云超, 唐祈林, 荣廷昭.2011. 玉草 2 号、川单 14×墨西哥大刍草和墨西哥大刍草产量和饲用价值比较.

玉米科学, 19(3): 68-72.

甘四明, 施季森.2001.Rapd 标记在按属种间杂交一代的分离方式研究. 林业科学研究, 14(2): 125-130.

高金香, 吴世景, 周宗运, 等.1994. 薏苡饲料资源开发和利用的研究——栽培试验及营养分析. 安徽科技
　　学院学报, 1: 66-68.

高杨, 张新全, 谢文刚.2007. 干旱胁迫下鸭茅新品系抗旱性研究. 湖北农业科学, 46(6): 981-984.

高杨, 张新全, 谢文刚.2009. 鸭茅的营养价值评定. 草地学报, 17(2): 222-226.

高杨.2008. 鸭茅新品系农艺性状及抗旱性初步研究. 雅安: 四川农业大学.

顾洪如, 丁成龙, 张霞, 等.2015. 牧草标准化生产管理技术规范: 稻-草轮作技术规范. 北京: 科学出版社.

关克俭.1974. 拉汉种子植物名称. 北京: 科学出版社.

韩永华, 李冬郁, 李英才, 等.2004. 一种新的六倍体细胞类型水生薏苡的细胞遗传学鉴定. 植物学报,
　　46(6): 724-729.

韩永华.2003. 玉米及其近缘种基因组的比较荧光原位杂交分析. 武汉: 武汉大学.

怀特 R O, 库帕 J P.1989. 禾本科牧草. 段道军, 译. 北京: 农业出版社: 246-252.

黄亨履, 陆平, 朱玉兴, 等.1995. 中国薏苡的生态型、样性及利用价值. 作物品种资源, (4): 4-8.

黄婷, 马啸, 张新全, 等.2015. 多花黑麦草 DUS 测定中 SSR 标记品种鉴定比较分析. 中国农业科学,
　　48(2): 381-389.

黄武强.2015. 墨西哥玉米主要品种及其饲用推广价值. 现代农业科技, (4): 267.

季杨, 张新全, 彭燕, 等.2013a 鸭茅种子萌发对渗透胁迫响应与耐旱性评价. 草地学报, 21(4): 737-743.

季杨, 张新全, 彭燕, 等.2013b. 干旱胁迫对鸭茅幼苗根系生长及光合特性的影响. 应用生态学报, 24(10):
　　2763-2769.

季杨, 张新全, 彭燕, 等.2014a. 鸭茅优异种质材料苗期抗旱性鉴定及综合评价. 草地学报, 22(5): 1122-
　　1126.

季杨, 张新全, 彭燕, 等.2014b. 干旱胁迫对鸭茅根、叶保护酶活性、渗透物质含量及膜质过氧化作用的
　　影响. 草业学报, 23(3): 144-151.

季杨.2013. 鸭茅对干旱胁迫的生理响应及分子机制研究. 雅安: 四川农业大学.

贾春林, 王国良, 吴波等.2009. 自然结实大刍草新品种鲁 2 号的选育. 山东农业科学, (6): 104-106.

贾春林, 王国良, 杨秋玲, 等.2011. 光不敏感型大刍草新种质选育及利用的初步研究. 草业科学, 28(10):
　　1835-1838.

蒋林峰, 张新全, 付玉凤, 等.2015. 中国主要鸭茅品种农艺性状变异研究. 草业学报, 24(3): 142-154.

蒋林峰, 张新全, 黄琳凯, 等.2014. 鸭茅品种的 SCoT 遗传变异分析. 草业学报, 23(1): 229-238.

蒋林峰, 张新全, 严德飞, 等.2015. 鸭茅品种(系)表型分析及隶属函数综合评价. 草地学报, 23(3): 265-273.

解增言, 林俊华, 谭军, 等. 2010. DNA 测序技术的发展历史与最新进展. 生物技术通报, (8), 64-70.

孔艳芹, 张荣学.2004. 墨西哥玉米牧草——金牧 1 号. 吉林农业, (3): 27.

匡崇义, 薛世明, 吕兴琼, 等.2005. 十五鸭茅品种在云南不同气候带的品比试验研究. 四川草原, 11: 1-5.

雷玉明, 张建文.2006. 草本植物三种真菌新病害. 草地学报, 14(3): 284-286.

李冬郁, 郭乐群, 张忠, 等.2001. 玉米野生近缘种类玉米的研究和利用. 玉米科学, 9(2): 11-13.

李贵全, 赵晓明, 宋秀英.1997. 薏苡×川谷远缘杂交的研究. 作物学报, 23(1): 119-122.

李华雄, 蒋维明, 吴子周, 等.2018. 新型多年生饲草玉草 5 号的生长动态及刈割期的研究. 草业学报, 27(6): 34-42.

李季, 黄琳凯, 金梦雅, 等.2017. 鸭茅基因组 genomic-ssr 标记开发. 分子植物育种, (10): 4071-4079.

李素芳.2013. 种植墨西哥玉米草养鱼技术. 河南水产, (4): 17-18.

李先芳, 丁红.2000. 鸭茅生物学特性及栽培技术. 河南林业科技, 20(3): 24-25.

李向林, 万里强, 何峰, 等. 牧草标准化生产管理技术规范: 饲用玉米-多花黑麦草轮作生产技术规范. 北京: 科学出版社.

李艳秋. 2008. 小麦农艺性状 QTL 的遗传图谱定位. 呼和浩特: 内蒙古农业大学.

李英材, 覃祖贤.1995. 广西薏苡资源性状分析与分类. 西南农业学报, 8(4): 109-113.

李源, 师尚礼, 王赞, 等.2007. 干旱胁迫下鸭茅苗期抗旱性生理研究. 中国草地学报, 29(2): 35-40.

李长江.2008. 新型饲草玉米——玉草 1 号. 四川农业科技, (5): 25.

李州, 彭燕, 苏星源.2013. 不同叶型白三叶抗氧化保护及渗透调节生理对干旱胁迫的响应. 草业学报, 22(2): 257-263.

梁小玉, 张新全, 张锦华, 等.2005. 氮磷钾平衡施肥对鸭茅种子生产性能的影响. 草业学报, 14(5): 69-74.

梁小玉, 张新全, 张锦华.2004. 不同施氮量和时间对鸭茅生产利用的影响. 草原与草坪, (2): 8-12.

梁小玉, 张新全.2005.PEG 渗透处理改善鸭茅种子活力的研究. 植物遗传资源学报, 6(3): 330-334.

刘根齐, 焦传珍, 姜茹琴, 等.2000. 用同工酶和 RAPD 技术研究棉花三元杂种石远 321 新品种的遗传特性. 遗传学报, (11): 999-1005.

刘欢, 张新全, 马啸, 等.2017. 基于荧光检测技术的多花黑麦草 EST-SSR 指纹图谱的构建. 中国农业科学, 50(3): 437-450.

刘纪麟.2002. 玉米育种学. 2 版. 北京: 中国农业出版社.

鲁院院, 田刚, 余冰, 等.2017. 晒干大黑山薏苡全株在生长肉兔上的营养价值评定. 草业科学, 34(5):

1100-1106.

陆平, 左志明.1996. 广西薏苡资源的分类研究. 广西农业科学, (2): 81-84.

逯晓萍, 云锦凤.2005. 高丹草遗传图谱构建及农艺性状基因定位研究. 草地学报, 13(3), 262-263.

罗登, 左福元, 邱健东, 等.2015. 不同鸭茅品种的耐热性评价. 草业科学, 32(6): 952-960.

罗凤娟, 董晓萌, 袁志发, 等.2008. 主基因-多基因混合遗传数量性状的单性状选择模型. 西北农林科技大学学报(自然科学版), 36(9): 190-196.

罗永聪, 马啸, 张新全.2013. 利用 SSR 技术构建多花黑麦草品种指纹图谱. 农业生物技术学报, 21(7): 799-810.

吕桂华.2015. 玉米(*Zea may*)×四倍体多年生玉米(*Zea perennis*)可育三倍体形态学和细胞遗传学研究. 植物遗传资源学报, 16(6): 1152-1156.

吕见涛, 陈法荣, 盛天台, 等.2004. 不同牧草饲喂山羊试验. 中国畜禽种业, (2): 26.

麻文济, 贺宋文, 田清武.2007. 本地玉米秸秆与全株墨西哥玉米青贮对肉牛增重效果的对比试验. 养殖与饲料, (2): 65-67.

马敏芝, 南志标.2011. 内生真菌对感染锈病黑麦草生长和生理的影响. 草业学报, 20(6): 150-156.

马明星, 马全瑞.2001. 墨西哥玉米在奶牛生产中的利用. 山东畜牧兽医, (5): 52-53.

梅鹃. 别治法.1991. 种用鸭茅锈病的防治. 中国草地, (2): 76.

米福贵, BARRE Philippe, 瞿礼嘉, 等. 2004. 多年生黑麦草叶片长度数量性状位点(QTLs)研究. 草地学报, 12(4), 303-307.

潘全山, 张新全.2000. 禾本科优质牧草——黑麦草、鸭茅. 北京: 台海出版社.

彭燕, 张新全, 曾兵.2007. 野生鸭茅植物形态学特征变异研究. 草业学报, 16(2): 69-75.

彭燕, 张新全, 刘金平, 等.2006. 野生鸭茅种质遗传多样性的 AFLP 分子标记. 遗传, 28(7): 845-850.

彭燕, 张新全.2003. 鸭茅种质资源多样性研究进展. 植物遗传资源学报, 4(2): 179-183.

彭燕, 张新全.2005. 鸭茅生理生态及育种学研究进展. 草业学报, 14(4): 8-14.

彭燕, 张新全.2008. 野生鸭茅生育多样性特性研究. 安徽农业科学, 36(13): 5368-5370.

彭燕.2006. 野生鸭茅种质资源遗传多样性及优异种质筛选, 雅安: 四川农业大学.

乔亚科, 李桂兰, 高书国, 等.1993. 薏苡类型间杂交 F2 代的性状分离. 河北科技师范学院学报, 7(4): 48-51.

全国畜牧总站.2017. 中国审定草品种集(2007~2016). 北京: 中国农业出版社: 20-30.

任勇.2005. 新选育饲草玉米品系饲用营养价值初步研究. 植物遗传资源学报, 4: 1672-1810.

任勇等. 2007. 新型饲草玉米生长动态及收割期的研究. 作物学报, 7: 0496-3490.

施启顺, 柳小春, 陈斌, 等.2005. 杜洛克、长白、大白猪间的二元、三元杂交效果分析. 养猪, (5): 17-18.

石传林, 蒋玉国, 张恒信.2002. 墨西哥玉米的栽培及在奶牛生产中的推广应用. 饲料博览, (5): 47-48.

帅素容, 张新全, 杜逸.1997. 二倍体和四倍体野生鸭茅遗传特性比较研究. 草地学报, 5(4): 261-268.

苏加楷, 1987. 种间杂种羊茅黑麦草(Festulolium). 国外畜牧科技, (2): 47.

孙福艾.2017. 一份薏苡多倍体材料的创制、鉴定及饲用价值初步评价. 成都: 四川农业大学.

孙果忠, 王海波, 肖世和.2009. 小麦多基因聚合育种技术研究. 全国植物分子育种研讨会摘要集.

孙立娜.2009. 基于玉米 DH 群体的遗传连锁图谱初步构建. 北京: 首都师范大学.

汤飞宇, 张天真.2009. 重叠群物理图谱的构建及其应用. 基因组学与应用生物学, 28(1): 195-201.

汤宗孝.1987. 横断山地区饲用植物的区系组成特点. 中国草地, 3: 7-11.

唐祈林, 吕桂华, 杨秀燕, 等. 2008. 玉米×四倍体多年生玉米杂种 F2 非整倍体研究. 中国农业科学. (8): 2480-2484.

唐祈林, 荣廷昭.2000. 用玉米近缘材料创造玉米新种质. 中国农业科学, 33(s1): 62-66.

唐祈林, 杨克诚, 郑祖平, 等.2006. 玉米与玉米近缘种可杂交性研究. 作物学报, 32(1): 144-146.

唐祈林.2003. 玉蜀黍属基因组构成及玉米新种质创制研究. 成都: 四川农业大学.

唐祈林.2004a. 玉米×四倍体多年生玉米 F1 减数分裂构型及不同构型的染色体来源研究. 中国农业科学, 37(4): 473-476.

唐祈林.2004b. 玉米与四倍体多年生玉米代换种质的选育及其基因组原位杂交鉴定. 遗传学报, 31(4): 340-344.

唐祈林.2009. 玉米及其野生近缘材料的分类. 玉米科学, 17(1): 1-5.

腾峰.2013. 玉米株高主效 QTL, qPH3.1 的克隆及其功能验证. 武汉: 华中农业大学.

田刚, 鲁院院, 余冰, 等.2018. 不同比例大黑山薏苡草粉饲粮对生长肉兔生长性能、养分表观消化率和屠宰性能的影响. 动物营养学报, 30(5): 1928-1935.

万刚, 张新全, 刘伟, 等.2010. 鸭茅栽培品种与野生材料遗传多样性比较的 SSR 分析. 草业学报, 19(6): 187-196.

万刚.2010. 二倍体与四倍体鸭茅遗传多样性及其 F1 代杂种鉴定. 雅安: 四川农业大学.

王宝维, 吴晓平, 刘光磊, 等.2004. 添加墨西哥玉米干草粉对五龙鹅日粮消化利用及氮代谢的影响. 中国农业科学, 37(12): 1911-1916.

王锦亮, 程治英, 寨明泽.1982. 水稻与薏苡杂交受精生物学的初步观察. 热带植物研究, (24): 2-4.

王久利, 陈世龙, 邢睿, 等. 2018. 椭圆叶花锚简化基因组的 SSR 信息分析及 SSR 引物开发. 植物研究, 38(2): 292-297.

王绍飞, 罗永聪, 张新全, 等.2014.14 个多花黑麦草品种(系)在川西南地区生产性能综合评价. 草业学报, 23(6): 87-94.

王新宇, 蒋林峰, 张新全, 等.2016. 鸭茅 DUS 测试不同品种性状一致性分析. 草业学报, 25(9): 104-116.

王兴春, 杨致荣, 王敏, 等.2012. 高通量测序技术及其应用. 中国生物工程杂志, 32(1), 109-114.

西蒙兹 N W.1987. 作物进化. 赵伟军, 等译. 北京: 农业出版社: 289-300.

谢文刚, 张新全, 陈永霞.2010. 鸭茅杂交种的 SSR 分子标记鉴定及其遗传变异分析. 草业学报, 19(2), 212-217.

谢文刚, 张新全, 马啸, 等.2009a. 鸭茅种质遗传变异及亲缘关系的 SSR 分析. 遗传, 31(6): 654-662.

谢文刚, 张新全, 马啸, 等.2009b. 中国西南区鸭茅种质遗传变异的 SSR 分析. 草业学报, (4): 138-146.

谢文刚.2012. 鸭茅分子遗传连锁图谱构建及开花基因定位. 雅安: 四川农业大学.

徐成, 兰湘, 廖德钦.1996. 墨西哥饲料玉米喂猪效益高. 养猪, (4): 11.

徐倩, 才宏伟.2011.16 个国外鸭茅种质材料引种与初步评价. 草业科学, 4(28): 597-602.

严海东, 张新全, 曾兵, 等.2013. 鸭茅种质资源对锈病的抗性评价及越夏情况的田间调查. 草地学报, 21(4): 720-728.

杨秋玲, 贾春林, 吴波, 等.2011. 九个温带玉米与大刍草远缘杂交后代生物性状及饲用品质分析. 中国农学通报, 27(27): 75-78.

杨秀燕, 唐祈林.2011. 玉米及其近缘种大刍草的核型研究. 中国农业科学, 44(7): 1307-1314.

张成林, 杨晓鹏, 赵文达, 等.2017. 鸭茅野生种质遗传多样性的 AFLP 分析. 西北植物学报, 37(9): 1711-1719.

张马庆, 罗佩芬, 王祥根.1990. 薏苡稻的选育及其生产上利用情况初报. 种子世界, (12), 25-26.

张伟, 张巧丽, 肖丽, 等.2012. 荣昌地区不同鸭茅种质资源锈病抗性研究. 安徽农业科学, 40(22): 11280-11282.

张新全, 杜逸, 郑德成, 等.1994. 鸭茅染色体核型分析. 中国草地, (3): 55-57.

张新全, 杜逸, 郑德成.1996a. 鸭茅二倍体和四倍体 PMC 减数分裂, 花粉育性及结实性的研究. 中国草地, (6): 38-40.

张新全, 杜逸, 郑德成.1996b. 鸭茅二倍体和四倍体生物学特性的研究. 四川农业大学学报, 14(2): 202-206.

张新全, 杨春华, 闫艳红, 等.2015. 牧草标准化生产管理技术规范: 多花黑麦草栽培技术规范. 北京: 科学出版社.

张新全.1992. 几种禾草染色体核型和开花习性的研究. 雅安: 四川农业大学.

赵晓明.2000. 薏苡. 北京: 中国林业出版社.

赵一帆, 张新全, 刘伟, 等.2013. 不同倍性鸭茅杂交 F1 代 SSR 分子标记鉴定及比较分析. 江苏农业科学, 41(3): 19-24.

赵一帆.2013.9 个鸭茅品种(系)间杂交 F₁、F₂ 代农艺性状变异及 SSR 分析. 雅安: 四川农业大学.

中国植物志编辑委员会.2001. 中国植物志. 北京: 科学出版社: 88.

钟声, 杜逸, 郑德成, 等.1997. 二倍体鸭茅农艺性状的初步研究. 草地学报, 5(1): 54-61.

钟声.2006. 鸭茅不同倍性杂交及后代发育特性的初步研究. 西南农业学报, 19(6): 1034-1038.

钟声.2007. 野生鸭茅杂交后代农艺性状的初步研究. 草业学报, 16(1): 69-74.

周自玮, 奎嘉祥, 钟声, 等.2000. 云南野生鸭茅的核型研究. 草业科学, 17(6): 48-51.

庄体德, 潘泽惠, 姚欣梅.1994. 薏苡属的遗传变异性及核型演化. 植物资源与环境学报, 3(2): 16-21.

左艳春, 杜周和, 陈义安, 等.2012. 玉米与一年生大刍草杂交 F₁ 代生物学特性研究. 西南农业学报, 25(6): 1967-1971.

Abiko T, Kotula L, Shiono K, et al.2012. Enhanced formation of aerenchyma and induction of a barrier to radial oxygen loss in adventitious roots of *Zea nicaraguensis* contribute to its waterlogging tolerance as compared with maize (*Zea mays* ssp. mays). Plant Cell & Environment, 35(9): 1618-1630.

Ahn S, Anderson J A, Sorrells M E, et al.1993. Homoeologous relationships of rice, wheat and maize chromosomes. Molecular & General Genetics Mgg, 241(5-6): 483-490.

AlexandrovaKS, Conger BV.2002. Isolation of two somatic embryogenesis-related genes from orchardgrass (*Dactylis glomerata*). Plant Science, 162(2): 301-307.

Alm V, Busso C S, Ergon Å, et al. 2011. QTL analyses and comparative genetic mapping of frost tolerance, winter survival and drought tolerance in meadow fescue (*Festuca pratensis* Huds). Theoretical & Applied Genetics, 123(3): 369-382.

AmasinoR M, Michaels S D.2010. The timing of flowering. Plant Physiology, 154(2): 516-520.

Amasino R.2010. Seasonal and developmental timing of flowering. Plant Journal, 61(6): 1001-1013.

Amirouche N, Misset M T.2007. Morphological variation and distribution of cytotypes in the diploid-tetraploid complex of the genus *Dactylis* L. (Poaceae) from Algeria. Plant Syst Evol, 264: 157-174.

Andersen J R, Jensen L B, Asp T, et al.2006. Vernalization response in perennial ryegrass (*Lolium perenne* L.) involves orthologues of diploid wheat (*Triticum monococcum*) VRN1, and rice (*Oryza sativa*) Hd1. Plant Molecular Biology, 60(4):481-94.

Anderson E.1944. Cytological observations on Tripsacum dactyloides. Ann Mo Bot Gard, 31: 317-323.

Ardouin P, Fiasson J L, Jay M, et al.1985. Chemical diversification within *Dactylis glomerata* L. polyploidy complex (Graminaceae) //Jacquard P, Heim G, Antonovics J. Proceedings of the NATO Symposium on Genetic Differentiation and Dispersal in Plants. vol G5. Basel, Switzerland: Springer.

Ascherson P.1875. Ueber *Euchlaena mexicana* Schrad. Verhandlungen des Botanischen Vereins für die Provinz Brandenburg, 17: 76-80.

Ashenden T W. 1978. Drought avoidance in sand dune populations of dactylis glomerata. Journal of Ecology, 66(3): 943-951.

Aulicino M B, Jorge L.1988. Variation within teosinte: numerical analysis of agronomic traits. MNL, 62: 32-35.

Barre P, Moreau L, Mi F, et al.2010. Quantitative trait loci for leaf length in perennial ryegrass (*Lolium perenne* L.). Grass & Forage Science, 64(3): 310-321.

Bashaw E C, Hignight K W.1990. Gene transfer in apomictic buffelgrass through fertilization of an unreduced egg. Crop Science, 30(3): 571-575.

Beadle G W. 1980. The ancestry of corn. Scientific American, 242(1): 112-119.

Beadle G W.1939. Teosinte and the origin of maize. Journal of Heredity, 30(6): 245-247.

Bellota E, Medina R F, Bernal J S.2013. Physical leaf defenses altered by *Zea*, life-history evolution, domestication, and breeding mediate oviposition preference of a specialist leafhopper. Entomologia Experimentalis Et Applicata, 149(2): 185-195.

Bennetzen J, Buckler E, Chandler V, et al.2001. Genetic evidence and the origin of maize. Latin American Antiquity, 12(1):84-86.

Benz B F, Iltis H H.1990. Studies in archaeological maize I: The "Wild" Maize from San Marcos Cave Reexamined. American Antiquity, 55(3): 500-511.

Benz B F, Iltis H H.1992. Evolution of female sexuality in the maize ear (*Zea mays* L. subsp. *mays* -Gramineae). Economic Botany, 46: 212-222.

Benz B.2001. Archaeological evidence of teosinte domestication from Guilá Naquitz, Oaxaca. Proceedings of the National Academy of Sciences of the United States of America, 98(4): 2104-2106.

Bergquist R R.1979. Selection for disease resistance in a maize breeding programme. II. Introgression of an alien genome from *Tripsacum dactyloides* conditioning resistance in *Zea mays*. Proceedings of the tenth meeting of the Maize and Sorghum Section of Eucarpia, Varna, Bulgaria, 200-206.

Bergquist R R.1981. Transfer from *Tripsacum dactyloides* to corn of a major gene locus conditioning resistance to *Puccinia sorghi*. Phytopathology, 71(5): 518-520.

Berkum N L V, Liebermanaiden E, Williams L, et al.2010. Hi-c: a method to study the three-dimensional architecture of genomes. Journal of Visualized Experiments Jove, 39 (39) : 292-296.

Bernal J S, Melancon J E, Zhu Salzman K.2015. Clear advantages for fall armyworm larvae from feeding on maize relative to its ancestor Balsas teosinte may not be reflected in their mother's host choice. Entomologia Experimentalis Et Applicata, 155 (3) : 206-217.

Bezerra I C, Michaels S D, Schomburg F M, et al. 2004. Lesions in the mRNA cap - binding gene *ABA HYPERSENSITIVE 1* suppress *FRIGIDA* - mediated delayed flowering in *Arabidopsis*. Plant Journal, 40 (1) : 112-119.

Bird R M, Beckett J C.1980. Notes on *Zea luxurians*(Durieu) bird and some requests. Maize Genetics Cooperation News Letter: 62-63.

Bird R M.2000. A remarkable new teosinte from Nicaragua: growth and treatment of progeny. Maize Genetics Cooperation Newsletter, 74: 58-59.

Blakey C A, Costich D, Sokolov V, et al.2007. *Tripsacum* genetics: from observations along a river to molecular genomics. Maydica, 52 (1) : 81-99.

Blokhina O, Virolainen E, Fagerstedt KV.2003. Antioxidants, oxidative damage and oxygen deprivation stress: a review. Annals of Botany, 91 (2) : 179-194.

Bondesen O B.2007. Seed production and seed trade in a globalized world, seed production in the northern light. Proceedings of the 6th International Herbage Seed Conference. Norway: 9-12.

Borrill M, Carroll CP.1969. A chromosome atlas of the genus *Dactylis* (part two) . Cytologia, 34: 6-17.

Borrill M, Lindner R.1971. Diploid-Tetraploid sympatry in *Dactylis* (Gramineae) . New Phytol, 70: 1111-1124.

Borrill M.1961. Patterns of morphological variation in diploid and tetraploid *Dactylis*. Bot. J. Linn. Soc., 56: 441-459.

Borrill M.1977. Evolution and genetic resources in cocksfoot. Annu. Rep. Welsh Plant Breed Stat, 190-209.

Bretagnolle F, Lumaret R.1995. Bilateral polyploidization in *Dactylis glomerata* L. subsp.*lusitanica*: occurrence, morphological and genetic characteristics offirst polyploids. Euphytica, 84 (3) : 197-207.

Bretagnolle F, Thompson J D.1996. An experimental study of ecological differences in winter growth between sympatric diploid and autotetraploid *Dactylis glomerata*. Journal of Ecology Oxford, 84: 3, 343 – 351.

Brink D E, De Wet J M.1983. Supraspecific groups in *Tripsacum* (Gramineae) . Systematic Botany, 8 (3) : 243-249.

Brown R N, Barker R E, Warnke S E, et al.2010. Identification of quantitative trait loci for seed traits and floral morphology in a field-grown *Lolium Perenne×Lolium multiflorum* mapping population. Plant Breeding, 129(1), 29-34.

Buckler E S, Holland J B, Bradbury P J, et al.2009. The genetic architecture of maize flowering time. Science, 325(5941), 714.

Buckler E S, Holtsford T P.1996. *Zea* systematics: ribosomal ITS evidence. Molecular Biology and Evolution, 13(4): 612-622.

Burkhart S, Kindiger B, Wright A.1994. Fatty acid composition of oil from the caryopsis of *Tripsacum dactyloides*. Maydica, 39(1): 65-68.

Burton J N, Adey A, Patwardhan R P, et al.2013. Chromosome-scale scaffolding of de novo genome assemblies based on chromatin interactions. Nature Biotechnology, 31(12): 1119.

Bushman B S, Larson S R, Tuna M, et al.2011. Orchardgrass(*Dactylis glomerata* L.)EST and SSR marker development, annotation, and transferability. Theoretical & Applied Genetics, 123(1): 119-129.

Bushman B S, Robins J G, Jensen K B.2012. Dry matter yield, heading date, and plant mortality of orchardgrass subspecies in a semiarid environment. Crop Science, 52(2): 745-751.

Byrne S L, Nagy I, Pfeifer M, et al.2016. A synteny-based draft genome sequence of the forage grass *Loliumperenne*. Plant Journal, 84(4): 816-826.

Cai H W, Inoue M, Yuyama N, et al.2005. Isolation, characterization and mapping of simple sequence repeat markers in zoysiagrass(*Zoysia* spp.). Theoretical & Applied Genetics, 112(1): 158-166.

Cai H, Stewart A, Inoue M, et al.2011. Lolium. Springer Berlin Heidelberg.

Campoli C, Korff M V.2014. Chapter five–genetic control of reproductive development in temperate cereals. Advances in Botanical Research, 72: 131-158.

Castro M, Fraga P, Torres N, et al.2007. Cytotaxonomical observations on flowering plants from the Balearic Islands. Ann Bot Fenn, 44: 409-415.

Chamberlain D G, Robertson S, Choung J J.2010. Sugars versus starch as supplements to grass silage: effects on ruminal fermentation and the supply of microbial protein to the small intestine, estimated from the urinary excretion of purine derivatives, in sheep. Journal of the Science of Food & Agriculture, 63(2): 189-194.

Chavan S, Smith S M.2014. A rapid and efficient method for assessing pathogenicity of ustilago maydis on maize and teosinte lines. Journal of Visualized Experiments Jove, 83: e50712.

Chen A, Li C, Hu W, et al.2014. PHYTOCHROME C plays a major role in the acceleration of wheat flowering under long-day photoperiod. Proceedings of the National Academy of Sciences of the United States of America, 111 (28): 10037-10044.

Choi K, Kim J, Hwang H J, et al.2011. The FRIGIDA complex activates transcription of *FLC*, a strong flowering repressor in *Arabidopsis*, by recruiting chromatin modification factors. Plant Cell, 23 (1): 289-303.

Christopher J, Mini L S, Omanakumari N.1995. Hybridization studies in *Coix species* I. Cytomorphological studies of *Coix Taxon* (2*n*=32), C. *gigantea Koenig ex Roxb*. (2*n*=12) and the F1Hybrid. Cytologia, 60 (3): 249-256.

Chutimanitsakun Y, Nipper R W, Cuesta-Marcos A, et al.2011. Construction and application for QTL analysis of a Restriction Site Associated DNA (RAD) linkage map in barley. Bmc Genomics, 12 (1): 4.

Clark R M, Wagler T N, Quijada P A, et al.2006. A distant upstream enhancer at the maize domestication gene *tb1* has pleiotropic effects on plant and inflorescent architecture. Nature Genetics, 38 (5): 594-597.

Clayton W D, RenvoizeS A.1986. Genera graminum. Grasses of the World, 40 (6): 566.

Coblentz W K, Coffey K P, Turner J E.1999. Review: quality characteristics of eastern gamagrass forages. The Professional Animal Scientist, 15 (4): 211-223.

Cohen J I, Galinat W C.1984. Potential use of alien germplasm for maize improvement. Crop Science, 24 (6): 1011-1015.

Cohen J I.1981. Heterotic responses of maize hybrids containing alien germplasm. Maize Genetics Cooperation News Letter: 111-112.

Collins G N.1921. Teosinte in Mexico. Journal of Heredity, 12: 339-350.

Comis D.1997. Aerenchyma: lifelines for living underwater. Agricultural Research, 45 (8): 4-8.

Cuesta-Marcos A, Igartua E, Ciudad F J, et al.2008. Heading date *QTL* in a spring × winter barley cross evaluated in mediterranean environments. Molecular Breeding, 21 (4): 455-471.

Daley C A, Abbott A, Doyle P S,et al.2010. A review of fatty acid profiles and antioxidant content in grass-fed and grain-fed beef. Nutrition Journal, 9 (1): 10.

Dávilaflores A M, Dewitt T J, Bernal J S.2013. Facilitated by nature and agriculture: performance of a specialist herbivore improves with host-plant life history evolution, domestication, and breeding. Oecologia, 173 (4): 1425-1437.

De Wet J, Brink D E, Cohen C E.1983. Systematics of *Tripsacum* section Fasciculata (Gramineae). American Journal of Botany, 70 (8): 1139-1146.

De Wet J, Harlan J R, Brink D E.1982. Systematics of *Tripsacum dactyloides*(Gramineae). American Journal of Botany, 69: 1251-1257.

De Wet J, Harlan J R.1972. Origin of maize: the *Tripartite* hypothesis. Euphytica, 21: 271-279.

De Wet J, Harlan J R.1974. *Tripsacum*-maize interaction: a novel cytogenetic system. Genetics, 78(1): 493-502.

De Wet J, Timothy D H, Hilu K W, et al.1981. Systematics of South American *Tripsacum*(Gramineae). American Journal of Botany, 68: 269-276.

Deng W, Casao M C, Wang P, et al.2015. Direct links between the vernalization response and other key traits of cereal crops. Nature Communications, 6(6): 5882.

Dennis E S, Peacock W J.1984. Knob heterochromatin homology in maize and its relatives. Journal of Molecular Evolution, 20: 341-350.

Díaz A, Zikhali M, Turner A S, et al.2012. Copy number variation affecting the photoperiod-b1 and vernalization-a1 genes is associated with altered flowering time in wheat(*Triticum aestivum*). Plos One, 7(3), e33234.

Distelfeld A, Cakmak I, Peleg Z, et al. 2010. Multiple QTL‐effects of wheat *Gpc‐B1* locus on grain protein and micronutrient concentrations. Physiologia Plantarum, 129(3): 635-643.

Doebley J F, Goodman M M, Stuber C W.1984. Isoenzymatic variation in *Zea*(Gramineae). Systematic Botany, 9(2): 203-218.

Doebley J F, Iltis H H.1980. Taxonomy of *Zea*(Gramineae). I. A subgeneric classification with key to taxa. American Journal of Botany, 67(6): 982-993.

Doebley J F.1983. The maize and teosinte male inflorescence: a numerical taxonomic study. Annals of the Missouri Botanical Garden, 70(1): 32-70.

Doebley J F.2004. The genetics of maize evolution. Annual Review of Genetics, 38: 37-59.

Doebley J, Renfroe W, Blanton A.1987. Restriction site variation in the zea chloroplast genome. Genetics, 117(1): 139-147.

Doebley J, Stec A, Hubbard L, et al.1997. The evolution of apical dominance in maize. Nature, 386(6624): 485-488.

Doebley J, Stec A, Wendel J, et al.1990. Genetic and morphological analysis of a maize-teosinte F2 population: implications for the origin of maize. Proceedings of the National Academy of Sciences, 87(24): 9888-9892.

Doebley J, Stec A.1991. Genetic analysis of the morphological differences between maize and teosinte.

Genetics, 129(1): 285-295.

Doebley J.1990. Molecular systematics of *Zea* (*Gramineae*). Maydica, 35(2): 143-150.

Doebley J.1995. Teosinte branched1 and the origin of maize: evidence for epistasis and the evolution of dominance. Genetics, 141: 333-346.

Doebley J.2006. The evolution of plant form: an example from maize. Developmental Biology, 295(1): 337-337.

Doerks T, Copley R R, Schultz J, et al.2002. Systematic identification of novel protein domain families associated with nuclear functions. Genome Res, 12: 47-56.

Domin K.1943. Monografica studie *rodu Dactylis* L. Acta Bot Bohem, 14: 3-147.

Doroszewska A A.1963. An investigation on the diploid and tetraploid forms of *Dactylis glomerata* L. subsp. *Woronowii* (Ovczinn.) Stebbins et Zohary. Acta Soc Bot Pol, 32: 113-130.

Dorweiler J E, Stec A, Kermicle J L, et al.1993. Teosinte glume architecture 1: a genetic locus controlling a key step in maize evolution. Science, 262(5131): 233-235.

Dracatos P M, Cogan N O I, Sawbridge T I, et al.2009. Molecular characterisation and genetic mapping of candidate genes for qualitative disease resistance in perennial ryegrass (*Lolium perenne* L.). Bmc Plant Biology, 9(1): 1-22.

Duvick S A, Pollak L M, Edwards J W, et al.2006. Altering the fatty acid composition of Corn Belt corn through *Tripsacum* introgression. Maydica, 51: 409-416.

Echt C S, Kidwell K K, Knapp S J, et al. 1994. Linkage mapping in diploid alfalfa (*Medicago sativa*). Genome, 37(1):61.

Eid J, Fehr A, Gray J, et al.2009. Real-time DNA sequencing from single polymerase molecules. Science, 323(5910): 133-138.

Ellstrand N C, Garner L C, Hegde S, et al.2007. Spontaneous hybridization between maize and teosinte. Journal of Heredity, 98(2): 183-187.

Emerson R A, Anderson E G.1932. The a series of allelomorphs in relation to pigmentation in Maize. Genetics, 17(5): 503-509.

Engle L M, Wet J M J D, Harlan J R.1973. Cytology of backcross offspring derived from a maize-*Tripsacum* Hybrid. Crop Science, 13(6): 690-694.

Ergon A, Fang C, Jørgensen Ø, et al.2006. Quantitative trait loci controlling vernalisation requirement, heading time and number of panicles in meadow fescue (*Festuca pratensis* Huds.). Theoretical & Applied Genetics,

112(2): 232-242.

Eubanks M W. 1998. Method and materials for conferring *Tripsacum* genes in maize. United States, 575028.

Eubanks M W.1995. A cross between two maize relatives: *Tripsacum dactyloides* and *Zea diploperennis*(Poaceae). Economic Botany, 49(2): 172-182.

Eubanks M W.1997. Molecular analysis of crosses between *Tripsacum dactyloides* and *Zea diploperennis*(Poaceae). Theoretical & Applied Genetics, 94(6): 707-712.

Eubanks M W.2001. The mysterious origin of maize. Economic Botany, 55(4): 492-514.

Eubanks MW.2002. Investigation of novel genetic resource for rootworm resistance in corn //NSF(ed)Proceedings of the NSF design, service and manufacturing conference. Iowa State University, San Juan: 2544-2550.

Eubanks M W.2006. A genetic bridge to utilize *Tripsacum* germplasm in maize improvement. Maydica, 51(2): 315-327.

Evans M M S, Kermicle J L.2001. Teosinte crossing barrier1, a locus governing hybridization of teosinte with maize. Theoretical & Applied Genetics, 103(2): 259-265.

Eyrewalker A, Gaut R L, Hilton H, et al.1998. Investigation of the bottleneck leading to the domestication of maize. Proceedings of the National Academy of Sciences of the United States of America, 95(8): 4441-4446.

Faix J J. 1980. Asiatic bluesterns[Bothriochloa] and an eastern govmagrass[*Tripsacum*] in southern Illinois. Dsac Discon Springs Agricultural Center.

Falcinelli M, Cenci C A, Negri V.1983. An assessment of *Dactylis glomerata* L. ecotypes I. Botanical characteristics. Rivistadi Agronomia.17: 2, 305-313.

Farias Rivera L A, Hernandez Mendoza J L, Molina Ochoa J, et al.2003. Effect of leafextracts of teosinte, *Zea diploperennis* L., and a Mexican maize variety, criollo'Uruapeño', on the growth and survival of the fall armyworm(*Lepidoptera: Noctuidae*). Florida Entomol, 86: 239-243.

Feddermann N, Muni R R D, Zeier T, et al.2010. The *PAM*1 gene of petunia, required for intracellular accommodation and morphogenesis of arbuscular mycorrhizal fungi, encodes a homologue of VAPYRIN. Plant Journal, 64(3): 470-481.

Feng G, Huang L, Li J, et al.2017. Comprehensive transcriptome analysis reveals distinct regulatory programs during vernalization and floral bud development of orchardgrass(*Dactylis glomerata* L.). Bmc Plant Biology, 17(1): 216.

Fiasson J L, Ardouin P, JayM.1987. A phylogenetic groundplan of the specific complex *Dactylis glomerata*. Biochem Syst. Ecol., 15: 225-230.

Findley W R, Nault L R, Styer W E, et al.1983. Inheritance of maize chlorotic dwarf virus resistance in maize ×*Zea diploperennis* backcrosses. Maize Newsl, 56: 165-166.

Flint-Garcia S A, Thornsberry J M.2003. Structure of linkage disequilibrium in plants. Annual Review of Plant Biology, 54(4): 357-374.

Flood R G, Halloran G M.1986. Genetics and physiology of vernalization response in wheat. Adv. Agr., 39(39): 87-125.

Fornara F, De M A, Coupland G.2010. Snapshot: control of flowering in *Arabidopsis*. Cell, 141(3): 550-550. e2.

Foyer CH, Noctor G.2010. Oxidant and antioxidant signalling in plants: a re-evaluation of the concept of oxidative stress in a physiological context. Plant Cell &Environment, 28(8): 1056-1071.

Freeling M, Thomas B C.2006. Gene-balanced duplications, like tetraploidy, provide predictable drive to increase morphological complexity. Genome Research, 16(7): 805-814.

Fukunaga K, Hill J, Vigouroux Y, et al.2005. Genetic diversity and population structure of teosinte. Genetics, 169(4): 2241-2254.

Galiba G, Quarrie S A, Sutka J, et al.1995. RFLP mapping of the vernalization(*Vrn1*) and frost resistance(*Fr1*) genes on chromosome 5A of wheat. Theoretical & Applied Genetics, 90(7-8): 1174.

Galinat W C, Chaganti R S K, Hager F D.1964. *Tripsacum* as possible amphidiploid of wild maize and Manisuris. Bot. Mus. Leafl. Harv. Univ., 20: 289-316.

Galinat W C.1986. The cytology of the trigenomic hybrid. Maize Genetics Newsletter, 60: 133.

Galinat, W C, Sprague G F, Dudley J W.1988. The origin of corn//Sprague G F, DudleyJ W. Corn & Corn Improvement. Agronomy Monographs No.18. American Society of Agronomy, Madison, W. I, 1-31.

García M D, Molina M D C, Pesqueira J.2000. Genotype and embryo age affect plant regeneration from maize/*Tripsacum* hybrids. Maize Genetics Cooperation Newsletter, 41-42.

Gaut B S, d'Ennequin M L T, Peek A S, et al.2000. Maize as a model for the evolution of plant nuclear genomes. Proceedings of the National Academy of Sciences of the United States of America, 97: 7008-7015.

Gauthier P, Lumaret R, Bédécarrats A.1998. Ecotype differentiation and coexistence of two parapatric tetraploid subspecies of cocksfoot(*Dactylis glomerata*) in the Alps. New Phytol.139: 741-750.

Gilker R E, Weil R R, Krizek D T, et al.2002. Eastern gamagrass root penetration in adverse subsoil conditions. Soil Science Society of America Journal, 66(3): 931-938.

Goluboskaya I N, Harper L C, Pawlowski W P, et al.2002. The *pam*1 gene is required for meiotic bouquet formation and efficient homologous synapsis in maize(*Zea mays* L.). Genetics, 162: 1979-1993.

Gómez A, Lunt D H.2006. Refugia within refugia: patterns of phylogeographic concordance in the Iberian Peninsula//Weiss S, Ferrand N. Phylogeography of Southern European Refugia. The Netherlands: Springer: 155-188.

Gonzalez G, Comas C, Confalonieri V A, et al.2006. Genomic affinities between maize and *Zea perennis* using classical and molecular cytogenetic methods(GISH-FISH). Chromosome Research, 14(6): 629-635.

Gonzalez G, Confalonieri V A, Comas C, et al.2004. GISH genomic in situ hybridization reveals cryptic genetic differences between maize and its putative wild progenitor *Zea mays* subsp. *parviglumis*. Genome, 47(5): 947-953.

Grattapaglia D, Sederoff R. 1994. Genetic linkage maps of *Eucalyptus grandis* and *Eucalyptus urophylla* using a pseudo-testcross: mapping strategy and RAPD markers. Genetics, 137(4): 1121-37.

Griffiths S, Dunford R G, Laurie D A.2003. The evolution of CONSTANS-like gene families in barley, rice, and *Arabidopsis*. Plant Physiology, 131(4): 1855-1867.

Guignard G.1985. *Dactylis glomerata* ssp. oceanica, a new taxon of the Atlantic coast. Bull. Soc. Bot. France. Let. Bot., 132: 341-346.

Guo Y, Shi G, Liu Z, et al.2015. Using specific length amplified fragment sequencing to construct the high-density genetic map for Vitis(*Vitis viniferaL.* × *Vitis amurensis Rupr*.). Front Plant Sci, 6(393): 393.

Guo Y, Wu Y, Anderson J A, Moss J Q, et al. 2017. SSR marker development, linkage mapping, and QTL analysis for establishment rate in common bermudagrass. Plant Genome. DOI: 10.3835/plantgenome2016.07.0074.

Gutierrezmarcos J F, Pennington P D, Costa L M, et al.2003. Imprinting in the endosperm: a possible role in preventing wide hybridization. Philosophical Transactions Biological Sciences, 358(1434):1105-1111.

Harada K, Murakami M, Fukushima A, et al.1954. Breeding study on the forage crops: Studies on the intergeneric hybridization between the genus *Zea* and *Coix*(Maydeae). Scientific Reports of the Saikyo University Agriculture, 6: 139-145.

Harlan J R, De Wet J.1977. Pathways of genetic transfer from *Tripsacum* to *Zea mays*. Proceedings of the National Academy of Sciences of the United States of America, 74(8): 3494-3497.

Hayes P M, Blake T, Chen T H, et al.1993. Quantitative trait loci on barley (*Hordeum vulgare* L.) chromosome 7 associated with components of winterhardiness. Genome, 36(1): 66.

Hazebroek J P, Metzger J D, Mansager E R.1990. Thermoinductive regulation of gibberellin metabolism in *Thlaspi arvense*L. (ii. cold induction of enzymes in gibberellin biosynthesis). Plant Physiology, 94(1): 157.

Hewitt G M.1999. Post glacial recolonisation of European biota. Biol J Linn Soc, 68: 87-112.

Hirata M, Cai H, Inoue M, et al.2006. Development of simple sequence repeat (SSR) markers and construction of an SSR-based linkage map in Italian ryegrass (*Lolium multiflorum* Lam.). Theoretical & Applied Genetics. theoretische Und Angewandte Genetik, 113(2): 270-279.

Hirata M, Yuyama N, Cai HW.2011. Isolation and characterization of simple sequence repeat markers for the tetraploid forage grass *Dactylisglomerata*. Plant Breed.130: 503-506.

Hirst E, Cains G D, Bale P M, et al.2013. Suitability of eastern gamagrass for in situ precipitation catchment forage production in playas. Agronomy Journal, 105(4): 907-914.

Hooker AL, Perkins JL. 1980. Helminthosporium leaf blights of corn the state of the art. Proceedings of the annual corn and sorghum research conference. Biotechnology in Agriculture & Forestry, 35:68-87.

Holtz Y, Ardisson M, Ranwez V, et al.2016. Genotyping by sequencing using specific allelic capture to build a high-density genetic map of durum wheat. Plos One, 11(5): e0154609.

Horjales M, Redondo N, Pérez B, et al.1995. Presencia en Galicia de *Dactylis glomerata* L. hexaploide. Bol Soc Brot, 67: 223-230.

Hossain F, Muthusamy V, Bhat J S, et al.2016. Maize//Singh M, Kumar S. Broadening the Genetic Base of Grain Cereals. Berlin: Springer: 67-88.

Howe G A, Jander G.2008. Plant immunity to insect herbivores. Annual Review of Plant Biology, 59(1): 41-66.

Hu W L, Timothy D H.1971. Cytological studies of four diploid *Dactylis* subspecies, their hybrids and induced tetraploid hybrids. Crop Sci., 11: 203-207.

Hu X, Kong X, Wang C, Ma L, et al. 2014. Proteasome-mediated degradation of FRIGIDA modulates flowering time in *Arabidopsis* during vernalization. Plant Cell Online, 26(12): 4763-4781.

Huang H R, Yan P C, Lascoux M, et al.2012. Flowering time and transcriptome variation in capsella bursa‐pastoris (*brassicaceae*). New Phytologist, 194(3): 676-689.

Huang LK, Yan HD, Zhao XX, et al.2015. Identifying differentially expressed genes under heat stress and developing molecular markers in orchardgrass (*Dactylis glomerata* L.) through transcriptome analysis.

Molecular Ecology Resources, 15(6): 1497-1509.

Huang L K, Yan H D, Zhao X X, et al.2015. Identifying differentially expressed genes under heat stress and developing molecular markers in orchardgrass(*Dactylis glomerata* L.)through transcriptome analysis. Molecular Ecology Resources, 15(6): 1497-1509.

Hubbard L, Mcsteen P, Doebley J, et al.2002. Expression patterns and mutant phenotype of teosinte branched1 correlate with growth suppression in maize and teosinte. Genetics, 162(4): 1927-1935.

Hui C, Jiang JG.2010. Osmotic adjustment and plant adaptation to environmental changes related to drought and salinity. Environmental Reviews, 18(1): 309-319.

Ianiri G, Abhyankar R, Kihara A, et al.2014. Phs1 and the synthesis of very long chain Fatty acids are required for ballistospore formation. Plos One, 9(8): e105147-e105147.

Iltis H H, Benz B F.2000. *Zea nicaraguensis*(Poaceae), a new teosinte from Pacific Coastal Nicaragua. Novon A Journal for Botanical Nomenclature, 10(4): 382-390.

Iltis H H, Doebley J F, Guzman M R, et al.1979. *Zea diploperennis*(Gramineae): a new teosinte from Mexico. Science, 203(4376): 186-188.

Iltis H H, Doebley J F.1980. Taxonomy of *Zea*(Gramineae). II. subspecific categories in the *Zea mays* complex and a generic synopsis. American Journal of Botany, 67(6): 994-1004.

Ingolia N T, Brar G A, Rouskin S, et al.2012. The ribosome profiling strategy for monitoring translation in vivo by deep sequencing of ribosome-protected mrna fragments. Nature Protocols, 7(8): 1534-1550.

Inoue M, Gao Z, Hirata M, et al. 2004. Construction of a high-density linkage map of Italian ryegrass (*Lolium multiflorum*Lam.) using restriction fragment length polymorphism, amplified fragment length polymorphism, and telomeric repeat associated sequence markers. Genome, 47(1): 57.

Iqbal M Z, Cheng M J, Su Y G, et al. 2019. Allopolyploidization facilitates gene flow and speciation among corn, *Zea perennis* and *Tripsacam dactyloides*. Planta, 249(6): 1949-1962.

Ittu M, Kellner E.1977. Studies on the response to black rust of varieties of cocksfoot. Analele Institutului de Cercetari pentru Cereale si Plante Tehnice, 42: 23-29.

Ittu M, Kellner E.1980. Sources of resistance to black rust(*Puccinia graminis* Pers.)in cocksfoot(*Dactylis glomerata* L.). Probleme de Genetica Teoretica si Aplicata, 12(6): 511-517.

Iwaki K, Nishida J, Yanagisawa T, et al.2002. Genetic analysis of Vrn-B1 for vernalization requirement by using linked dCAPS markers in bread wheat(*Triticum aestivum* L.). Theor. appl. Genet, 104: 571-576.

Jafari A, Naseri H. 2007. Genetic variation and correlation among yield and quality traits in cocksfoot (*Dactylis* *glomerata*L.）. Journal of Agricultural Science, 145（6）: 599-610.

Jain M, Olsen H E, Paten B, et al.2016. The oxford nanopore minion: delivery of nanopore sequencing to the genomics community. Genome Biology, 17（1）: 239.

Jay M, Lumaret R.1995. Variation in the subtropical group of *Dactylis glomerata* L.2. Evidence from phenolic compound patterns. Biochem. Syst. Ecol., 23: 523-531.

Jensen K B, Harrison P, Chatterton N J, et al.2014. Seasonal trends in nonstructural carbohydrates in cool- and warm-season grasses. Crop Science, 54（5）: 2328.

Jespersen D, Merewitz E, Yan X, et al. 2016. Quantitative trait loci associated with physiological traits for heat tolerance in creeping bentgrass. Crop Science, 56（3）: 1314-.

Jia W, Zhang J.2008. Stomatal movements and long-distance signaling in plants. Plant Signaling & Behavior, 3（10）: 772-777.

Jiang LF, Zhang XQ, Ma X, et al., 2013. Identification of orchardgrass（*Dactylis glomerata* L.）cultivars by using simple sequence repeat markers. Genetics and Molecular Research, 12（4）: 5111-5123.

Jogan J. 2002. Systematics and chorology of Cocksfoot Group（Dactylis glomerata agg.） in Slovenia.Slovenia:University of Llbljoac Slovenia.

Johanson U, Dean C.2000. Molecular analysis of frigida, a major determinant of natural variation in *Arabidopsis* flowering time. Science, 290（5490）: 344.

Jones ES, Mahoney NL, Hayward MD, et al.2002. An enhanced molecular marker based genetic map of perennial ryegrass（*Lolium perenne*）reveals comparative relationships with other poaceae genomes. Genome, 45（2）: 282-295.

Jones K, Carroll CP, Borrill M.1961. A chromosome atlas of the genus Dactylis. Cytologia, 26: 333-343.

Jones K.1962. Chromosomal status, gene exchange and evolution in Dactylis. Genetica, 32: 272-295.

Julieta Pesqueira, Garicia M D. 2006. Nacl effects in *Zea mays* L. x *Tripsacum dactyloides*（L.） L. hybrid calli and plants. Electronic Journal of Biotechnology. 9（3）: 0717-3458.

Kankshita S, Byoung C W, Therese M, et al.2012. A framework genetic map formiscanthus sinensisfrom rnaseq-based markers shows recent tetraploidy. Bmc Genomics, 13（1）: 142.

Kantarski T, Larson S, Zhang X, et al.2016. Development of the first consensus genetic map of intermediate wheatgrass（*Thinopyrum intermedium*）using genotyping-by-sequencing. Theoretical & Applied Genetics, 130（1）: 1-14.

Kato T A, Lopez R.1990. Chromosome knobs of the perennial teosintes. Maydica, 35: 125-141.

Kato Y T A.1984. Chromosome morphology and the origin of maize and its races. Evolutionary Biology, 17(6): 219-253.

Kermicle J L, Allen J P.1990. Cross-incompatibility between maize and teosinte. Maydica, 35(4): 399-408.

Kermicle J L, Evans M M S.2005. Pollen-pistil barriers to crossing in maize and teosinte result from incongruity rather than active rejection. Sexual Plant Reproduction, 18(4): 187-194.

Kindiger B, Beckett J B.1992. Popcorn germplasm as a parental source for maize x *Tripsacum dactyloides* hybridization. Maydica, 37: 245-249.

Kindiger B, Sokolov V, Khatypova I V.1996. Evaluation of apomictic reproduction in a set of 39 chromosome maize-*Tripsacum* backcross hybrids. Crop Science, 36(5): 1108-1113.

Kolliker R, Stadelmann F J, Reidy B, et al.1999. Genetic variability of forage grass cultivars: a comparison of *Fetuca praensis* Huds. , *Lolium perenne* L. , and *Dactylis glomerata* L. Euphytica, 106: 261-270.

Koul A K.1964. Heterochromatin and non-homologous chromosome associations in Coix aquatica. Chromosoma, 15(3): 243-245.

Koul A K.1965. Interspecific hybridization in Coix, 1. Morphological and cytological studies of the hybrids of a new form of *Coix* with $2n=32 \times Coix \ aquatica$ Roxb. Genetica, 36(1): 315-324.

Lane J A, Child D V, Moore T H M, et al.1997. Phenotypic characterisation of resistance in *Zea diploperennis* to Striga hermonthica. Maydica, 42(1): 45-51.

Lange E S, Balmer D, Mauch Mani B, et al.2015. Insect and pathogen attack and resistance in maize and its wild ancestors, the teosintes. New Phytologist, 204(2): 329-341.

Law C N, Worland A J, Giorgi B.1976. The genetic control of ear-emergence time by chromosomes 5a and 5d of wheat. Heredity, 36(1): 49-58.

Leblanc O, Grimanelli D, Hernandezrodriguez M, et al.2009. Seed development and inheritance studies in apomictic maize-*Tripsacum* hybrids reveal barriers for the transfer of apomixis into sexual crops. International Journal of Developmental Biology, 53(4): 585.

Lemke B M, Gibson L R, Knapp A D, et al.2003. Maximizing seed production in eastern gamagrass. Agronomy Journal, 95(4): 863-869.

Levy Y Y, Mesnage S, Mylne J S, et al.2002. Multiple roles of arabidopsis *VRN1* in vernalization and flowering time control. Science, 297(5579): 243-246.

Li X Y, Xu H X, Chen J W.2014. Rapid identification of red-flesh loquat cultivars using EST-SSR markers based on manual cultivar identification diagram strategy. Genetics & Molecular Research Gmr, 13(2):

3384.

Li Y G, Dewald C L, Sims P L, et al.1999. Genetic relationships within *Tripsacum* as detected by RAPD variation. Annals of Botany, 84(6): 695-702.

Lindner R, Garcia A.1997. Genetic differences between natural populations of diploid and tetraploid *Dactylis glomerata* spp. *izcoi*. Grass and Forage Science, 52(3): 291-297.

Lindner R, Garcia A.1997. Geographic distribution and genetic resources of *Dactylis* in Galicia(northwest Spain). Genet. Resour. Crop Ev, 44: 499-507.

Lindner R, Lema M, García A.2004. Extended genetic resources of *Dactylis glomerata* subsp. *izcoi* in Galicia(northwest Spain). Genet Resour Crop Evol, 51: 437-442.

Liu D, Ma C, Hong W, et al.2014. Construction and analysis of high-density linkage map using high-throughput sequencing data. Plos One, 9(6): e98855.

Liu L, Wu Y, Wang Y, et al.2012. A high-density simple sequence repeat-based genetic linkage map of switchgrass. G3: Genes|Genomes|Genetics, 2(3): 357-370.

Liu S, Chen H D, Makarevitch I, et al.2010. High-throughput genetic mapping of mutants via quantitative single nucleotide polymorphismtyping. Genetics, 184(184): 19-26.

Liu T, Liu H, Zhang H, et al.2013. Validation and characterization of ghd7.1, a major quantitative trait locus with pleiotropic effects on spikelets per panicle, plant height, and heading date in rice(*oryza sativa* L.). Journal of Integrative Plant Biology, 55(10): 917-927.

Longley. 1941. Chromosome morphology in maize and its relatives. Botanical Review, 7(5), 263-289.

Lowry D B, Taylor S H, Bonnette J, et al.2015. QTLs for biomass and developmental traits in switchgrass(*Panicum Virgatum*). Bioenergy Research, 8(4): 1856-1867.

Lukaszewski A J, Kopecký D.2010. The *Ph1* locus from wheat controls meiotic chromosome pairing in autotetraploid rye(*Secale cereale* L.). Cytogenetic & Genome Research, 129(1-3): 117-123.

Lukens L, Doebley J.2001. Molecular evolution of the teosinte branched gene among maize and related grasses. Molecular Biology and Evolution, 18(4): 627-638.

Lumaret R, Barrientos E.1990. Phylogenetic relationships and gene flow between sympatric diploid and tetraploid plants of *Dactylis glomerata*(Gramineae). Plant Systematics and Evolution, 169: 81-96.

Lumaret R, Bowman C M, Dyer TA.1989. Autotetraploidy in *Dactylis glomerata* L. : further evidence from studies of chloroplast DNA variation. Theor. Appl. Genet., 78: 393-399.

Lumaret R, Bretagnolle F, Maceira N O.1992.2n gamete frequency and bilateral polyploidization in *Dactylis glomerata*//Mariana A, Tavoletti S. Gametes with Somatic Chromosome Number in the Evolution and Breeding of Polyploid Polysomic Species: Achievements and Perspectives. Perugia, Italy: Forage Plant Breeding Institute: 15-21.

Lumaret R, Guillerm J L.1987. Polyploidy and habitat differentiation in *Dactylis glomerata* L. from Galicia(Spain). Oecologia, 73(3): 436- 446.

Lumaret R.1984. The role of polyploidy in the adaptive significance of polymorphism at the GOT 1 locus in the *Dactylis glomerata* complex. Heredity, 52: 153-169.

Lumaret R.1986. Doubled duplication of the structural gene for cytosolic phosphoglucose isomerase in the *Dactylis glomerata* L. polyploid complex. Mol. Biol. Evol., 3: 499-521.

Lumaret R.1987. Differential degree in genetic divergence as a consequence of A long isolation in a diploid entity of *Dactylis glomerata* L. from the Guizhou Region(China). Presentation to the 2nd symposium Paleoenvironment East Asia, Hong Kong.

Lumaret R.1988. Cytology, genetics, and evolution in the genus *Dactylis*. Critical Reviews in Plant Sciences, 7: 55-89.

Maceira N O, Jacquard P, Lumaret R.1993. Competition between diploid and derivative autotetraploid *Dactylis glomerata* L. from Galicia. Implications for the establishment of novel polyploid populations. New Phytol., 124: 321-328.

Madesis P, Abraham E M, Kalivas A, et al.2014. Genetic diversity and structure of natural *Dactylis glomerata* L. populations revealed by morphological and microsatellite-based(SSR/ISSR)markers. Genetics & Molecular Research Gmr, 13(2): 4226-4240.

Magoja J L, Palaeios I G, Bertoia L M.1985. Evolution of *Zea*. MNL, 59: 61-67.

Magoja J L, Pischedda G.1994. Maize × teosinte hybridization. Biotechnology in Agriculture and Forestory, 25: 84-101.

Maher C A, Kumar-Sinha C, Cao X, et al.2009. Transcriptome sequencing to detect gene fusions in cancer. Nature, 458(7234): 97-101.

Mahuku G, Chen J, Shrestha R, et al.2016. Combined linkage and association mapping identifies a major qtl(qrtsc8 - 1), conferring tar spot complex resistance in maize. Theoretical & Applied Genetics, 129(6): 1217-1229.

Mammadov J, Buyyarapu R, Guttikonda S K, et al.2018. Wild relatives of maize, rice, cotton, and soybean: treasure troves for tolerance to biotic and abiotic stresses. Frontiers in Plant Science, 9: 886.

Mangelsdorf P C, Macneish R S, Galinat W C, et al.1964. Domestication of corn. Science, 143 (3606): 538-545.

Mangelsdorf P C, Reeves R G.1931. Hybridization of maize, *Tripsacum*, and *Euchlaena*. Journal of Heredity, 22 (11): 329-343.

Mangelsdorf P C, Reeves R G.1935. A trigeneric hybrid of *Zea*, *Tripsacum* and *Euchlaena* all of the chromosomes of maize and its two nearest relatives combined in a single plant. Journal of Heredity, 26 (4): 129-140.

Mangelsdorf P C, Rg R.1984. The origin of maize. Science, 225 (4667): 1094.

Mano Y, Muraki M, Fujimori M, et al.2005a. Identification of QTL controlling adventitious root formation during flooding conditions in teosinte (*Zea mays*, ssp. *huehuetenangensis*) seedlings. Euphytica, 142 (142): 33-42.

Mano Y, Muraki M, Fujimori M, et al.2005b. Varietal difference and genetic analysis of adventitious root formation at the soil surface during flooding inmaize and teosinte seedlings (Genetic Resources and Evaluation). Japanese Journal of Crop Science, 74 (1): 41-46.

Mano Y, Omori F, Loaisiga C H, et al.2009. QTL mapping of above-ground adventitious roots during flooding in maize x teosinte "*Zea nicaraguensis*" backcross population. Plant Root, 3: 3-9.

Mano Y, Omori F, Takamizo T, et al.2006. Variation for root aerenchyma formation in flooded and non-flooded maize and teosinte seedlings. Plant & Soil, 281 (1): 269-279.

Mano Y, Omori F, Takamizo T, et al.2007. QTL mapping of root aerenchyma formation in seedlings of a maize × rare teosinte "*Zea nicaraguensis*" cross. Plant&Soil, 295 (1-2): 103-113.

Mano Y, Omori F.2007. Breeding for flooding tolerant maize using "teosinte" as a germplasm resource. Plant Root, 1 (1): 17-21.

Mano Y, Omori F.2008. Verification of QTL controlling root aerenchyma formation in a maize teosinte "*Zea nicaraguensis*" advanced backcross population. Breed Science, 58: 217-223.

Mano Y, Omori F.2013. Flooding tolerance in interspecific introgression lines containing chromosome segments from teosinte (*Zea nicaraguensis*) in maize (*Zea mays* ssp. *mays*). Annals of Botany, 112: 1125-1139.

Mao J X, Luo D, Wang G W, et al.2016. Genetic diversity of orchardgrass (*Dactylis glomerata* L.) cultivars revealed by simple sequence repeats (SSR) markers. Biochemical Systematics & Ecology, 66: 337-343.

Marshall D R, Brown A H.1989. Optimum sampling strategies in genetic conservation//Frenkel D H, Hawles J G. Crop Genetic Resource for Today and Tomorrow. London: Cambridge University Press: 53-80.

Matsuoka Y, Vigouroux Y, Goodman M M, et al.2002. A single domestication for maize shown by multilocus microsatellite genotyping. Proceedings of the National Academy of Sciences of the United States of America, 99(9): 6080-6084.

Matzk F.1981. Successful crosses between *Festuca arundinacea* Schreb. and *Dactylis glomerata* L. Theor. Appl. Genet., 60: 119-122.

Mcclintock B.1929. Chromosome morphology in *Zea mays*. Science, 69(1798): 629.

Mcmullen M D, Frey M, Degenhardt J.2009. Genetics and biochemistry of insect resistance in maize. Handbook of Maize: Its Biology, 271-289.

Metzger J D.1990. Thermoinductive regulation of gibberellin metabolism in *Thlaspi arvense* L. Plant Physiology 94: 151-156.

Míka V, Kohouek A, Smrz J, 1999. Dactylis Polygama, a non-aggressive cocksfoot for grass/clovr mixtures. Grassland ecology V. Proccedings of 5th ecological conference, Bamská Bystrica, Slovakia, 23-25 Nov 1999.

Mizianty M, Cenci CA.1995. *Dactylis glomerata* L. subsp. *slovenica*(Dom.) Dom. (Gramineae), a new taxon to Italy. Webbia, 50: 45-50.

Mizianty M.1997. Distribution of *Dactylis glomerata* subsp. *slovenica*(Poaceae) in Europe. Fragm. Flor. Geobot., 42: 207-213.

Molina M C, García M D, López C G, et al.2004. Meiotic pairing in the hybrid(*Zea diploperennis* × *Zeaperennis*)× *Zea mays* and its reciprocal. Hereditas, 141(2): 135.

Molina M D C, Garcia M D.1999. Influence of ploidy levels on phenotypic and cytogenetic traits in maize and *Zea perennis* hybrids. Cytologia, 64(1): 101-109.

Molina M D C, López C G, Staltari S, et al.2013. Cryptic homoeology analysis in species and hybrids of genus *Zea*. Biol Plantarum, 57: 449-456.

Molina M D C, Naranjo C A.1987. Cytogenetic studies in the genus *Zea*. Theoretical & Applied Genetics, 73(4): 542-550.

Moore G, Devos KM, Wang Z, et al.1995. Grass, line up and form a circle. Curr. Biol., 5: 737-739.

Morgan JM, Hare RA, Fletcher RJ.1986. Genetic variation in osmoregulation in bread and durum wheats and its relationship to grain yield in a range of field environments. Australian Journal of Agricultural Research, 37(5): 411-420.

Morin R, Bainbridge M, Fejes A, et al.2008. Profiling the hela s3 transcriptome using randomly primed cDNA and massively parallel short-read sequencing. Biotechniques, 45(1): 81-94.

Mouradov A, Cremer F, Coupland G.2002. Control of flowering time: interacting pathways as a basis for diversity. Plant Cell, 14(Suppl): S111.

Mousset C.1995. Les *dactyles* ou le genre *Dactylis*//Prosperi J M, Balfourier F, Guy P. Ressources Génétiques des Graminées Fourragéres et à Gazon. Paris, France: INRA-BRG: 28-52.

Moyaraygoza G.2016. Early development of leaf trichomes is associated with decreased damage in teosinte, compared with maize, by *Spodoptera frugiperda*(Lepidoptera: noctuidae). Annals of the Entomological Society of America, 109(5): saw049.

Muntzing A.1937. The effects of chromosomal variation in *Dactylis*. Heteditas, 23: 113-235.

Nakazumi H, Furuya M, Shimokouji H, et al.1997. Wide hybridization between timothy(*Phleum pratense* L.) and orchardgrass(*Dactylis glomerata* L.). Bull Hokkaido Prefectural Agric Exp Stn(Jpn), 72: 11-16.

Naseri A J H.2007. Genetic variation and correlation among yield and quality traits in cocksfoot(*Dactylis glomerata* L.). Journal of Agricultural Science, 145(6): 599-610.

Niazi I A K, Rafique A, Rauf S, et al.2014. Simultaneous selection for stem borer resistance and forage related traits in maize(*Zea mays* ssp. *mays* L.)×teosinte(*Zea mays* ssp. *mexicana* L.)derived populations. Crop Protection, 57(57): 27-34.

Nybom H.2004. Comparison of different nuclear DNA markers for estimating intraspecific genetic diversity in plants. Molecular Ecology, 13: 1143-1155.

Obsa B T, Eglinton J, Coventry S, et al.2016. Genetic analysis of developmental and adaptive traits in three doubled haploid populations of barley(*Hordeum vulgare* L.). Tag. theoretical & Applied Genetics. theoretische Und Angewandte Genetik, 129(6): 1139-1151.

Oertel C, Fuchs J, Matzk F.1996. Successful hybridization between *Lolium* and *Dactylis*. Plant Breed, 115: 101-105.

Omori F, Mano Y.2007. QTL mapping of root angle in F_2 populations from maize 'B73'×teosinte '*Zea luxurians*'. Plant Root, 1: 57-65.

Ortiz S, Rodriguez-Oubiña J.1993. *Dactylis glomerata* subsp. *izcoi*, a new subspecies from Galicia NW Iberian peninsula. Ann Bot Fenn, 30: 305-311.

Paina C, Byrne S L, Studer B, et al.2016. Using a candidate gene-based genetic linkage map to identify QTL for winter survival in perennial ryegrass. Plos One, 11(3): e0152004.

Parker P F, Borrill M.1968. Studies in *Dactylis*I. Fertility relationships in some diploid subspecies. New Phytol,

67: 649-662.

Parker P F.1972. Studies in Dactylis II.Natural variation, distribution, and systematics of the *Dactylis smithii* Link. Complex in Madeira and other AtlanticIslands. New Phytol, 72: 371-378.

Parra G, Bradnam K, Korf I.2007. Cegma: a pipeline to accurately annotate core genes in eukaryotic genomes. Bioinformatics, 23(9): 1061-1067.

Pásztor, K, Borsos O. 1990. Inheritance and chemical composition in inbred maize (*Zea mays* L.) × teosinte (*Zea mays* subsp. *mexicana* Schräder/Iltis) hybrids. (Preliminary communication). növénytermelés.

Peng Y, Zhang X Q, Deng Y L, et al.2008. Evaluation of genetic diversity in wild orchardgrass(*Dactylis glomerata* L.) based on AFLP markers. Hereditas, 145: 174-181.

Pernilla E S, Carlos H L, Amulf M.2007. Chromosome C-banding of the teosinte *Zea nicaraguensis*andcomparison to other *Zea* species. Hereditas, 144(3): 96-101.

Pesqueira J, García M D, Molina M C.2003. NaCl tolerance in maize(*Zea mays* ssp. *mays*) ×*Tripsacum dactyloides* L. hybrid calli in regenerated plants. Spanish Journal of Agricultural Research, 1(2): 59.

Pesqueira J, García M D, Staltari S, et al.2006. NaCl effects in *Zea mays* L. x *Tripsacum dactyloides*(L.)L. hybrid calli and plants. Electronic Journal of Biotechnology, 9(3): 286-290.

Petersen K, Didion TAndersen C H, Nielsen K K.2004. Mads-box genes from perennial ryegrass differentially expressed during transition from vegetative to reproductive growth. Journal of Plant Physiology, 161(4): 439-447.

Petrov D F, Belousova N I, Fokina E S, et al.1984. Transfer of Some Elements of Apomixis from *Tripsacum* to maize. New Delhi: Oxonian Press: 9-73.

Petrov D F, et al. 1979. Inheritance of the apomixes and its elements in maize x *Tripsacum* hybrids. [Russian]. Genetika.

Petrov D F.1957. The significance of apomixis for fixation of heterosis. Proc. Acad. Sci. (Russia), 5(112): 954-957.

Petrov D F.1984. Apomixis and Its Role in Evolution and Breeding Apomixis. New Delhi: Oxonian Press: 358-365.

Pfender W F, Saha M C, Johnson E A, et al.2011. Mapping with Rad(restriction-site associated Dna)markers to rapidly identify QTL for stem rust resistance in *Lolium perenne*. Theoretical & Applied Genetics, 122(8): 1467.

Piperno D R, Flannery K V.2001. The earliest archaeological maize(*Zea mays* L.)from highland Mexico: New accelerator mass spectrometry dates and their implications. Proceedings of the National Academy of Sciences of the United States of America, 98 (4) : 2101-2103.

Poggio L, Molina M C, Naranjo C A.1990. Cytogenede studies in the genus *Zea*.2. Colehicine induced multivalents. Theoretical & Applied Genetics, 79: 461-464.

Prischmann D A, et al.2009. Inseot Mgths: An interdisciplinary approach fostering active learning. 55 (4) : 228-233.

Ramirez DA.1997. Gene introgression in Maize(*Zea mays*ssp *mays*L.) . Philipp. J. Crop. Sci., 22: 51-63.

Randolph L P.1949. Crossability of corn and *Tripsacum* and the evolutionary history of the American Maydeae. Maize Genetics Cooperation Newsletter, 23: 23-27.

Rapela MA.1984. Tissue cultures of *Zea mays* × *Zea perennis* × *Zea diploperennis*. Maize Newsletter, 58: 114-115.

Ray J D, Kindiger B, Dewald C L, et al.1998. Preliminary survey of root aerenchyma in *Tripsacum*. Maydica, 43 (1) : 49-53.

Ray J D, Kindiger B, Sinclair T R.1999. Introgressing root aerenchyma into maize. Maydica, 44: 113-117.

Reeves G, Francis D, Davies M S, et al.1998. Genome size is negatively correlated with altitude in natural populations of *Dactylis glomerata*. Ann. Bot., 82 (suppl A) : 99-105.

Reeves R G.1950. The use of teosinte in the improvement of corn inbreds. Agronomy Journal, 42 (5) : 248-251.

Rich P J, Ejeta G.2008. Towards effective resistance to Striga in African maize. Plant Signaling & Behavior, 3 (9) : 618-621.

Rognli O A, Aastveit K, Munthe T.1995. Genetic variation in (*Dactylis glomerata* L.) populations for mottle virus resistance. Euphytica, 83 (2) : 109-116.

Ronceret A, Doutriaux M P, Golubovskaya I N, et al.2009. PHS1 regulates meiotic recombination and homologous chromosome pairing by controlling the transport of RAD_{50} to the nucleus. PNAS, 106: 20121-20126.

Saha M C, Mian R, Zwonitzer J C, et al.2005. An SSR- and AFLP-based genetic linkage map of tall fescue (*Festuca arundinacea*Schreb.) . Theoretical & Applied Genetics. Theoretische Und Angewandte Genetik, 110 (2) : 323-336.

Sahuquillo E, Lumaret R.1999. Chloroplast DNA variation in *Dactylis glomerata* L. taxa endemic to the Macaronesian islands. Molecular ecology, 8: 1797-1803.

Salon P R, et al. 1999. Eastern gamagrass forage quality as influenced by harvest management. Proceedings of the 2nd Eastern Native Grass Symposium. Baltimore MD.

Sanchez G J, et al. 1987. Teosinte in Mexico: distribution and present status of populations. Systematic and Ecogeographic studies on crop Genepools(IBPGR/FAO), no.2.

Sánchez G, Cruz L, Vidal M, et al.2011. Three new teosintes(*Zea* spp., Poaceae)from México. American Journal of Botany, 98(9): 1537-1548.

Savidan Y, Berthaud J. 1994. Maize × *Tripsacum* hybridization and the potential for apomixis transfer for maize improvement. Biotechnology in Agriculture & Forestry, 25:69-83.

Schejbel B, Jensen L B, Asp T, et al.2010. Mapping of QTL for resistance to powdery mildew and resistance gene analogues in perennial ryegrass. Plant Breeding, 127(4): 368-375.

Schilling S, Pan S, Kennedy A, et al. 2018. MADS-box genes and crop domestication: the jack of all traits. Journal of Experimental Botany,(7): 7.

Schmidt J.1985. Analysis of variability among ecotypes of cocksfoot(*Dactylis glomerata* L.)on the basis of material from a grass collection. Biuletyn Instytutu Hodowlii Aklimatyzacji Roslin, 158: 117-121.

Schnable J C, Springer N M, Freeling M.2011. Differentiation of the maize subgenomes by genome dominance and both ancient and ongoing gene loss. Proceedings of the National Academy of Sciences of the United States of America, 108(10): 4069-4074.

Schönfelder P, Ludwig D. 1996. *Dactylic metlesicsii*(Poaceae), eine neue Art der Gebirgsvegetation von Tenerife, Kanariische Inseln. Willdenowia 26: 217-223.

Seo P J, Park C M.2011. The MYB96 transcription factor regulates cuticular wax biosynthesis under drought conditions in*Arabidopsis*. Plant Signaling & Behavior, 23(7): 1138-1152.

Seo S, Shin D E.1997. Growth characteristics, yield, and nutritive value of early and late maturing cultivars of orchardgrass(*Dactylis glomerata* L.). Journal of the Korean Society of Grassland Science, 17(1): 27-34.

Serba D D, Daverdin G, Bouton J H, et al.2015. Quantitative trait loci(QTL)underlying biomass yield and plant height in switchgrass. Bioenergy Research, 8(1): 307-324.

Sharma P, Jha AB, Dubey RS, et al.2012. Reactive oxygen species, oxidative damage, and antioxidative defense mechanism in plants under stressful conditions. Journal of Botany, 2012: 1-26.

Shaver D L.1963. The effect of structural heterozygosity on the degree of preferential pairing in allotetraploids of *Zea*. Genetics, 48(4): 515-524.

Shaver D L.1964. Perennialism in *Zea*. Genetics, 50(3): 393-406.

Shaver D L.1967. Perennial maize. Journal of Heredity, 58: 270-273.

Shavrukov Y, Sokolov V.2015. Maize-gamagrass interspecific hybrid, *Zea mays* x *Tripsacum dactyloides*, shows better salinity tolerance and higher Na$^+$ exclusion than maize and sorghum. International Journal of Latest Research in Science & Technology, 4(1): 128-133.

Sheldrick R D, Lavender R H, Tewson V J.2010. The effects of frequency of defoliation, date of first cut and heading date of a perennial ryegrass companion on the yield, quality and persistence of diploid and tetraploid broad red clover. Grass & Forage Science, 41(2): 137-149.

Shinozuka H, Cogan N O, Spangenberg G C, et al.2011. Comparative genomics in perennial ryegrass(*Lolium perenne* L.): identification and characterisation of an orthologue for the rice plant architecture-controlling gene OSABCG5. International Journal of Plant Genomics, 2011(1-2): 291-563.

Shrivastava P, Kumar R.2015. Soil salinity: A serious environmental issue and plant growth promoting bacteria as one of the tools for its alleviation. Saudi Journal of Biological Sciences, 22(2): 123-131.

Sidorov FF, Shulakov IK.1962. Hybrids of maize and teosinte. Bul. App. Bot. Genet. Plant Breed, 347: 6-85.

Simpson G G, Dean C.2002. Arabidopsis, the rosetta stone of flowering time? Science, 296(5566): 285-289.

Skøt L, Sanderson R, Thomas A, et al.2011. Allelic variation in the perennial ryegrass FLOWERING LOCUS T gene is associated with changes in flowering time across a range of populations. Plant Physiology, 155(2): 1013-1022.

Soltis D E, Soltis P S.1993. Molecular data and the dynamic nature of polyploidy. Crit. Rev. Plant. Sci., 12: 243-273.

Speranza M, Cristofolini G.1986. The genus *Dactylis* in Italy1. The tetraploid entities. Webbia, 39: 379-396.

Speranza M, Cristofolini G.1987. The genus *Dactylis* in Italy2. The diploid entities. Webbia, 41: 213-224.

Srikanth A, Schmid M.2011. Regulation of flowering time: all roads lead to rome. Cellular & Molecular Life Sciences, 68(12): 2013-2037.

Stebbins G L, Zohary D.1959. Cytogenetic and evolutionarystudies in the genus *Dactylis*. I Morphological, distribution and inter relationships of the diploid subspecies. Univ. Calif. Publ. Bot., 31: 1-40.

Stebbins G L.1971. Chromosomal Evolution in Higher Plants. London, UK: Edward Arnold.

Stewart A V, Ellison N W.2010. The Genus *Dactylis*. Wealth of Wild Species: Role in Plant Genome Elucidation and Improvement. New York: Springer.

Stewart AV, Joachimiak A, Ellison N.2008. Genomic and geographic origins of timothy(*Phleum* sp.)based on ITS and chloroplast sequences. Proceedings of the 5th international symposium on the molecular breeding of forage and turf, 1-6 July 2007, Sapporo, Japan.

Stewart A, Ellison N, JoachimiakA.2010. The Genus *Phleum*; Wealth of Wild Species: Role in Plant Genome Elucidation and Improvement, New York: Springer.

Stuczynski M.1992. Estimation of suitability of the Ascherson's cocksfoot(*Dactylis aschersoniana* Graebn.)for field cultivation. Plant Breed Acclim Seed Prod, 36: 7-42.

Studer B, Boller B, Herrmann D, et al.2006. Genetic mapping reveals a single major qtl for bacterial wilt resistance in Italian ryegrass(*Lolium multiflorumLam.*). Theoretical & Applied Genetics, 113(4): 661-671.

Subbaiah C C, Sachs M M.2003. Molecular and cellular adaptations of maize to flooding stress. Annals of Botany, 91(2): 119-127.

Sun Q, Zhou D X. 2008. Rice jmjC domain-containing gene *JMJ706* encodes H3K9 demethylase required for floral organ development. Proceedings of the National Academy of Sciences of the United States of America, 105(36): 13679-13684.

Swaminathan K, Chae W B, Mitros T, et al. 2012. A framework genetic map for *Miscanthus sinensis* from RNAseq-based markers shows recent tetraploidy. Bmc Genomics, 13(1): 142.

Swanson-wagner R A, Eichten S R, Kumari S, et al.2010. Pervasive gene content variation and copy number variation in maize and its undomesticated progenitor. Genome Research, 20(12): 1689-1699.

Takahashi C G, Kalns L L, Bernal J S.2012. Plant defense against fall armyworm in micro‐sympatric maize(*Zea mays* ssp. *mays*)and Balsas teosinte(*Zea mays* ssp. *parviglumis*). Entomologia Experimentalis Et Applicata, 145(3): 191-200.

Tamiru A, Khan Z R, Bruce T J.2015. New directions for improving crop resistance to insects by breeding for egg induced defence. Current Opinion in Insect Science, 9: 51-55.

Tamminga S, Ketelaar R, Amvan V.2010. Degradation of nitrogenous compounds in conserved forages in the rumen of dairy cows. Grass & Forage Science, 46(4): 427-435.

Tang Q, Rong T, Song Y, et al.2005. Introgression of perennial teosinte genome into maize and identification of genomic in situ hybridization and microsatellite markers. Crop Science, 45(2): 717-721.

Terrell E E.1968. taxonomic revision of the genus *Lolium*. Technical Bulletins, (2): 85-88.

Trejocalzada R, O'Connell M A.2005. Genetic diversity of drought-responsive genes in populations of the desert forage *Dactylis glomerata*. Plant Science, 168(5): 1327-1335.

Tuna M, Teykin E, Buyukbaser A, et al. 2007. Nuclear DNA variation in the grass genus *Daetylis* L. Poster Presentation, 5th international Symposiam molecular breeding of forage and turf, 1-6 Jul 2007, Sappora, Japan.

Turner A, Beales J, Faure S, et al.2005. The pseudo-response regulator PPD-H1 provides adaptation to photoperiod in barley. Science, 310(5750): 1031-1034.

Turner L B, Farrell M, Humphreys M O, et al.2010. Testing water-soluble carbohydrate QTL effects in perennial ryegrass(*Lolium perenne* L.)by marker selection. Tag. theoretical & Applied Genetics, 121(8): 1405.

Tzvelev N N.1983. Grasses of the Soviet Union. New Delhi, India: Amerind Publishing.

Unamba C I N, Akshay N, Sharma R K. 2015. Next generation sequencing technologies: the doorway to the unexplored genomics of non-model plants. Frontiers in Plant Science, 6(185): 1074.

van Dijk G E.1961. The inheritance of harsh leaves in tetraploid cocksfoot. Euphytica, 13: 305-313.

Velmurugan J, Mollison E, Barth S, et al. 2016. An ultra-high density genetic linkage map of perennial ryegrass (*Lolium perenne*) using genotyping by sequencing (GBS) based on a reference shotgun genome assembly. Annals of Botany, 118(1), mcw081.

Vision T J, Brown D G, Shmoys D B, et al.2000. Selective mapping: a strategy for optimizing the construction of high-density linkage maps. Genetics, 155(1): 407.

Volaire F, Thomas H. 1995. Effects of drought on water relations, mineral uptake, water-soluble carbohydrate accumulation and survival of two contrasting populations of cocksfoot (*Dactylis glomerata* L.). Annals of Botany, 75(5): 513-524.

Vyssoulis G P, Karpanou E A, Papavassiliou M V, et al.2001. P-257: Side effects of antihypertensive treatment with ACE inhibitors. American Journal of Hypertension, 14(4): A114-A115.

Walt W J V D.1983. Observations on perennial teosinte, *Zea diploperennis*, and its crosses with cultivated maize. Technical communication-South Africa, Department of Agriculture, 14-19.

Wang F, Singh R, Genovesi A D, et al.2015. Sequence-tagged high-density genetic maps of *Zoysia japonica* provide insights into chloridoideae genome evolution. Plant Journal, 82(5): 744-757.

Wang H.2005. The origin of the naked grains of maize. Nature, 436: 714-719.

Wang L Z, Qu M L, Zhang X H, et al.2014. Production of antihypertensive peptides by enzymatic zein hydrolysate from maize-*Zea mays* ssp. *mexicana* introgression line. Pakistan Journal of Botany, 46(5): 1735-1740.

Wang L, Xu C, Qu M, et al.2008. Kernel amino acid composition and protein content of introgression lines from *Zea mays* ssp. *mexicana* into cultivated maize. Journal of Cereal Science, 48(2): 387-393.

Wang P, Lu Y, Zheng M, et al.2011. RAPD and internal transcribed spacer sequence analyses reveal *Zea nicaraguensis* as a section *Luxuriantes* species close to *Zea luxurians*. Plos One, 6(4): 1451-1453.

Wang R, Stec A, Hey J, et al.1999. The limits of selection during maize domestication. Nature, 398(6724): 236-239.

Wang Y R, Cui Y H, Nan Z B, et al.2002. Characteristic selection and example variety determination of DUS testing guidelines of plant new variety. Pratacultural Science, 19(2): 44-47.

Wang Z, Gerstein M, Snyder M. 2009. RNA-Seq: a revolutionary tool for transcriptomics. Nature Reviews Genetics, 10(1), 57-63.

Wei Q, Wang Y, Qin X, et al.2014. An SNP-based saturated genetic map and QTL analysis of fruit-related traits in cucumber using specific-length amplified fragment(SLAF) sequencing. Bmc Genomics, 15(1): 1158.

Wei W H, Zhao W P, Song Y C, et al.2010. Genomic in situ hybridization analysis for identification of introgressed segments in alloplasmic lines from *Zea mays×Zea diploperennis*. Hereditas, 138(1): 21-26.

Wendel J F.2000. Genome evolution in polyploids. Plant Mol. Biol., 42: 225-249.

Wilkes H G.1967. Teosinte: the closest relative of maize. Cambridge, Massachusetts: Bussey Institute of Harvard University.

Willkes H G.1977. Hybridization of maize and teosinte, in mexico and guatemala and the improvement of maize. Economic Botany, 31(3): 254-293.

Woods D, Mckeown M, Dong Y, et al.2016. Evolution of VRN2/Ghd7-like genes in vernalization-mediated repression of grass flowering. Plant Physiology, 170(4): 2124.

Wu Q H, Chen Y X, Zhou S H, et al.2015. High-density genetic linkage map construction and QTL mapping of grain shape and size in the wheat population yanda1817 × beinong6. Plos One, 10(2): e0118144.

Xie W, Bushman B S, Ma Y, et al.2015. Genetic diversity and variation in North American orchardgrass(*Dactylis glomerata* L.) cultivars and breeding lines. Grassland Science, 60(3): 185-193.

Xie W, Feng Q, Yu H, et al.2010. Parent-independent genotyping for constructing an ultrahigh-density linkage map based on population sequencing. Proceedings of the National Academy of Sciences of the United States of America, 107(23): 10578-10583.

Xie W, Robins J G, Bushman B S.2012. A genetic linkage map of tetraploid orchardgrass(*Dactylis glomerata* L.) and quantitative trait loci for heading date. Genome, 55(5): 360.

Xie W, Zhang X, Cai H, et al.2011. Genetic maps of SSR and SRAP markers in diploid orchardgrass(*Dactylis glomerata* L.) using the pseudo-testcross strategy. Genome, 54(3): 212-221.

Yamane K, Yano K, Kawahara T.2006. Pattern and rate of indel evolution inferred from whole chloroplast intergenic regions in sugarcane, maize and rice. DNA Res., 13: 197-204.

Yan DF, Zhao XX, Cheng YJ, et al.2016. Phylogenetic and Diversity Analysis of *Dactylis glomerata* Subspecies Using SSR and IT-ISJ Markers. Molecules, 21: 1459.

Yan H, Zhang Y, Zeng B, et al.2016. Genetic diversity and association of EST-SSR and ScoT markers with rust traits in orchardgrass (*Dactylis glomerata* L.). Molecules, 21(1): 66.

Yan L, Fu D, Li C, et al.2006. The wheat and barley vernalization gene VRN3 is an orthologue of *FT*. Proceedings of the National Academy of Sciences of the United States of America, 103(51): 19581-19586.

Yano M, Katayose Y, Ashikari M, et al.2000. Hd1, a major photoperiod sensitivity quantitative trait locus in rice, is closely related to the arabidopsis flowering time gene constans. Plant Cell, 12(12): 2473-2483.

Zeng B, Yan H, Liu X, et al.2017. Genome-wide association study of rust traits in orchardgrass using SLAF-seq technology. Hereditas, 154(1): 5.

Zenkteler M, Nitzsche W.1984. Wide hybridization experiments in cereals. Theor Appl Genet, 68: 311-315.

Zhang B, Ye W, Ren D, et al.2015. Genetic analysis of flag leaf size and candidate genes determination of a major QTL for flag leaf width in rice. Rice, 8(1): 2.

Zhao X, Bushman B S, Zhang X, et al.2017. Association of candidate genes with heading date in a diverse D*actylis glomerata* population. Plant Science An International Journal of Experimental Plant Biology, 265: 146.

Zhao X, Huang L, Zhang X, et al.2016. Construction of high-density genetic linkage map and identification of flowering-time QTL in orchardgrass using SSR and SLAF-seq. Scientific Reports, 6: 29345.

Zhou H J, Wu Y C, Jin X X, et al.2014. Cloning and expression pattern analysis of transcription factor SmBHLH93 from salvia miltiorrhiza. Chinese Traditional & Herbal Drugs, 45(23): 3449-3455.

Zhou K, Fleet P, Nevo E, et al. 2017. Transcriptome analysis reveals plant response to colchicine treatment during on chromosome doubling. Scientific Reports, 7(1). DOI:10.1038/s41598-017-08391-2.

Zhou L, Yan P.2012. Photosynthetic characteristics and variation of osmoregulatory solutes in two white clover (*Trifolium repens* L.) genotypes in response to drought and post-drought recovery. Australian Journal of Crop Science, 6(12): 1696-1702.

Zhu X, Xiong L.2013. Putative megaenzyme DWA1 plays essential roles in drought resistance by regulating stress-induced wax deposition in rice. PNAS, 110(44): 17790-17795.

Zurawski G, Clegg M T, Brown H D.1984. The nature of nucleotide sequence divergence between barley and maize chloroplast DNA. Genetics, 106: 735-749.

图　版

图版 1　多年生饲草玉米选育

指状摩擦禾（*Tripsacum dactyloides*，2*n*=4*x*=72）

四倍体多年生大刍草（*Zea perennis*，2*n*=4*x*=40）

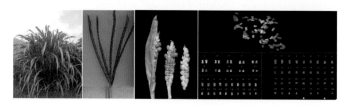

异源六倍体 MTP（2*n*=74，$Z^{may}Z^{may}T^dT^dZ^{per}Z^{per}$）

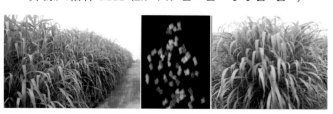

玉草 5 号（2*n*=58，$Z^{may}T^dZ^{per}Z^{per}Z^{per}$）

图版 2 饲草玉米品种选育及应用

玉草 1 号

玉草 2 号

玉草 3 号

玉草 4 号

玉草 5 号

玉草 6 号

新品系

新品系

图版 3　鸭茅分子聚合育种的基础研究

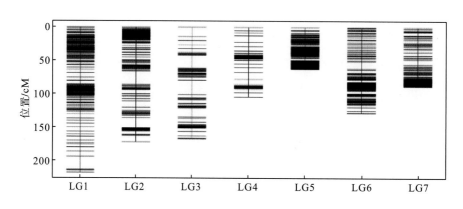

整合遗传图谱结果示意图

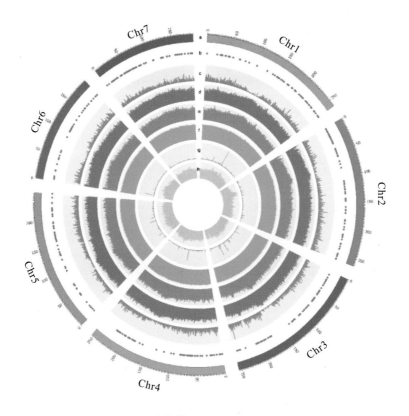

鸭茅基因组环形图

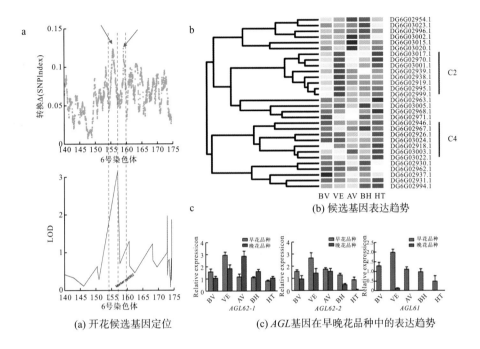

(a) 开花候选基因定位

(b) 候选基因表达趋势

(c) *AGL*基因在早晚花品种中的表达趋势

BSA 定位结构

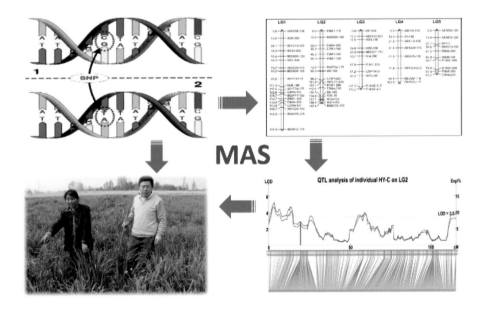

分子标记辅助选择

图版 4　鸭茅、黑麦草品种选育及应用

国审品种　滇北鸭茅(张新全　摄)

鸭茅、黑麦草、白三叶混播草地

国审品种　宝兴鸭茅(张新全　摄)

国审品种　劳发羊茅黑麦草(黄琳凯　摄)

国审品种　川农 1 号多花黑麦草

(张新全　摄)

国审品种　长江 2 号多花黑麦草种子基地

(黄琳凯　摄)

图版 5　薏苡品种选育及应用

大黑山饲用薏苡的选育和应用

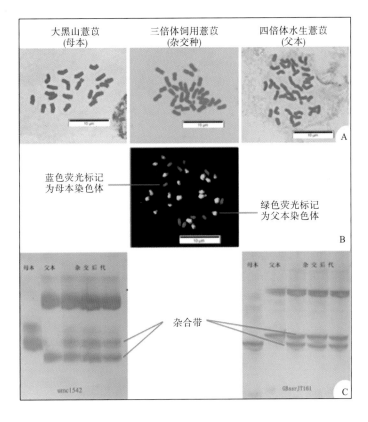

杂种后代的细胞学鉴定和分子鉴定

丰牧 88 饲用薏苡的选育和应用